南水北调中线冬季输水能力提升关键技术

NANSHUI BEIDIAO ZHONGXIAN
DONGJI SHUSHUI NENGLI TISHENG
GUANJIAN JISHU

黄国兵 杨金波 段文刚 韦耀国 郝泽嘉 等 著

长江出版社
CHANGJIANG PRESS

图书在版编目（CIP）数据

南水北调中线冬季输水能力提升关键技术 / 黄国兵

等著 . -- 武汉：长江出版社，2025.6

ISBN 978-7-5492-8571-6

Ⅰ．①南… Ⅱ．①黄… Ⅲ．①南水北调 – 输水 – 水利

工程 – 研究 Ⅳ．① TV682

中国版本图书馆 CIP 数据核字 (2022) 第 197856 号

南水北调中线冬季输水能力提升关键技术

NANSHUIBEIDIAOZHONGXIANDONGJISHUSHUINENGLITISHENGGUANJIANJISHU

黄国兵等　著

责任编辑：　张晓璐　　郭利娜

装帧设计：　刘斯佳

出版发行：　长江出版社

地　　址：　武汉市江岸区解放大道 1863 号

邮　　编：　430010

网　　址：　http://www.cjpress.com.cn

电　　话：　027-82926557（总编室）

　　　　　　027-82926806（市场营销部）

经　　销：　各地新华书店

印　　刷：　武汉新鸿业印务有限公司

规　　格：　787mm×1092mm

开　　本：　16

印　　张：　21.25

字　　数：　520 千字

版　　次：　2025 年 6 月第 1 版

印　　次：　2025 年 6 月第 1 次

书　　号：　ISBN 978-7-5492-8571-6

定　　价：　158.00 元

前　言

南水北调工程是实现我国水资源优化配置、促进经济社会可持续发展、保障和改善民生的重大战略性基础设施。其中，南水北调中线一期工程总干渠全长1432km，总干渠陶岔渠首至北拒马河段为明渠输水，线路长1197.6km，由南向北跨越北纬33°～40°，冬季北方气候寒冷，总干渠面临结冰问题，全线将于无冰输水、流冰输水、冰盖输水等多种复杂工况下运行，在节制闸、渡槽、倒虹吸等重点水工建筑物附近可能发生冰塞、冰坝等危害。解决南水北调中线干线冬季冰期输水的运行安全问题，满足各种复杂运行工况下水位流量的控制要求，对保障南水北调中线工程的安全高效运行具有重要意义。

南水北调中线工程于2008年京石段应急通水，2014年全线正式通水，已经运行10余个冬季，每年冬季出现不同程度的结冰现象。为了保障冰期输水安全，中线总干渠冬季控制水流条件弗劳德数不大于0.06，保持闸前常水位，促进河流尽快形成稳定冰盖，采取冰盖输水方式。冬季冰盖输水方式需要渠道水流速降低，总干渠输水流量减小，限制了南水北调中线工程输水效益的发挥。随着北方经济社会的快速发展，受水区对保障北调水量的能力要求越来越高，同时引江补汉工程建成通水后，将增加每年的北调水量，将北调水安全高效地输送至下游也需要每个分水口挖掘中线工程输水潜力。因此，研究中线冬季冰期输水能力提升技术非常必要且极为紧迫。

本书围绕南水北调中线工程冬季冰期输水问题开展研究。首先，介绍了南水北调中线工程概况，水力调度、气象和冰情规律，现行冰期输水方案。其次，建立中线全线水动力、水温、冰情预报模型。再次，计算分析了中线水温、冰情分布规律。然后，从冰期输水安全和效益两个方面论述了冬季冰期输水能力提升技术，一方面，从调度、工程和管理方面论证并提出了多项冰期输水能力提升关键技术，包括调蓄水库对总干渠水温、冰情的调节作用，抬高水位提升输水能力技术，非冰盖输水提升输水能力技术,渠道保温提升输水能力技术等;另一方面,提出了冬季输水安全保障技术措施,包括典型渠池冰塞防控措施、冰期输水动态调控转化技术、岗头隧洞节制闸控冰技术和防凌减灾措施等。最后,开发了冰期输水信息化平台,开展了重要冰期输水能力提升技术的示范和应用。

全书由杨金波负责统稿。第1章由杨金波执笔,第2章由段文刚、李静执笔,第3章由黄明海、毕胜执笔,第4章由郝泽嘉、苏霞、刘孟凯执笔,第5章由杨金波、郭辉执笔,第6章由韦耀国、杨金波执笔,第7章由刘孟凯、苏霞执笔,第8章由程德虎、黄明海执笔,第9章由杨金波、毕胜执笔,第10章由黄明海、刘圣凡执笔,第11章由李明新、李利执笔,第12章由杨金波、贾兵营执笔,第13章由段文刚、李静执笔,第14章由苏霞、赵良辉执笔,第15章由郝泽嘉、贾兵营执笔,第16章由杨金波执笔。

本书是作者工作经验的全面总结和理论方面的研究成果,在整理过程中各位执笔者克服了很多困难,倾注了大量的心血,向他们表示深切的敬意。同时,由于书中涉及领域广且作者水平有限,难免有不足之处,欢迎同行专家和广大读者给予指正。

在本书出版的过程中,出版社的编辑们在文字和体例方面做了大量的工作,在此也一并表示感谢!

作　者
2022 年 10 月

目录

CONTENTS

第1章 绪 论 ……………………………………………………… 1

1.1 南水北调中线冬季输水问题 …………………………………… 1

1.1.1 南水北调中线一期工程概况 …………………………… 1

1.1.2 南水北调中线冰期输水问题 …………………………… 2

1.2 南水北调中线冰情分布规律 …………………………………… 4

1.2.1 气象规律分析 …………………………………………… 4

1.2.2 水力调度分析 …………………………………………… 5

1.2.3 水温变化规律分析 ……………………………………… 6

1.2.4 冰情发展规律分析 ……………………………………… 7

1.3 南水北调中线冰期输水方案 …………………………………… 15

1.3.1 冰期输水调度的判定条件 ……………………………… 15

1.3.2 冰期输水基本运行方式 ………………………………… 15

1.3.3 冬季输水计算工况 ……………………………………… 17

第2章 中线沿程气象因素时空演变规律 ……………………… 20

2.1 气象数据与研究方法 …………………………………………… 20

2.1.1 数据来源 ………………………………………………… 20

2.1.2 研究方法 ………………………………………………… 20

2.2 气象因素演变规律分析 ………………………………………… 23

2.2.1 冬季气温特性分析 ……………………………………… 23

2.2.2 冬季寒潮同步性分析 …………………………………… 26

2.2.3 连续低温趋势分析 ……………………………………… 29

2.3 典型年频率分析 ………………………………………………… 31

2.4　小结 ··· 33

第3章　中线沿程水温时空变化规律 ························· 34

3.1　总干渠水温模型 ··· 34

3.1.1　丹江口水库水温模型 ···························· 34

3.1.2　总干渠水温模型 ································· 40

3.2　总干渠水温时空演变规律 ······························ 44

3.2.1　计算工况 ······································ 44

3.2.2　总干渠水温模拟结果分析 ······················ 45

3.3　小结 ·· 51

第4章　中线冰情发展数学模型优化及智能预报 ············ 52

4.1　冰情发展指标体系 ······································· 52

4.2　冰情发展智能预报模型 ·································· 53

4.2.1　水温预报模型 ·································· 53

4.2.2　冰情智能预报模型 ···························· 104

4.3　冰情发展数学模型 ······································ 112

4.3.1　控制方程 ····································· 112

4.3.2　模型求解方法 ································· 116

4.3.3　模型参数率定 ································· 117

4.3.4　模型检验 ····································· 119

4.3.5　典型年分析 ··································· 126

4.4　小结 ··· 135

第5章　中线冬季冰盖输水边界条件 ······················· 137

5.1　冬季输水时空边界条件 ·································· 137

5.2　冰盖输水边界条件 ······································ 140

5.2.1　平封冰盖形成条件 ···························· 140

5.2.2　冰盖输水能力分析 ···························· 141

5.3　非冰盖输水边界条件 ···································· 146

5.4　小结 ··· 146

第 6 章　中线典型渠池冰塞防控措施研究 ···················· **148**

6.1　模型设计与制作 ······················· 148

6.1.1　研究渠段选择 ······················ 148

6.1.2　模型设计与制作 ···················· 148

6.1.3　测量仪器与防冰材料 ················ 150

6.2　流冰模拟试验 ······················· 152

6.2.1　试验工况 ························· 152

6.2.2　流冰块下潜试验 ···················· 153

6.2.3　颗粒冰试验 ······················· 159

6.3　工程措施 ··························· 163

6.3.1　拦冰索 ·························· 163

6.3.2　排冰闸 ·························· 167

6.4　小结 ····························· 168

第 7 章　中线冰期输水动态调控转化模式 ···················· **169**

7.1　总干渠沿线冬季短期气温特征分析 ············· 169

7.1.1　7 日气温数据整理 ··················· 169

7.1.2　短期气温分析 ····················· 173

7.1.3　2016—2017 年冬季遭遇 7 日寒潮分析 ········ 176

7.1.4　短期冰情可能性分析 ················· 178

7.2　基于短期气象预报的冰期输水模式 ············· 180

7.3　冰期输水流量状态库 ···················· 181

7.4　渠系自动化控制模型 ···················· 185

7.4.1　模型概化 ························· 185

7.4.2　自动化控制模型框架 ················· 185

7.5　控制器设计 ························· 186

7.5.1　反馈控制器 ······················ 186

7.5.2　寻优控制器 ······················ 187

7.6　过渡期调度与分析 ····················· 190

7.6.1　7 日过渡期 ······················ 190

7.6.2　5日过渡期 193

7.6.3　3日过渡期 196

7.7　封冻期调度与分析 200

7.7.1　控制器作用下水力响应特性对比 200

7.7.2　控制器作用下闸门群调度过程对比 203

7.8　模型应用 204

7.9　小结 207

第8章　调蓄水库对总干渠水温与冰情的调节作用 208

8.1　雄安调蓄水库工程概况 208

8.2　水库冬季水温分布分析 209

8.2.1　黄壁庄水库和安格庄水库冬季水温 209

8.2.2　丰满水库冬季水温 212

8.2.3　抽水蓄能水库冬季水温 213

8.2.4　水库冬季水温调研成果 215

8.3　雄安调蓄库典型冬季水温预测 216

8.3.1　模型建立与验证 216

8.3.2　雄安调蓄库上库水温计算 217

8.4　调蓄库保温措施研究 218

8.4.1　加盖保温措施 218

8.4.2　提前蓄水保温措施 219

8.5　渠—库联合调度下的水温分布 220

8.5.1　雄安调蓄库设计出水口配水点方案(方案一)计算分析 221

8.5.2　西黑山节制闸下游100m配水点方案(方案二)计算分析 226

8.5.3　不同配水点方案效果比较 231

8.6　小结 232

第9章　岗头隧洞节制闸控冰技术 233

9.1　岗头隧洞节制闸闸前冰塞问题及解决思路 233

9.1.1　岗头隧洞节制闸闸前冰塞问题 233

9.1.2　研究思路与方案 234

9.2　节制闸控冰措施效果分析 ··· 234

9.2.1　水流条件改变效果分析 ··· 234

9.2.2　冰情改变效果分析 ··· 239

9.3　控冰措施的启用条件 ··· 241

9.4　小结 ·· 241

第 10 章　抬高水位提升输水能力技术　243

10.1　高水位运行思路分析 ··· 243

10.2　抬高水位时水流条件分析 ··· 243

10.3　工况计算成果 ·· 244

10.4　小结 ·· 252

第 11 章　非冰盖输水提升输水能力技术　253

11.1　水力指标分析 ·· 253

11.2　非冰盖输水计算与成果分析 ··· 253

11.3　小结 ·· 263

第 12 章　渠道保温提升输水能力技术　264

12.1　研究思路与方案 ·· 264

12.2　渠道垂向水温分析 ·· 264

12.3　渠道沿程水体加热措施研究 ··· 267

12.4　冷产业链群和大数据中心对水库水温的影响 ······················ 270

第 13 章　南水北调中线工程防凌减灾措施　272

13.1　预防措施 ·· 272

13.2　分区调度措施 ·· 274

13.3　突发冰害应急处置措施 ·· 274

第 14 章　关键技术现场试验和示范应用　277

14.1　冰情发展智能预报模型现场试验 ·· 277

14.1.1　模型检验方案 ··· 277

14.1.2　示范验证成果分析 ·· 277

14.2　流冰下潜条件的现场验证试验 ·· 290

14.2.1　验证方案 ·· 290

14.2.2　流冰下潜试验 ·· 291

14.2.3　验证成果分析 ·· 294

14.3　岗头隧洞节制闸控冰技术研究验证 ·················· 294

14.3.1　验证方案 ·· 294

14.3.2　试验与示范分析 ·· 295

14.3.3　试验成果 ·· 298

14.4　基于短期气象预报的总干渠冰期输水实时调控模式的现场验证 ········ 298

14.4.1　调控模型示范方案 ····································· 298

14.4.2　实际调度过程对比分析 ································ 301

14.4.3　典型渠池模型精度验证反演模拟 ··················· 303

第 15 章　冰期输水研究成果信息化平台 ····················· 307

15.1　冰情模块 ·· 307

15.2　冰情预测模块 ·· 312

15.3　实时调度模块 ·· 315

15.4　系统设置与维护 ··· 316

15.4.1　系统设置 ·· 316

15.4.2　系统数据维护 ·· 318

第 16 章　成果结论 ··· 324

主要参考文献 ·· 328

第1章 绪 论

1.1 南水北调中线冬季输水问题

1.1.1 南水北调中线一期工程概况

南水北调中线一期工程是以汉江丹江口水库为水源,向北京、天津及华北地区其他城市主要提供生活用水与工业用水,兼顾农业用水与生态用水的一项跨流域、大流量、长距离的特大型调水工程,是缓解华北地区水资源严重短缺、优化水资源配置、改善生态环境的重大战略性基础设施。其工程任务是缓解受水区城市和农业用水与生态用水的矛盾,将城市部分挤占的农业用水与生态用水归还于农业与生态,基本控制大量超采地下水、过度利用地表水的严峻形势,遏制生态环境继续恶化的趋势,促进该地区经济社会的可持续发展。南水北调中线一期工程总干渠全长 1432km。其中,陶岔渠首至北京团城湖全长 1277km,天津干线西黑山分水闸至天津外环河全长 155km。总干渠陶岔渠首至北拒马河段为明渠输水,线路长 1197.6km,明渠段布置有输水建筑物(倒虹吸、渡槽、涵洞、暗涵、隧洞)158 座,跨渠渡槽 118 座,穿渠建筑物(倒虹吸、涵洞、下穿道路)506 座,跨渠公路桥 1289 座,跨渠铁路桥 31 座,节制闸 61座,分水闸 74 座,退水闸 53 座。

南水北调中线工程多年平均调出水量 95 亿 m³,陶岔渠首设计流量为 350m³/s,加大流量为 420m³/s。总干渠上设有控制性建筑物 276 座,包括节制闸 64 座(含惠南庄泵站),控制闸 61 座,分水闸 97 座,退水闸 54 座。节制闸一般采用闸前常水位方式运行,也有变水位运行方式。节制闸(泵站)设计流量从陶岔渠首闸的 350m³/s 沿程递减至北京、天津段的 50m³/s,相应的加大流量从 420m³/s 递减至 60m³/s;控制闸设计流量、加大流量分别与所在渠道设计流量、加大流量大致相当,设计流量从西赵河渠倒虹出口控制闸的 340m³/s 沿程递减至北拒马河南支渠道倒虹吸控制闸的 50m³/s,相应的加大流量从 410m³/s 递减至 60m³/s;分水闸设计流量为 0.5～100m³/s,累计流量为 641m³/s;退水闸设计流量为 25～175m³/s。南水北调中线一期工程于 2002 年 12 月 27 日开工,于 2014 年 12 月全线正式通水。截至 2022 年 7 月,丹江口水库入总干渠水量达 500 亿 m^3。

1.1.2 南水北调中线冰期输水问题

南水北调中线由南向北跨越北纬 33°～40°,冬季黄河以北地区气候寒冷,渠道处于无冰输水、流冰输水、冰盖输水等多种复杂工况下运行,可能发生冰塞、冰坝等危害,特别是安阳以北的节制闸、渡槽、隧洞、倒虹吸等重点水工建筑物,以及曲率半径较小的弯道、山区开挖、高填方等渠段。解决中线干线冰期输水的运行安全问题,满足各种复杂运行工况下水位流量的控制要求,对保障其工程的安全高效运行具有重要的工程意义。

中线干线工程输水可分为非冰期输水(正常运行期)和冰期输水两个阶段。冰期输水时间为每年 12 月 1 日至次年 2 月底,空间范围为安阳以北渠段,长约 480km。在工程设计阶段,对焦作以北渠段冰期输水进行了初步分析,得到冰盖输水将显著影响输水流量,可能诱发冰塞等灾害的结论,提出布设排冰闸和拦冰索等设施的方案。在工程建设期间,南水北调中线干线工程建设管理局(简称"中线建管局")组织科研单位和高校,采用理论分析、数值模拟和物理模型试验等方法开展冰期输水主要科学问题研究,获取了冰期输水调度研究成果。2008 年京石段工程通水后,中线建管局组织相关单位连续进行了 11 个冬季冰情原型观测(包括京石段临时通水),取得了相关观测资料。2016 年 1 月,华北地区遭受了多年罕见的寒潮,南水北调中线工程遭遇严重冰情,总干渠冰期输水运行经受了严峻考验,暴露出中线工程在冰情预报、冰情变化规律认识、防控措施等方面的不足。为保障冬季输水安全,目前中线工程冰期采用冰盖输水,水力条件按 Fr 不大于 0.06 控制,冬季输水期间,总干渠冰期输水流量仅为设计流量的 32%～46%,供水能力大幅下降,使受水区不断增加的用水需求与工程供水能力的供需矛盾更加突出,因此,提升总干渠冬季输水能力非常必要。

不同冰盖现场见图 1.1-1 至图 1.1-3。根据总干渠冬季运行经验,冬季气候变化对总干渠冰情发展影响较大。在冷冬年,总干渠提高冬季输水流量面临出现冰塞等严重冰情的风险。例如,在 2016 年 1 月下旬遭遇的近年罕见的强降温过程中,日平均气温降幅为 10℃,实测最低气温为 −18℃,加上总干渠冬季输水流量较往年有所提高,岗头隧洞节制闸流量为 45m^3/s(设计流量的 35%),北拒马河暗渠节制闸流量为 30m^3/s(占设计流量的 60%),导致蒲阳河倒虹吸以北渠池闸前出现大范围的冰塞,冰塞发展又致使渠道水位壅高明显,尤其以岗头隧洞节制闸进口冰塞最为严重(图 1.1-3),此渠段也是总干渠冬季输水能力提高的瓶颈渠段。而在暖冬和部分平冬,总干渠输水则可能没有冰盖,如仍然按水流条件 Fr 不大于 0.06 控制,总干渠冬季输水流量大幅降低。例如,2017—2018 年冬季,总干渠运行未出现大范围封冻,而岗头隧洞节制闸仍采用冬季水流控制方式,输水流量为 45m³/s(设计流量的 35%)。反过来,加大冬季输水流量又会影响总干渠渠道的冰情发展。例如,2018—2019 年冬季,岗头隧洞进口节制闸输水流量提高为 58m³/s(设计流量的 46%),虽然整个冬季该渠段出现多次强降温过程,但是总干渠并没有出现大范围结冰和冰塞危害。因此,在保证总干渠冬季安全输水的前提下,根据不同冬季气候特点,研究相对应的调度方案,挖掘总干渠冬季输水能力,在技术上是可行的。

图 1.1-1 总干渠形成冰盖

图 1.1-2 暗渠进口形成冰盖

图 1.1-3 节制闸进口形成冰塞

当前,由于受水区用水需求不断增大,北方生态补水要求强烈,南水北调中线工程输水任务面临新形势。一是南水北调中线的北调水已经成为受水区的主力水源。按照南水北调中线工程的规划与设计,北调水是北方受水区的补充水源。而当前的实际情况是,由于北调水的水质好、供水稳定,北京、天津等城市都将北调水作为当地的主力水源。北调水从补充水源到主力水源的变化,大大增加了南水北调中线工程的供水压力,对其保证率提出了更高的要求。二是受水区用水需求不断扩大。受水区人口增长快,经济社会发展迅速,用水需求不断扩大,北调水用水量逐年递增。随着京津冀协同发展重大战略的实施,以及受华北地区地下水压采的影响,受水区对北调水的需求将进一步增加。三是北方生态补水要求强烈。随着受水区地下水压采工作的深入,要求南水北调中线工程实施生态补水的呼声越来越高。汉江在来水比较丰沛的年份,可以为北方受水区实施生态补水,该举措也是高效利用汉江水资源,实现洪水资源化的手段。总之,随着经济社会的发展、人口的增长和生态环境保护战略位置的提升,受水区对南水北调中线北调水供水量和供水保障率的要求越来越高。

南水北调中线工程通水运行以来,受水区群众对南水北调工程的依赖程度日益增强,受水区不断增大的用水需求与工程输水能力的矛盾逐渐成为工程运行管理的主要矛盾。尤其是冬季输水期间,工程输水能力大幅下降,该矛盾更加突出。如何化解南水北调中线工程冬季输水供需矛盾,提高对工程冰情变化规律的认识,增强工程冰情预报和冰害防控能力,以及在保障工程冰期输水安全的前提下,提升冬季输水能力,提高供水保障率,充分发挥工程效益,是当前运行管理亟须研究解决的问题。

1.2 南水北调中线冰情分布规律

1.2.1 气象规律分析

2011—2022 年典型测站气温特征值见表 1.2-1。其中,2011—2014 年的气温数据为唐县放水河节制闸气象观测数据,2015—2022 年的气象数据为北拒马河暗渠节制闸气象观测数据。经分析,各冬季累积负气温为 −299.7～−63.5℃,实测日最低气温为 −18.6～−9.0℃,最冷月的日平均气温为 −6.0～−1.1℃。2012—2013 年冬季为冷冻年,累积负气温为 −299.7℃,最冷月的日平均气温为 −5.0℃,实测日最低气温为 −14.8℃;2015—2016 年冬季 1 月中下旬出现历史罕见降温,累积负气温为 −241.1℃,1 月平均气温最低 −6.0℃,实测日最低气温为 −18.6℃。2016 年以来,冬季累积负气温值小于 −150.0℃,具有鲜明的暖冬特点。

表 1.2-1   **2011—2022 年典型测站气温特征值**

冬季年份	日平均气温首次转换时间		累积负气温/℃	日平均气温/℃	实测日最低气温/℃	最冷月的日平均气温/℃	备注
	转正	转负					
2011—2012	2011-11-30	2012-02-19	−194.80	−2.30	−12.90	−3.60	唐县放水河节制闸
2012—2013	2012-11-30	2013-02-19	−299.70	−3.66	−14.80	−5.00	唐县放水河节制闸
2013—2014	2013-12-14	2014-02-21	−173.00	−2.47	−11.60	−2.40	唐县放水河节制闸
2014—2015	2014-12-01	2015-02-07	−109.30	−1.56	−9.00	−1.70	唐县放水河节制闸

续表

冬季年份	日平均气温首次转换时间		累积负气温/℃	日平均气温/℃	实测日最低气温/℃	最冷月的日平均气温/℃	备注
	转正	转负					
2015—2016	2015-12-21	2016-02-08	−241.10	−4.83	−18.60	−6.00	北拒马河暗渠节制闸
2016—2017	2016-12-23	2017-02-03	−63.50	−1.00	−10.30	−1.50	北拒马河暗渠节制闸
2017—2018	2017-12-11	2018-02-13	−105.00	−1.60	−10.10	−3.50	北拒马河暗渠节制闸
2018—2019	2018-12-05	2019-02-18	−147.50	−1.90	−9.80	−2.30	北拒马河暗渠节制闸
2019—2020	2019-12-17	2020-02-08	−80.00	−1.48	−12.40	−1.10	北拒马河暗渠节制闸
2020—2021	2020-12-01	2021-02-03	−273.40	−4.10	−20.60	−4.60	北拒马河暗渠节制闸
2021—2022	2021-12-13	2022-02-23	−167.85	−2.57	−12.90	−2.62	北拒马河暗渠节制闸

1.2.2　水力调度分析

2014—2022 年总干渠典型节制闸冬季冰期输水流量见表 1.2-2。沿程各节制闸输水流量逐渐减少,滹沱河倒虹吸节制闸输水流量为 25.5～87.2m³/s,岗头隧洞节制闸输水流量为 22.5～54.7m³/s,北拒马河暗渠节制闸输水流量为 12.5～30m³/s。滹沱河倒虹吸以北渠段输水流量呈逐年增加趋势,滹沱河倒虹吸节制闸 2021—2022 年冬季输水流量为历年最大,为 87.2m³/s;岗头隧洞节制闸 2018—2019 年冬季输水流量为历年最大,为 54.7m³/s;西黑山节制闸 2015—2016 年冬季输水流量为历年最大,为 31m³/s;北拒马河暗渠节制闸 2015—2016 年冬季输水流量为历年最大,为 30m³/s。西黑山分水口分水流量呈逐年增加趋势,2019—2020 年冬季输水流量为 31.5m³/s,为历年最大。

表 1.2-2　　　　2014—2022 年总干渠典型节制闸冬季冰期输水流量　　　　（单位:m³/s）

冬季年份	滹沱河倒虹吸节制闸	岗头隧洞节制闸	西黑山节制闸	北拒马河暗渠节制闸	西黑山分水口
2014—2015	25.50	22.50	12.50	12.50	10.00
2015—2016	55.00	46.00～48.00	31.00	30.00	15.00

冬季年份	滹沱河倒虹吸节制闸	岗头隧洞节制闸	西黑山节制闸	北拒马河暗渠节制闸	西黑山分水口
2016—2017	34.50	36.00	16.00	19.60	15.00
2017—2018	48.40	44.40	27.50	25.49	16.50
2018—2019	62.50	54.70	24.70	23.33	30.00
2019—2020	54.00	49.60	14.50	0.00	31.50
2020—2021	58.30	50.60	29.30	23.64	21.30
2021—2022	87.20	50.40	29.20	21.90	21.20

1.2.3 水温变化规律分析

冬季水温变化分三个阶段:下降阶段、低温持续阶段和回升阶段,其中低温持续阶段与冰情发展关系最紧密。2014—2022 年冬季典型节制闸低温持续阶段水温见表 1.2-3。各节制闸冬季低温持续阶段实测最低水温为 0~4.65℃,实测最低水温与地理位置有关,滹沱河倒虹吸节制闸为 0.80~4.65℃,岗头隧洞节制闸为 0~3.63℃,北拒马河暗渠节制闸为 0~2.42℃。水温变化与气温关系紧密,2015—2016 年冬季出现历史罕见强降温过程,典型节制闸水温为 0~0.8℃。

表 1.2-3　　　　　　　　2014—2022 年冬季典型节制闸低温持续阶段水温

冬季年份	滹沱河倒虹吸节制闸		岗头隧洞节制闸		北拒马河暗渠节制闸	
	第二阶段持续时间	实测最低水温/℃	第二阶段持续时间	实测最低水温/℃	第二阶段持续时间	实测最低水温/℃
2014—2015	2014-12-27—2015-01-26	1.00	2014-12-15—2015-01-16	0.40	2014-12-15—2015-02-01	0.20
2015—2016	2015-01-20—2016-02-04	0.80	2015-01-13—2016-02-10	0.00	2015-01-13—2016-02-14	0.00
2016—2017	2016-01-23—2017-02-01	1.87	2016-01-20—2017-02-03	0.76	2016-01-20—2017-02-03	0.18
2017—2018	2017-01-10—2018-02-12	1.88	2017-01-10—2018-02-13	0.25	2017-01-10—2018-02-14	0.10
2018—2019	2018-01-03—2019-01-18	2.10	2018-01-01—2019-01-17	0.85	2018-12-28—2019-01-18	0.20
2019—2020	2019-12-31—2020-01-21	4.45	2019-12-31—2020-01-23	2.76	2020-01-03—2020-01-31	0.82

续表

冬季年份	滹沱河倒虹吸节制闸		岗头隧洞节制闸		北拒马河暗渠节制闸	
	第二阶段持续时间	实测最低水温/℃	第二阶段持续时间	实测最低水温/℃	第二阶段持续时间	实测最低水温/℃
2020—2021	2021-01-10—2021-01-12	1.40	2020-01-07—2021-01-10	0.00	2020-01-06—2021-01-16	−0.03
2021—2022	2021-01-03—2022-02-23	4.65	2021-01-01—2022-02-19	3.63	2021-01-01—2022-02-19	2.42

注:2020—2021年北拒马河停水检修,流量为0。

1.2.4　冰情发展规律分析

（1）中线基本冰情现象

分析原型观测资料[1,2]可知,由于渠道布置规整,水流条件好,总干渠冬季冰情特征相对规律。总干渠冰期可分为结冰期、封冻期和开河期三个阶段。每个阶段冰情复杂多样,各阶段冰情区别较大(表1.2-4)。

表1.2-4　　　　　　　　　　2011—2022年总干渠冬季基本冰情

冬季年份	主要冰情	封冻形式	开河形式
2011—2012	流冰花、冰花团、表面流冰层、岸冰、封冻冰盖、岸冰脱落等	平封	文开河
2012—2013	流冰花、冰花团、表面流冰层、岸冰、封冻冰盖、岸冰脱落等	平封	文开河
2013—2014	流冰花、冰花团、表面流冰层、岸冰、封冻冰盖、岸冰脱落等	平封	文开河
2014—2015	流冰花、冰花团、表面流冰层、岸冰、冰花下潜、封冻冰盖、岸冰脱落等	平封	文开河
2015—2016	流冰花、冰花团、表面流冰层、岸冰、冰花下潜、冰塞、冰坝、冰堆、封冻冰盖、岸冰脱落等	平封或立封	文开河
2016—2017	流冰花、冰花团、表面流冰层、岸冰、封冻冰盖、岸冰脱落等		文开河
2017—2018	流冰花、冰花团、表面流冰层、岸冰、局部封冻冰盖、岸冰脱落、流冰下潜、小型冰塞等		文开河
2018—2019	流冰花、冰花团、表面流冰层、岸冰、局部封冻冰盖、岸冰脱落、流冰下潜、小型冰塞等		文开河
2019—2020	流冰、岸冰和静水渠段冰盖	静水渠段为平封	静水渠段为文开河

冬季年份	主要冰情	封冻形式	开河形式
2020—2021	流冰花、冰花团、表面流冰层、岸冰、局部封冻冰盖、岸冰脱落、流冰下潜、小型冰塞等	平封或立封	文开河
2021—2022	岸冰		

结冰期主要冰情为流冰。根据形成时间、尺寸、结构等特征,结冰期流冰分为两种:早期流冰为冰花团,分布密度相对稀疏,可占水面的 20%~40%,特征尺寸长 4~10m,厚度小于 5mm(图 1.2-1);随着气温继续降低,流冰表现为表面流冰层,分布密度可达水面的 80% 以上,甚至布满整个断面,长度一般为几百米,甚至上千米,厚度 10mm 以上,表面流冰层(图 1.2-2)是总干渠形成初始冰盖的条件。结冰期流冰形成条件为:最低气温小于 -5.0℃,平均流速为 0.1~0.4m/s。

图 1.2-1　稀疏冰花团

图 1.2-2　表面流冰层

封冻期主要冰情为封冻冰盖形成方式和冰盖厚度增长。冰盖形成方式可分为平封和立封,冰盖形成过程见图 1.2-3。傍晚气温降低,冰晶和冰花形成,随后出现流冰层,在水流速小时,表面流冰在下游建筑物、弯道等受阻停止,形成冰桥或初始冰盖,后续流冰平铺上溯形成平封冰盖(图 1.2-4);在水流速大时,流冰下潜堆积,形成立封冰盖(图 1.2-5)。封冻期冰盖形成条件为:最低气温小于 -10℃,累积负气温小于 -113℃,平均流速为 0.1~0.4m/s。

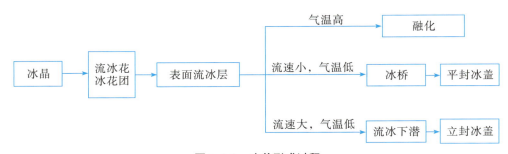

图 1.2-3　冰盖形成过程

图 1.2-4 平封冰盖

图 1.2-5 立封冰盖

冰盖形成后,冰盖厚度增长是主要冰情。各典型冬季总干渠渠心实测最大冰盖厚度为 4～32cm(表 1.2-5)。其中,2012—2013 年冬季最大冰盖厚度最大,为 32cm,2016 年后 3 个冬季最大冰盖厚度为 4～5cm。在空间分布上,冰盖厚度由南向北逐渐增厚,单个断面冰盖厚度呈渠道中间薄,两岸厚分布,岸边最大冰盖厚度近 46cm。冰盖随时间的发展过程见图 1.2-6。在时间分布上,北拒马河渠段测点冰盖厚度发展过程分为比较明显的三个过程:增厚,稳定和消融;滹沱河倒虹吸渠段测点冰盖厚度发展过程分为两个阶段:缓慢增厚和消融。

表 1.2-5 典型冬季总干渠渠心最大冰盖厚度

冬季年份	最大冰盖厚度/cm
2011—2012	24
2012—2013	32
2013—2014	14
2014—2015	14
2015—2016	28
2016—2017	5
2017—2018	5
2018—2019	4
2019—2020	27(静水渠段)
2020—2021	16
2021—2022	0

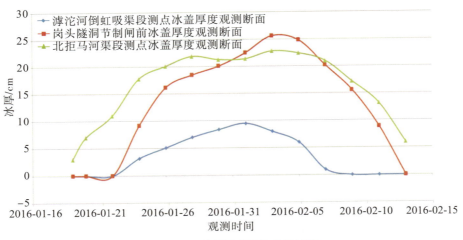

图 1.2-6 冰盖随时间的发展过程

在开河期,开河方式为热力文开河,槽蓄水量释放缓慢,开河流冰是主要冰情。随着气温回升,最高气温大于 1.0℃,水温大于 0.5℃,流速为 0.1～0.4m/s,冰盖厚度逐渐减小,冰盖大部分就地融化,形成有限的开河流冰(图 1.2-7)。

图 1.2-7 开河流冰

(2)冰情时空分布

1)时间分布

总干渠各典型冬季输水冰情时间分布见表 1.2-6。根据资料,总干渠冰情时间分布主要在 12 月至次年 3 月,冰期历时 51～98 天,封冻历时 0～62 天。京石段通水期间,每年冬季冰期历时 70 天以上,封冻历时 30 天以上,2012—2013 年冬季封冻历时最长达 62 天;全线通水后,冰期时间为 51～68 天,除 2014—2016 年两个冬季出现 30 天以上封冻外,2017—2022 年冬季均未出现大范围的封冻冰盖。

表 1.2-6　　　　　　　　　总干渠各典型冬季输水冰情时间分布

冬季年份	初冰日期	终冰日期	封冻日期	解冻日期	冰期历时/天	封冻历时/天
2011—2012	2011-12-16	2012-02-23	2012-01-20	2012-02-23	75	35
2012—2013	2012-12-01	2013-03-08	2012-12-24	2012-02-24	98	62
2013—2014	2013-12-14	2014-02-24	2013-12-20	2014-02-20	73	60
2014—2015	2014-12-03	2015-02-07	2014-12-26	2015-02-04	67	41
2015—2016	2015-12-16	2016-02-17	2016-01-14	2016-02-15	63	32
2016—2017	2016-12-28	2017-02-18			51	0
2017—2018	2017-12-25	2018-02-19			55	0
2018—2019	2018-12-12	2019-02-19			68	0
2019—2020	2019-12-12	2020-02-11	2019-12-07	2020-02-20	62	89
2020—2021	2020-12-14	2021-02-05	2021-01-06	2021-01-16	54	11
2021—2022	2021-12-25	2022-02-23			0	0

受复杂气候条件影响,各冬季冰情发展随时间变化较大。2012—2013 年冬季冰期开始时间(2012 年 12 月 1 日)最早,且冰期结束时间(2013 年 3 月 8 日)最晚。2016—2017 年冬季冰期开始时间最晚,为 2016 年 12 月 28 日。

2)空间分布

各典型冬季渠道封冻范围见表 1.2-7,局部封冻至封冻渠段长 363km。其中,2015—2016 年冬季封冻冰盖前缘向南延伸至邢台七里河倒虹吸节制闸,封冻段渠长 363km,封冻范围最长;2012—2013 年冬季次之,冰盖前缘至滹沱河倒虹吸上游,渠道封冻范围 226km;2016 年后冬季渠道为局部封冻,没有形成大范围的冰盖封冻,其中,以 2016—2017 年冬季封冻范围最小。

表 1.2-7　　　　　　　　　各典型冬季渠道封冻范围

冬季年份	流冰前缘位置	冰盖前缘位置	流冰渠长/km	封冻渠长/km	渠心最大冰盖厚度/cm
2011—2012	漠道沟倒虹吸节制闸	岗头隧洞节制闸	180	83	24
2012—2013	石津干渠节制闸	石津干渠节制闸	226	226	32
2013—2014	石津干渠节制闸	滹沱河倒虹吸节制闸	226	218	14
2014—2015	午河渡槽节制闸	岗头隧洞节制闸	299	86	14
2015—2016	安阳河倒虹吸节制闸	七里河倒虹吸节制闸	481	363	28
2016—2017	瀑河倒虹吸节制闸	局部	26	<5	5
2017—2018	放水河渡槽节制闸	局部	126	<5	5
2018—2019	吕村桥节制闸	局部	63	<5	4

续表

冬季年份	流冰前缘位置	冰盖前缘位置	流冰渠长/km	封冻渠长/km	渠心最大冰盖厚度/cm
2019—2020	瀑河倒虹吸节制闸	局部	60	<1	<2
2020—2021	沙河倒虹吸节制闸	岗头隧洞节制闸	180	83	16
2021—2022	无	无	0	0	0

2015—2016年冬季气温最为典型,封冻段渠长363km,封冻冰盖前缘向南延伸至邢台七里河倒虹吸节制闸,流冰前缘向南延伸至安阳河倒虹吸节制闸,流冰段渠长481km。总体来说,冰情自南向北可分为3段:安阳河倒虹吸节制闸至七里河倒虹吸节制闸约118km渠段为流冰段、七里河倒虹吸节制闸至蒲阳河倒虹吸节制闸约250km渠段为分段封冻段(基本无冰塞)、蒲阳河倒虹吸节制闸至北拒马河暗渠节制闸约113km渠段为稳定封冻段(多处发生冰塞险情)。

(3)冰情危害

1)冰塞

冰塞一般发生在结冰期,是指流冰在水流条件下大量下潜,在封冻冰盖下面大量堆积,堵塞部分渠道断面,造成上游水位壅高、输水能力明显下降的现象。冰塞是总干渠冬季主要冰害,也是限制冬季输水能力提升的关键技术难题。

根据总干渠冰情观测资料分析,渠道流速小于0.3m/s时,总干渠不会出现大范围的冰塞。水流条件增大以后,大量流冰下潜,出现大范围冰塞体。例如,2015—2016年冬季渠道流速大于0.35m/s,蒲阳河倒虹吸节制闸下游渠段出现大范围冰塞体,水位大幅壅高,其中岗头隧洞节制闸闸前冰情最为严重,岗头隧洞进口冰塞问题最为突出(图1.2-8)。根据资料整理统计分析,冰塞总长27km,单渠池冰塞体长3.2～7.1km。其中,蒲阳河倒虹吸至岗头隧洞渠池冰塞长约4.5km,瀑河倒虹吸至北易水倒虹吸约6.3km,坟庄河倒虹吸至北拒马倒虹吸约7.1km(图1.2-9)。

图1.2-8 岗头隧洞进口冰塞

图1.2-9 水北沟(位于坟庄河倒虹吸至北拒马倒虹吸)渡槽内冰塞

冰塞体典型剖面结构可分为3层：上层为冰堆，厚20~40cm，由碎冰块堆积；中层为冰盖，厚约25cm，坚硬密实；下层为冰屑堆积体，一般厚70~150cm，局部位置达250cm，冰屑堆积体絮状松散，侵占过水断面（图1.2-10）。

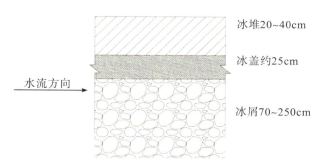

图1.2-10 冰塞体典型剖面结构

2015—2016年冰塞严重，冰塞体侵占渠道过水断面，大幅增加了渠道输水阻力，明显抬高了渠道上游水面线，严重影响输水安全和输水能力。根据资料，2015—2016年冬季，各渠池上游水位壅高为0.3~0.73m。其中，蒲阳河倒虹吸至岗头隧洞渠池上游（即蒲阳河倒虹吸节制闸后）水位壅高为0.67m，瀑河倒虹吸节制闸闸后水位壅高为0.54m，坟庄河倒虹吸节制闸闸后水位壅高为0.73m。

2）冰坝

冰坝一般出现在开河期，该时期流冰厚度大于结冰期流冰厚度，形成条件与冰塞类似，但对水流条件的要求较高。冰坝形成后，渠道壅水速度快，危害大。

根据总干渠冰期运行观测数据，总干渠没有出现大的冰坝危害，但仍观测到开河期部分流冰下潜现象，主要以2015—2016年冬季为主，在马头沟倒虹吸进口、下车亭隧洞进口和南拒马河倒虹吸进口观测到三处流冰堆积体（图1.2-11）。流冰堆积范围长10~55m，部分位置流冰堆积厚度为1~2m，经现场观测，流冰堆积体在24h内就地融化，冰坝消失，整个过程没有明显的壅水现象。

(a)南拒马河倒虹吸进口流冰堆积体

（b）下马家庄倒虹吸进口流冰堆积体

图 1.2-11　开河期流冰堆积体

3）结冰对输水建筑物的危害

结冰对输水建筑物的危害主要包括边坡衬砌板冻胀、渡槽伸缩缝变形漏水和闸室结冰影响过流（图 1.2-12 至图 1.2-14）。

图 1.2-12　边坡衬砌板冻胀破坏

图 1.2-13　渡槽伸缩缝变形漏水

（a）闸室结冰（整体）

（b）闸室结冰（局部）

图 1.2-14　西黑山分水闸闸室结冰

4）结冰对金属结构及仪器设备的危害

结冰对金属结构及仪器设备的危害包括节制闸闸门冻结、退水闸闸门冻结、水位流量仪器破坏与失真、拦污栅堵塞、拦冰索断裂等（图 1.2-15 至图 1.2-18）。

图 1.2-15　节制闸闸门冻结

图 1.2-16　退水闸闸门冻结

图 1.2-17　拦污栅堵塞

图 1.2-18　拦冰索断裂

1.3　南水北调中线冰期输水方案

根据南水北调中线干线工程冬季输水研究成果和运行调度管理经验成果[3-5]，初步形成中线工程冬季输水方案。

1.3.1　冰期输水调度的判定条件

冰期输水范围：安阳以北段，具体为汤河节制闸（不含）至北京惠南庄泵站的渠段。

冰期输水时间：每年 12 月 1 日开始，次年 2 月底结束，具体时间根据气象、冰情、调度等适当调整。

1.3.2　冰期输水基本运行方式

冰期输水包括初封期、稳封期、融冰期三个阶段。冬季促使渠道形成平封冰盖，采用冰盖输水的方式，各节制闸闸前水位为设计水位。

中线总干渠全线跨越北纬 33°～40°，下游渠段冬季气候寒冷，面临结冰问题，总

15

干渠冬季将于无冰输水、流冰输水和冰盖输水等复杂工况下运行,可能发生冰塞、冰坝等危害,特别是安阳以北的倒虹吸、隧洞、闸门、渡槽等重点水工建筑物,以及曲率半径较小的弯道、山区开挖束窄渠段等。为防止冰塞、冰坝等灾害,总干渠冬季冰期应控制渠道水流条件,促使渠道冰盖尽快形成,借助冰盖隔热作用,采用冰盖下浮冰输水方式。

根据《南水北调中线一期工程可行性研究总报告——总干渠冰期输水专题研究》和《南水北调中线一期工程总干渠运行调度规程初稿(修订稿)》,总干渠安阳河倒虹吸下游渠段会出现冰情,故安阳河倒虹吸以北渠段在冬季采用冰盖下浮冰输水方式,其他渠段按照正常方式输水。冰期输水渠段包括27座节制闸、25座退水闸、34座分水口门和17座控制闸,冰期输水段各节制闸输水控制流量见表1.3-1。在冬季运行期中的结冰期,控制渠道水流条件,防止流冰下潜,促使冰盖尽快形成,形成稳定的平封冰盖;在冬季运行期中的封冻期,保持渠道水位—流量稳定,防止冰盖破坏;在冬季运行期中的开河期,控制渠道水流条件,促使冰盖就地融化,形成文开河。冬季运行期间,保持渠池下游节制闸闸前水位不变,采用冰盖下浮冰输水方式。

表 1.3-1　　　　　　　　冰期输水段各节制闸输水控制流量　　　　　　　(单位:m³/s)

节制闸名称	平封模式对应输水能力(临界 $Fr=0.06$)
安阳河倒虹吸节制闸	101.8
穿漳河倒虹吸节制闸	98.32
牤牛河南支渡槽节制闸	99.24
沁河倒虹吸节制闸	89.20
洺河渡槽节制闸	102.28
南沙河倒虹吸节制闸	83.54
七里河倒虹吸节制闸	84.66
白马河倒虹吸节制闸	80.27
李阳河倒虹吸节制闸	85.77
午河渡槽节制闸	95.06
槐河(一)倒虹吸节制闸	92.20
洨河倒虹吸节制闸	98.42
古运河暗渠节制闸	80.02
滹沱河倒虹吸节制闸	55.17
磁河倒虹吸节制闸	64.96
沙河(北)倒虹吸节制闸	52.08
漠道沟倒虹吸节制闸	57.05

续表

节制闸名称	平封模式对应输水能力(临界 $Fr=0.06$)
唐河倒虹吸节制闸	50.52
放水河渡槽节制闸	58.82
蒲阳河倒虹吸节制闸	55.81
岗头隧洞节制闸	47.64
西黑山节制闸	47.93
瀑河倒虹吸节制闸	28.08
北易水倒虹吸节制闸	28.99
坟庄河倒虹吸节制闸	28.48
北拒马河暗渠节制闸	22.97

1.3.3 冬季输水计算工况

结合总干渠现行的冬季冰期输水工况[6],根据项目研究内容设置以下三种计算工况。第一种为设计流量工况,陶岔渠首冬季输水流量按设计流量控制;第二种为提高输水流量工况,由下游至上游渠段,蒲阳河倒虹吸至北拒马河暗渠按设计流量输水流量 60%控制,古运河暗渠至蒲阳河倒虹吸输水流量按设计流量的 65%控制,安阳河倒虹吸至古运河暗渠输水流量按设计流量的 70%控制,陶岔渠首输水流量按设计流量的 80%控制;第三种现行冰期输水流量工况,安阳河倒虹吸下游输水流量按现行冰期输水流量控制,陶岔渠首输水流量按设计流量的 60%控制(表 1.3-2)。

表 1.3-2　　　　　　　　　冬季调度计算工程　　　　　　　　(单位:m³/s)

节制闸名称	设计流量	不同工况下输水流量		
		设计流量工况	提高输水流量工况	现行冰期输水流量工况
陶岔渠首	350	350	280	210
刁河渡槽进口节制闸	350	347	270	200
湍河渡槽进口节制闸	350	341	265	195
严陵河渡槽进口节制闸	340	340	264	195
淇河倒虹吸出口节制闸	340	339	263	194
十二里河渡槽进口节制闸	340	333	258	190
白河倒虹吸出口节制闸	330	331	257	189
东赵河倒虹吸出口节制闸	330	331	255	188
黄金河倒虹吸出口节制闸	330	330	254	187

续表

节制闸名称	设计流量	不同工况下输水流量		
		设计流量工况	提高输水流量工况	现行冰期输水流量工况
草墩河倒虹吸进口节制闸	330	330	254	187
澧河渡槽进口节制闸	320	320	246	180
澎河渡槽进口节制闸	320	317	242	177
沙河渡槽进口节制闸	320	313	239	174
玉带河倒虹吸出口节制闸	315	312	238	173
北汝河倒虹吸出口节制闸	315	312	238	173
兰河涵洞进口节制闸	315	311	237	173
颍河倒虹吸出口节制闸	315	308	235	170
小洪河倒虹吸出口节制闸	305	300	227	162
双泊河渡槽进口节制闸	305	298	225	160
梅河倒虹吸出口节制闸	305	294	222	157
丈八沟倒虹吸出口节制闸	305	294	222	157
潮河倒虹吸出口节制闸	295	288	217	153
金水河倒虹吸出口节制闸	295	277	208	144
须水河倒虹吸出口节制闸	265	265	200	136
索河渡槽进口节制闸	265	265	198	135
穿黄隧洞出口节制闸	265	265	198	134
济河倒虹吸出口节制闸	265	265	196	132
闫河倒虹吸出口节制闸	265	265	194	130
溃城寨河倒虹吸出口节制闸	260	260	189	125
峪河暗渠进口节制闸	260	260	188	124
黄水河支倒虹吸出口节制闸	260	260	188	124
孟坟河倒虹吸出口节制闸	260	253	179	115
香泉河倒虹吸出口节制闸	250	250	176	113
淇河倒虹吸出口节制闸	245	245	171	108
汤河涵洞式渡槽进口节制闸	245	245	170	107
安阳河倒虹吸出口节制闸	235	235	165	102
牤牛河南支渡槽进口节制闸	235	235	155	93
沁河倒虹吸出口节制闸	230	230	151	89
洺河渡槽进口节制闸	230	230	150	88
南沙河倒虹吸出口节制闸	230	230	146	84

节制闸名称	设计流量	不同工况下输水流量		
		设计流量工况	提高输水流量工况	现行冰期输水流量工况
七里河倒虹吸出口节制闸	230	228	146	84
白马河倒虹吸出口节制闸	220	220	143	80
李阳河倒虹吸出口节制闸	220	220	143	80
午河渡槽进口节制闸	220	220	143	80
槐河(一)倒虹吸出口节制闸	220	220	142	80
洨河倒虹吸出口节制闸	220	220	141	80
古运河暗渠节制闸	170	164	111	57
磁河倒虹吸节制闸	165	159	106	57
沙河(北)倒虹吸节制闸	165	155	103	55
漠倒沟倒虹吸节制闸	135	135	85	54
放水河渡槽节制闸	135	133	82	54
蒲阳河倒虹吸节制闸	135	132	81	54
岗头隧洞进口节制闸	125	120	75	54
西黑山节制闸	100	60	35	28
北易水倒虹吸节制闸	60	60	35	28
北拒马河暗渠节制闸	50	50	30	23

第 2 章 中线沿程气象因素时空演变规律

2.1 气象数据与研究方法

2.1.1 数据来源

数据取自中国气象数据网。选取南水北调中线工程总干渠沿线地区 8 个国家地面气象观测站 1968—2017 年共 50 年的逐日气温数据序列,以上一年 12 月到当年 2 月为冬季(如 1999 年 12 月—2000 年 2 月记作 1999—2000 年冬季),统计了总干渠沿线 8 个气象站 1969—2017 年的冬季平均气温。8 个气象站由南至北依次为:南阳站、宝丰站、郑州站、新乡站、安阳站、邢台站、石家庄站、保定站。

2.1.2 研究方法

1)Mann-Kendall 趋势检验法

应用 Mann-Kendall 趋势检验法(简称"M-K 趋势检验法")检验气温序列 $\{X_n\}$ 的变化趋势,构造统计量 S:

$$S = \sum_{i=1}^{n-1} \sum_{j=i+1}^{n} \operatorname{sgn}(x_j - x_i) \tag{2.1}$$

$$\operatorname{sgn}(x_j - x_i) = \begin{cases} 1, & x_j - x_i > 0 \\ 0, & x_j - x_i = 0 \\ -1, & x_j - x_i < 0 \end{cases} \tag{2.2}$$

S 服从正态分布,均值为 0,方差 $\operatorname{Var}(S) = n(n-1)(2n+5)/18$。当 $n > 10$ 时,按式(2.3)将 S 标准化:

$$Z_c = \begin{cases} \dfrac{S-1}{\sqrt{\operatorname{Var}(S)}}, & S > 0 \\ 0, & S = 0 \\ \dfrac{S+1}{\sqrt{\operatorname{Var}(S)}}, & S < 0 \end{cases} \tag{2.3}$$

当 $Z_c > 0$ 时，认为气温有上升趋势，反之则呈下降趋势。$|Z_c| \geqslant 1.28$、$|Z_c| \geqslant 1.64$ 和 $|Z_c| \geqslant 2.32$ 分别表示气温序列通过了信度 90%、95% 和 99% 的显著性检验。

当进一步将 M-K 趋势检验法用于检验气温序列突变时，构造一个秩序列 S_k：

$$S_k = \sum_{i=1}^{k} r_i, 2 \leqslant k \leqslant n \tag{2.4}$$

$$r_i = \begin{cases} 1, x_i > x_j \\ 0, x_i \leqslant x_j \end{cases}, 1 \leqslant j \leqslant i \tag{2.5}$$

秩序列 S_k 在气温序列随机的假设下，定义统计量 UF_k：

$$UF_k = \frac{[S_k - E(S_k)]}{\sqrt{\mathrm{Var}(S_k)}}, k = 1, 2, \cdots, n \tag{2.6}$$

式中，UF——Kendall 秩次相关的检验统计量，$UF_1 = 0$；

$E(S_k)$——S_k 的均值；

$\mathrm{Var}(S_k)$——S_k 的方差，通过式（2.7）和式（2.8）计算。

$$E(S_k) = \frac{n(n-1)}{4} \tag{2.7}$$

$$\mathrm{Var}(S_k) = \frac{n(n-1)(2n+5)}{72}, 1 \leqslant k \leqslant n \tag{2.8}$$

令

$$\begin{cases} UB_{k'} = -UF_k \\ k' = n + 1 - k \end{cases}, 1 \leqslant k \leqslant n \tag{2.9}$$

式中，UB——UF 的逆序列。

给定显著性 α，若 $|UF_k| \geqslant U_\alpha$（$U_\alpha$ 为信度临界线），则气温序列存在显著变化趋势。如果 UF_k 和 UB_k 两条曲线出现交点，且交点在临界线之间，则交点对应的时刻即为气温突变时间。

2）R/S 分析法

R/S 分析法利用 Hurst 指数 H，定量描述气温序列的持续性，计算公式为：

$$\ln\left[\frac{R}{S} = H\ln N + H\ln C\right] \tag{2.10}$$

式中，H——Hurst 指数；

R——极值差；

S——标准差；

N——时间步长；

C——常数。

当 $0 < H < 0.5$ 时,气温序列未来变化趋势与过去相反,H 越小,反持续性越强;当 $H = 0.5$ 时,气温序列完全独立,是随机过程,未来变化趋势与过去无关;当 $0.5 < H < 1$ 时,气温序列未来变化与过去一致,H 越大,持续性越强。

3)各类典型年划分依据

参照《暖冬等级》(GB/T 21983—2020),将冬季平均气温概率密度进行划分,相应得到强冷冬年、弱冷冬年、平冬年、弱暖冬年、强暖冬年,等级指标见表2.1-1。

表 2.1-1 暖冬等级

等级指标	等级名称
$\Delta T \leqslant -1.29\delta$	单站强冷冬年
$-1.29\delta < \Delta T \leqslant -0.43\delta$	单站弱冷冬年
$-0.43\delta \leqslant \Delta T < 0.43\delta$	单站平冬年
$0.43\delta \leqslant \Delta T < 1.29\delta$	单站弱暖冬年
$\Delta T \geqslant 1.29\delta$	单站强暖冬年

注:ΔT 为距平,δ 为标准差。

4)沿线地区寒潮同步计算标准

将各站点各类典型年进行划分,将强冷冬年、弱冷冬年、平冬年、弱暖冬年和强暖冬年依次赋值为−2、−1、0、1、2。同时,定义沿线8个站点各历史典型年赋值之和为指标 N,将指标 N 作为寒潮同步计算标准,见表2.1-2。

表 2.1-2 寒潮同步计算标准

寒潮同步指标	寒潮同步名称
$N = -16$	同步强冷冬年
$N = -8$	同步弱冷冬年
$N = 0$	同步平冬年
$N = 8$	同步弱暖冬年
$N = 16$	同步强暖冬年
$-16 \leqslant N \leqslant -8$	同步冷冬年
$8 \leqslant N \leqslant 16$	同步暖冬年

2.2　气象因素演变规律分析

2.2.1　冬季气温特性分析

（1）各站点冬季气温变化趋势分析

工程沿线各站点冬季年平均气温变化趋势见图 2.2-1，冬季气温 M-K 趋势检验及 R/S 分析结果见表 2.2-1。图 2.2-1 直观反映了各站点冬季气温变化情况，不同年代均呈现出升—降—升—降—升的交替变化和总体升温趋势。分析图 2.2-1、表 2.2-1 可知，工程沿线冬季年平均气温自南至北整体呈现逐渐降低规律，20 世纪 90 年代气候均值均高于 20 世纪 90 年代前。其中，邢台站和石家庄站冬季气温由 20 世纪 90 年代前的低于 0℃升温至高于 0℃；工程沿线 8 个区域的 Z_c 均大于 0，显著性均大于 95%，表明工程沿线区域冬季年平均气温均呈显著上升趋势，Hurst 指数均明显大于 0.5，表明今后一段时间内，总干渠沿线地区冬季年平均气温将保持这种上升趋势。

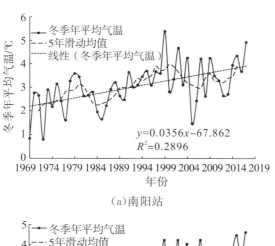

（a）南阳站

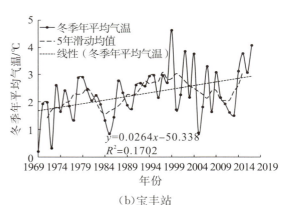

（b）宝丰站

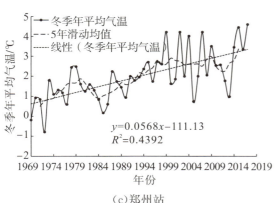

（c）郑州站

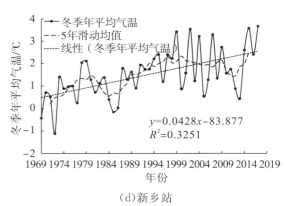

（d）新乡站

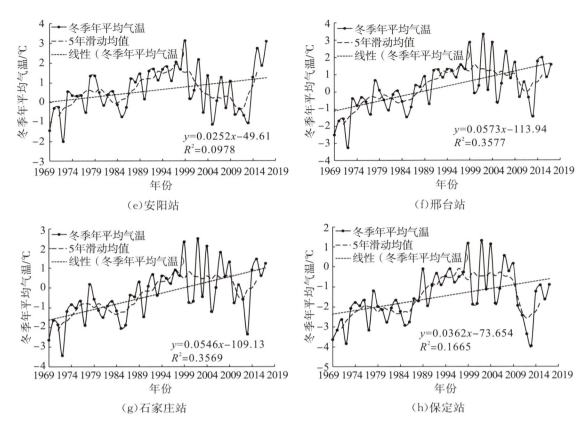

图 2.2-1　各站点冬季年平均气温变化趋势

表 2.2-1　　　　　　　　各站点冬季气温 M-K 趋势检验及 R/S 分析结果

站点	总平均值/℃	1969—1989 年平均值/℃	1990—2019 年平均值/℃	趋势	Z_c 值	$Z_{c(a/2)}$ 值	显著性/%	Hurst 指数
南阳站	3.05	2.57	3.47	上升	3.87	2.32	99	0.8719
宝丰站	2.30	1.87	2.63	上升	2.57	2.32	99	0.7957
郑州站	1.98	1.16	2.60	上升	4.98	2.32	99	0.8647
新乡站	1.52	0.85	2.02	上升	2.28	1.64	95	0.8529
安阳站	0.63	0.18	0.96	上升	2.06	1.64	95	0.8618
邢台站	0.27	−0.69	0.99	上升	4.58	2.32	99	0.8939
石家庄站	−0.31	−1.21	0.36	上升	4.49	2.32	99	0.8906
保定站	−1.49	−2.23	−0.93	上升	3.30	2.32	99	0.9352

（2）各站点冬季气温突变分析

经 M-K 趋势检验,得到 8 个站点冬季年平均气温突变情况(图 2.2-2)。可见,各站点 UF 曲线均超过显示度 0.05 临界线,甚至超过 0.001 显著性水平($U_{0.001}=$ 2.56),沿线各站点升温趋势显著。其中,除邢台站曲线相交于信度线,无明显突变点外,其余站点均存在历史气温突变现象,但突变年份具有一定的差异性(表 2.2-2)。

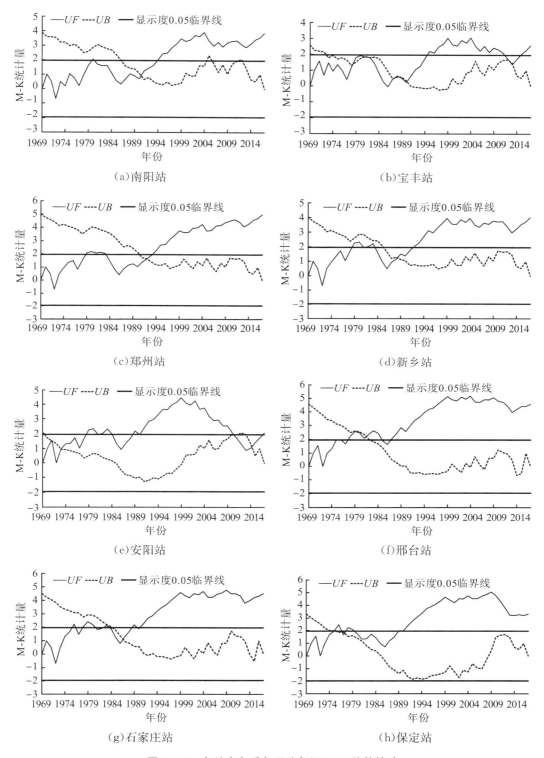

图 2.2-2　各站点冬季年平均气温 M-K 趋势检验

表 2.2-2 各站点突变年份和突变点类型

站点	突变年份	突变点类型	站点	突变年份	突变点类型
南阳站	1990	均值升高突变点		1971	均值降低突变点
	1978	均值升高突变点	安阳站	1973	均值升高突变点
宝丰站	1981	均值降低突变点		2010	均值降低突变点
	1988	均值升高突变点		2014	均值升高突变点
	2013	均值升高突变点	邢台站		
郑州站	1992	均值升高突变点	石家庄站	1987	均值升高突变点
新乡站	1989	均值升高突变点	保定站	1977	均值升高突变点

结果显示,除宝丰站与安阳站外,其余 5 站均只经历一次气温升温突变;7 个站点气温突变主要发生在 20 世纪 90 年代初期以前,可将 20 世纪 90 年代作为划分沿线气温突变的节点。安阳站共经历 4 次气温突变,其中 2010—2020 年经历 2 次突变。这表明气温受南北两侧气温环境影响,具有一定的波动性和不稳定性,可将安阳站作为工程沿线南北段分界点。

2.2.2 冬季寒潮同步性分析

（1）各站点典型年划分

依照《暖冬等级》(GB/T 21983—2020),将 8 个站点按气温突变年代前后进行划分,5 种典型年发生概率见表 2.2-3。结果显示:20 世纪 70—80 年代,除安阳站有 40% 的冷冬年和 25% 的暖冬年发生概率外,各站点冷冬年发生概率为 60%～75%,暖冬年发生概率均低于 15%,平冬年发生概率与强冷冬年或者弱冷冬年发生概率相近;经 20 世纪 80—90 年代初气温突变后,在 20 世纪 90 年代至 21 世纪 10 年代,各站点暖冬年发生概率均不低于 46.43%,除安阳站有 35.72% 的冷冬年发生概率外,其余各站点冷冬年发生概率低于 25%,平冬年发生概率与 20 世纪 90 年代前相近,但不小于两类冷冬发生概率之和,也体现了 8 个站点历史冬季气温上升趋势。整体而言,工程沿线 8 个地区 1969—2017 年强冷冬年与强暖冬年发生概率均为 14.29%～18.37%,表明站点间极端典型气象条件差异性较小。

表 2.2-3 各站点各类典型年发生概率 （单位:%）

站点	时段	强冷冬年	弱冷冬年	平冬年	弱暖冬年	强暖冬年
南阳站	20 世纪 70—80 年代	30.00	30.00	30.00	10.00	0.00
	20 世纪 90 年代至 21 世纪 10 年代	3.57	17.86	21.43	28.57	28.57
	1969—2017 年	16.33	22.45	24.49	20.41	16.33

续表

站点	时段	强冷冬年	弱冷冬年	平冬年	弱暖冬年	强暖冬年
宝丰站	20 世纪 70—80 年代	25.00	40.00	20.00	15.00	0.00
	20 世纪 90 年代至 21 世纪 10 年代	7.14	17.86	14.29	28.57	32.14
	1969—2017 年	16.33	26.53	16.33	22.45	18.37
郑州站	20 世纪 70—80 年代	25.00	45.00	20.00	10.00	0.00
	20 世纪 90 年代至 21 世纪 10 年代	3.57	7.14	39.29	17.86	32.14
	1969—2017 年	14.29	22.45	30.61	14.29	18.37
新乡站	20 世纪 70—80 年代	30.00	30.00	30.00	10.00	0.00
	20 世纪 90 年代至 21 世纪 10 年代	7.14	14.29	28.57	21.43	28.57
	1969—2017 年	18.37	20.41	28.57	16.33	16.33
安阳站	20 世纪 70—80 年代	15.00	25.00	35.00	25.00	0.00
	20 世纪 90 年代至 21 世纪 10 年代	17.86	17.86	3.57	28.57	32.14
	1969—2017 年	18.37	20.41	16.33	26.53	18.37
邢台站	20 世纪 70—80 年代	30.00	45.00	25.00	0.00	0.00
	20 世纪 90 年代至 21 世纪 10 年代	3.57	14.29	17.86	39.29	25.00
	1969—2017 年	16.33	26.53	20.41	22.45	14.29
石家庄站	20 世纪 70—80 年代	30.00	35.00	25.00	10.00	0.00
	20 世纪 90 年代至 21 世纪 10 年代	3.57	10.71	21.43	39.29	25.00
	1969—2017 年	16.33	20.41	22.45	26.53	14.29
保定站	20 世纪 70—80 年代	30.00	35.00	30.00	0.00	5.76
	20 世纪 90 年代至 21 世纪 10 年代	7.14	10.71	28.57	32.14	21.43
	1969—2017 年	18.37	20.41	28.57	18.37	14.29

（2）南北地区寒潮同步性分析

各站点历史典型年分布见图 2.2-3。结果表明，20 世纪 90 年代以后，大于零散点明显增多，表明沿线气温逐步向暖冬靠拢。

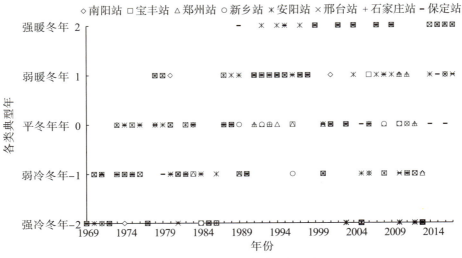

图 2.2-3　各站点历史典型年分布

不同典型年按指标 N 同步情况见表 2.2-4。结果显示,同步强冷冬年和同步强暖冬年占比较低,且同步强冷冬年只发生在气温突变时间节点前,同步强暖冬年只发生在气温突变时间节点后,未出现同步平冬年;同步暖冬年和同步冷冬年占比分别为20.41％和 22.45％,工程沿线区域冷冬年与暖冬年冬季气温同步性占比高达42.86％,其中,同步冷冬年除近期的 2013 年外,均发生在气温突变节点前,且出现 2次连续 3～4 年同步冷冬年现象,占比为 64％,最大间隔为 4 年;气温突变节点后,每间隔 1～6 年将会出现同步暖冬现象,其中,连续发生的占比为 30％。

表 2.2-4　　　　　　　　　　　　　各类典型年同步情况

序号	指标	占比/％	年份
1	同步强冷冬年	8.16	1969、1972、1977、1985
2	同步弱冷冬年	2.04	1990
3	同步平冬年	0.00	
4	同步弱暖冬年	2.04	1998
5	同步强暖冬年	4.08	1999、2002
6	同步冷冬年	22.45	1969、1970、1971、1972、1977、1981、1984、1985、1986、1990、2013
7	同步暖冬年	20.41	1995、1997、1998、1999、2002、2004、2007、2009、2015、2017

上述分析表明,南水北调中线工程总干渠沿线区域冬季典型气温具有一定的同步性与连续性,在制定冰期输水方案时需要考虑气温同步性与连续性的影响,尤其要加强同步冷冬年的冰期输水安全预防与布置工作。同步冷冬年可能会出现工程初冰时间提前、冰情范围扩大和冰情程度加剧等现象,容易因对冰情预测考虑不足而引起

工作被动或造成损失等;在同步暖冬年,也可以充分利用气温特性,加大部分渠段输水流量,制定更为灵活的冰期输水方案,提高输水效益。

2.2.3　连续低温趋势分析

连续低温天数是冬季冰情生成及演变的重要原因。对各站点冬季连续低温天数进行趋势分析,将不高于冰点(0℃)设定为一个低温天数,连续的低温天数称为一个低温段,若同一年份中两个不低于两天的低温段中间间隔的非低温天数不超过两天,则前后两个低温段与中间非低温天数视为一个连续的低温段。若同一年份中有多个连续的低温段,则取最大时长低温段作为该年连续低温天数。各站点连续低温天数及各最大时长低温段的平均气温变化趋势见图 2.2-4,各站点连续低温天数变化 M-K 趋势检验及 R/S 分析结果见表 2.2-5。

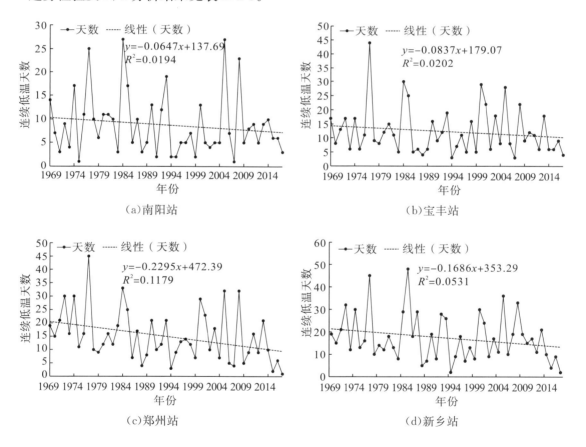

（a）南阳站　　　　　　　　　　（b）宝丰站

（c）郑州站　　　　　　　　　　（d）新乡站

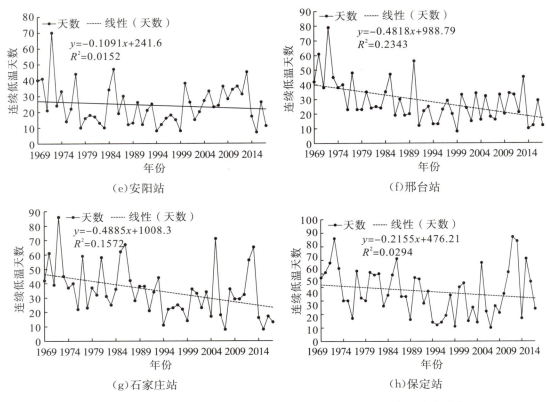

图 2.2-4 各站点连续低温天数及各最大时长低温段的平均气温变化趋势

由图 2.2-4 可知,各站点连续低温天数呈下降趋势,并且在未来一段时间内将继续保持下降状态,与 2.2.1 节中各站点气温升高分析结果一致;北方站点连续低温天数下降显著性高于南方站点,且安阳站显著性最低,与 2.2.1 节中安阳站受南北两方气温影响分析结果一致;连续低温天数由南至北逐渐增加,南方站点呈线性增长,而北方站点呈指数型增长。各站点均分别在 1977 年、1999 年等年份中有较多的连续低温天数与较少的连续低温天数,表明各站点气温有一定的同步性变化概率,与 2.2.1 节中分析结果一致。各站点连续低温天数虽然呈现下降趋势,但由南至北增加,且同步伴随着一定的寒潮,因此需要加强北方各站点对寒潮天气影响冰期输水的预防及相应策略的制定。

表 2.2-5 各站点连续低温天数变化 M-K 趋势检验与 R/S 分析结果

站点	平均连续低温天数	连续低温天数趋势	Z_c 值	显著性/%	Hurst 指数	站点	平均连续低温天数	连续低温天数趋势	Z_c 值	显著性/%	Hurst 指数
南阳站	9	下降	−0.88		0.6540	安阳站	24	下降	−0.11		0.8010
宝丰站	12	下降	−1.03		0.6519	邢台站	28	下降	−3.29	99	0.8295

续表

站点	平均连续低温天数	连续低温天数趋势	Z_c 值	显著性 /%	Hurst 指数	站点	平均连续低温天数	连续低温天数趋势	Z_c 值	显著性 /%	Hurst 指数
郑州站	15	下降	−2.70	99	0.7020	石家庄站	35	下降	−3.40	99	0.7832
新乡站	17	下降	−1.59		0.6403	保定站	47	下降	−1.67	95	0.7756

2.3 典型年频率分析

利用南水北调中线工程沿线 8 个气象站 1969—2017 年的气象资料,通过站点平均值进行频率分析(表 2.3-1),用于确定后续分析使用的典型年。

表 2.3-1　　　　　　　　　　频率分析

冬季年份	冬季累积气温/℃									频率 /%
	南阳站	宝丰站	郑州站	新乡站	安阳站	邢台站	石家庄站	保定站	8站平均	
1971—1972	72.9	−13.4	−72.2	−101.9	−182.2	−296.2	−312.2	−349.1	−156.8	2
1968—1969	75.9	17.6	−17.3	−38.6	−129.2	−225.1	−238.3	−327.1	−110.3	4
1984—1985	147.4	45.1	14.8	−13.6	−66.3	−131.2	−185.3	−263.6	−56.6	6
1976—1977	143.8	74.0	53.4	22.7	−46.2	−117.3	−171.2	−285.2	−40.8	8
2012—2013	244.1	106.3	88.4	39.8	−95.6	−128.5	−211.9	−356.1	−39.2	10
1985—1986	199.3	83.9	54.2	2.9	−23.2	−79.3	−170.1	−248.6	−22.6	12
2004—2005	131.8	75.3	66.6	49.5	−102.1	−55.0	−107.4	−163.0	−13.0	14
1969—1970	248.3	119.6	83.0	63.9	−26.7	−151.1	−147.8	−284.8	−12.0	16
1970—1971	238.7	113.1	75.9	47.3	−21.7	−139.2	−167.5	−236.1	−11.3	18
1983—1984	177.3	104.4	75.9	36.8	−10.4	−50.4	−105.1	−202.3	3.3	20
1980—1981	236.8	143.4	111.4	64.9	−13.7	−95.5	−134.5	−249.3	7.9	22
1989—1990	222.3	110.7	84.2	80.9	14.6	−63.0	−131.6	−174.6	17.9	24
2011—2012	240.6	162.7	160.8	79.8	−61.3	−29.7	−52.3	−306.1	24.3	26
1973—1974	195.2	124.9	98.6	79.2	31.7	−71.0	−74.6	−159.0	28.1	28
1975—1976	219.7	124.6	106.4	90.6	33.0	−51.5	−59.3	−150.1	39.2	30
1974—1975	282.9	145.0	118.0	87.3	29.4	−27.7	−91.2	−174.0	46.2	32
1999—2000	256.1	129.1	147.2	79.5	16.8	−6.9	−66.4	−169.0	48.2	34
1981—1982	239.6	163.6	142.3	101.3	36.6	−13.4	−81.1	−184.2	50.6	36

续表

冬季年份	冬季累积气温/℃									频率/%
	南阳站	宝丰站	郑州站	新乡站	安阳站	邢台站	石家庄站	保定站	8站平均	
1972—1973	260.7	174.8	160.8	125.4	50.1	−33.9	−106.4	−185.7	55.7	38
1979—1980	313.1	176.1	145.6	116.9	46.5	−42.1	−103.0	−193.8	57.4	40
1982—1983	251.7	131.8	116.5	123.8	50.8	6.2	−60.2	−148.8	59.0	42
2009—2010	313.8	215.7	227.6	140.4	−56.7	−27.2	−67.9	−173.6	71.5	44
2002—2003	278.3	191.8	178.9	109.5	−47.0	9.9	−39.5	−100.8	72.6	46
2000—2001	300.7	163.6	166.2	141.3	54.8	32.9	−59.9	−164.6	79.4	48
2005—2006	218.7	175.9	179.4	114.4	6.6	43.9	1.2	−97.7	80.3	50
1987—1988	291.3	181.9	157.3	117.5	93.7	26.8	−40.7	−154.7	84.1	52
2010—2011	295.1	187.0	230.5	156.9	−30.3	51.8	13.9	−217.6	85.9	54
2007—2008	238.5	181.0	186.2	121.4	−26.8	72.2	51.4	−20.0	100.5	56
1986—1987	262.3	214.9	200.8	160.4	109.2	35.2	−32.3	−142.4	101.0	58
1995—1996	280.0	175.0	157.4	107.9	99.6	76.8	20.0	−70.6	105.8	60
1992—1993	278.5	206.0	175.0	157.5	101.6	75.4	−33.7	−81.3	109.9	62
1988—1989	237.0	149.7	129.8	146.0	131.4	81.4	27.4	−9.6	111.6	64
1978—1979	322.4	259.1	222.3	189.8	122.2	9.5	−50.4	−177.0	112.2	66
1977—1978	293.4	229.1	218.7	183.0	121.3	61.0	16.5	−107.1	127.0	68
1990—1991	327.2	206.9	179.1	173.5	143.1	112.2	7.5	−84.0	133.2	70
1991—1992	272.7	202.0	162.1	158.2	154.2	117.3	61.6	−30.0	137.3	72
1993—1994	310.2	236.8	211.4	198.4	151.0	117.4	54.0	−42.4	154.6	74
1997—1998	322.7	253.4	233.4	199.5	150.4	118.8	55.3	−24.6	163.6	76
2015—2016	334.2	299.6	304.5	218.7	168.4	77.1	55.2	−147.0	163.8	78
1994—1995	331.8	265.8	242.4	215.1	163.5	113.7	43.3	−9.5	170.8	80
1996—1997	329.8	249.0	245.1	215.4	184.2	141.4	81.1	−45.0	175.1	82
2013—2014	354.3	294.8	310.5	234.5	114.1	158.3	80.5	−110.3	179.6	84
2008—2009	381.9	295.0	314.8	245.6	96.4	153.4	117.7	14.5	202.4	86
2006—2007	379.2	356.9	379.1	296.7	114.4	210.2	161.8	50.0	243.5	88
2014—2015	391.2	368.0	400.8	322.0	245.1	178.2	130.5	−82.1	244.2	90
2016—2017	443.5	398.8	414.2	330.7	276.5	141.3	110.7	−80.3	254.4	92
2003—2004	386.8	361.2	365.2	293.1	123.7	259.8	192.4	103.7	260.7	94

续表

| 冬季年份 | 冬季累积气温/℃ | | | | | | | | | 频率 /% |
	南阳站	宝丰站	郑州站	新乡站	安阳站	邢台站	石家庄站	保定站	8站平均	
2001—2002	421.2	384.9	378.8	318.4	194.9	299.4	224.8	118.3	292.6	96
1998—1999	484.5	383.1	378.8	308.1	280.7	257.2	210.4	106.0	301.1	98

2.4　小结

利用 M-K 趋势检验等方法,通过分析 1969—2017 年南水北调中线工程总干渠沿线 8 个站点的冬季气温变化趋势、突变,冬季典型年判定、同步性与连续低温天数等,得到以下结论:

总干渠沿线冬季年平均气温由南至北逐步降低,每个站点均保持显著升温状态。之后的一段时间内,沿线地区冬季平均气温将呈现显著升温趋势。

可以将 20 世纪 90 年代作为 8 个站点冬季平均气温突变的时间节点,安阳站作为划分南水北调中线工程南北段的空间节点。

1969—2017 年,工程沿线两类极端天气发生概率相近,冬季平均气温突变后,暖冬年占比增大,冷冬年占比减小,平冬年占比变化最小。

1969—2017 年,8 站同步强冷冬年和强暖冬年占比均约为 12%,但同步冷冬年和同步暖冬年占比却高达 43%,表明工程沿线冬季气温同步性变化的概率较大,在工程运行阶段,尤其在同步冷冬年,可能出现工程初冰时间提前、冰情范围扩大和冰情程度加剧现象,需要引起运行管理部门重视。

工程沿线北方站点比南方站点呈现更为显著的连续低温递减趋势,但北方各站点冬季经历较长的连续低温时段,并同步伴随着一定的寒潮,将会引起复杂的串联渠池冰情演变,需要加强冰情防控策略,制定合理的冰期输水调度方案。

第 3 章　中线沿程水温时空变化规律

3.1　总干渠水温模型

考虑丹江口水库水温变化对总干渠陶岔渠首水温的影响,建立丹江口水库—总干渠水温联合模型,通过丹江口水库水温模型模拟水源地水温,为总干渠全线水温模拟提供入口水温边界条件。

3.1.1　丹江口水库水温模型

根据丹江口水库历史观测水温和老河口气象资料,丹江口水库冬季水温基本在 4℃以上,出现水温垂向分层的可能性非常小,因此采用平面二维水温模型模拟预测水库水温,以此为总干渠水温模型提供陶岔渠首水温边界条件。

（1）基本控制方程

模型由二维浅水方程和水温对流—扩散方程组成,守恒形式可表达为:

$$\frac{\partial h}{\partial t} + \frac{\partial (hu)}{\partial x} + \frac{\partial (hv)}{\partial y} = P_h - E_0 + q \tag{3.1}$$

$$\frac{\partial hu}{\partial t} + \frac{\partial (hu^2 + gh^2/2)}{\partial x} + \frac{\partial (huv)}{\partial y}$$

$$= \frac{\partial}{\partial x}\left(D_x h \frac{\partial u}{\partial x}\right) + \frac{\partial}{\partial y}\left(D_y h \frac{\partial u}{\partial y}\right) + gh(s_{0x} - s_{fx}) + f_w u_w \sqrt{(u_w^2 + v_w^2)} \tag{3.2}$$

$$\frac{\partial hv}{\partial t} + \frac{\partial (huv)}{\partial x} + \frac{\partial (hv^2 + gh^2/2)}{\partial y}$$

$$= \frac{\partial}{\partial x}\left(D_x h \frac{\partial v}{\partial x}\right) + \frac{\partial}{\partial y}\left(D_y h \frac{\partial v}{\partial y}\right) + gh(s_{0y} - s_{fy}) + f_w v_w \sqrt{(u_w^2 + v_w^2)} \tag{3.3}$$

式中,h——水深;

u,v——流速的水平（x 向）分量和垂直（y 向）分量;

g——重力加速度;

P_h——降雨强度;

E_0——水面蒸发强度;

q——支流入汇;

s_{0x},s_{0y}——水底底坡的水平分量和垂直分量;

s_{fx},s_{fy}——摩阻坡度的水平分量和垂直分量;

f_w——风应力系数;

u_w,v_w——风速的水平分量和垂直分量;

D_x,D_y——水平向和垂直向的水流运动扩散系数。

$$\frac{\partial(hC_i)}{\partial t}+\frac{\partial(huC_i)}{\partial x}+\frac{\partial(hvC_i)}{\partial y}=\frac{\partial}{\partial x}\left(hD_{cx}\frac{\partial C_i}{\partial x}\right)+\frac{\partial}{\partial y}\left(hD_{cy}\frac{\partial C_i}{\partial y}\right)+hS_{Ci}-hk_{Pi}C_i$$

(3.4)

式中,h——水深;

u,v——流速的水平分量和垂直分量;

C_i——第 i 项平均水深水温;

D_{cx},D_{cy}——水平向和垂直向的水流运动扩散系数;

S_{ci}——第 i 项源项;

k_{pi}——第 i 项综合降解系数。

水体密度受水温和污染物浓度等因素的影响。用式(3.5)所示状态方程描述水体密度随水体温度和水体中溶解污染物质含量的变化而变化的特征。

$$\rho=f(T_w,\Phi_{TDS},\Phi_{ISS})=\rho_T+\Delta\rho_S$$

(3.5)

式中,ρ——水体密度;

ρ_T——考虑水温影响的水体密度;

ρ_S——水体中污染物导致增加的水体密度。

当只计算水温而不计算污染物质时,忽略 ρ_S。

水温 T 与水体密度 ρ_T 的关系式如下:

$$\rho_T=999.85+6.79\times10^{-2}T-9.10\times10^{-3}T^2+1.00\times10^{-4}T^3-$$
$$1.12\times10^{-6}T^4+6.54\times10^{-9}T^5$$

(3.6)

水库热量交换示意图见图 3.1-1。

在图 3.1-1 中,水体表面热交换的表达式如下:

$$\varphi_z=\varphi_{sn}+\varphi_{an}-\varphi_{br}-\varphi_e-\varphi_c$$

(3.7)

①净吸收的太阳短波辐射 φ_{sn}:

$$\varphi_{sn}=\beta\varphi_s(1-\gamma)$$

(3.8)

式中,φ_s——到达水体表面的太阳辐射总量;

γ——水面反射率,取 0.1;

β——太阳辐射的表面吸收系数,取 0.65。

穿过水体的太阳辐射沿深度方向呈指数函数衰减:

$$\varphi_s = (1-\gamma)(1-\beta)\varphi_s e^{-\eta H} \tag{3.9}$$

式中,H——水深,η 为消光系数,取 0.5。

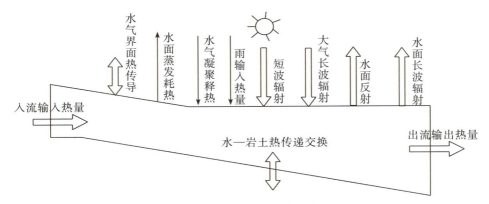

图 3.1-1 水库热量交换示意图

②大气长波辐射 φ_{an}:

$$\varphi_{an} = \sigma\varepsilon_a(273 + T_a)^4 \tag{3.10}$$

式中,σ——Stefan-Boltaman 常数,取 $5.67 \times 10^{-8} \text{W}/(\text{m}^2 \cdot \text{K}^4)$;

ε_a——大气发射率,取 0.97;

T_a——气温。

$$\varepsilon_a = 0.97 \times (1 - 0.261 e^{-0.74 \times 10^{-4} T_a^2})(1 + 0.17 C_r^2) \tag{3.11}$$

式中,T_a——水面上 2m 处的气温;

C_r——云层覆盖率。

③水体长波的返回辐射 φ_{br}:

$$\varphi_{br} = \sigma\varepsilon_w(273 + T_s)^4 \tag{3.12}$$

式中,T_s——水面温度;

ε_w——水面反射率,取 0.965。

④水面蒸发热损失 φ_e:

$$\varphi_e = (9.2 + 0.46 W^2)(e_s - e_a) \tag{3.13}$$

式中,e_s——水面的饱和蒸汽压;

e_a——水面上空气蒸发压力;

W——水面上 10m 的风速。

e_s 和 e_a 缺少实测资料,因此采用式(3.14)和式(3.15)计算:

$$e_s - e_a = \left[0.35 - 0.015\frac{T_s + T_d}{2} + 0.0012\left(\frac{T_s + T_d}{2}\right)^2\right](T_s - T_d) \quad (3.14)$$

$$P_s = 100 \times \left(\frac{T_a + 273}{T_d + 273}\right)^{5.1734} \exp\left[6835.2 \times \left(\frac{1}{T_d + 273} - \frac{1}{T_a + 273}\right)\right] \quad (3.15)$$

式中，T_d——露点温度，可通过与空气相对湿度(P_s)的关系式计算。

⑤水气界面热传导通量 φ_c：

$$\varphi_c = 0.47(9.2 + 0.46W^2)(T_s - T_a) \quad (3.16)$$

（2）求解方法

应用有限体积法及黎曼近似解对二维非恒定流浅水方程组进行数值求解。用非结构网格离散计算区域，然后逐时段地用有限体积法对每一单元建立水量、动量和水温平衡，确保其守恒性。方程组系显格式离散，采用逐时段迭代推进求解。

（3）计算范围

计算区域为丹江口水源保护区，计算面积约 1050km²，覆盖整个丹江口水库、主要支流入汇口及库湾，西起泥河口，东至陶岔引水口，南抵浪河镇，北达丹江口大石桥。东西长约 103km，南北长约 79km。左汉主要入库支流包括汉江、堵河、淘谷河、神定河、泗河、官山河、浪河、剑河、土沟等；右汉主要入库支流包括北端丹江和老鹳河；主要出流口包括丹江口大坝、南水北调陶岔取水口、清泉沟及其他重要取水口等。具体数值模拟范围及主要干、支流出入流情况见图 3.1-2。

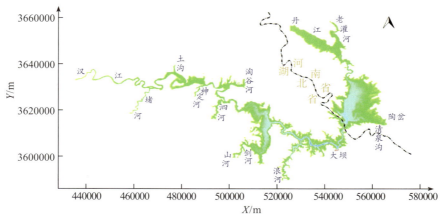

图 3.1-2　具体数值模拟范围及主要干、支流出入流情况

（4）网格剖分

采用非结构三角形网格划分整个计算区域，可适应复杂的丹江口库区水域边界，剖分单元总数为 6942，节点总数为 4523。通过计算网格对陶岔取水口等重点水域进行局部加密，网格单元步长随水深变化，深水区网格尺度较大，浅水区及工程区网格

尺度较小,变网格单元步长为 $50\sim500\mathrm{m}$,可提高整个库区水流和污染物输移、扩散的计算精度。计算网格和地形处理效果见图 3.1-3。

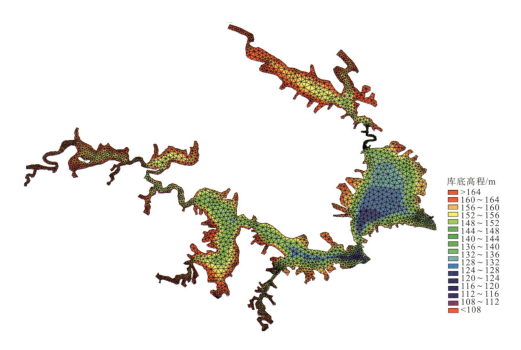

图 3.1-3　计算网格和地形处理效果

（5）边界条件

丹江口库区主要入流边界和出流边界共 14 个。其中,汉江、丹江、淘谷河、堵河、神定河、泗河、官山河、浪河、剑河、老鹳河、土沟等 11 条支流为丹江口库区入流边界,丹江口大坝、南水北调陶岔取水口、清泉沟等为出流边界。

入流边界条件和出流边界条件均由流量资料给定,即

$$\begin{cases} Q(x,y,t)\,|_{\Gamma_1}=Q^*(x,y,t) \\ C(x,y,t)\,|_{\Gamma_1}=C^*(x,y,t) \end{cases} \tag{3.17}$$

式中,$Q^*(x,y,t)$——边界上的流量;

$\quad C^*(x,y,t)$——边界入汇支流的水温或浓度。

陆域边界为固壁边界,水量通量为零,出流水温边界条件满足法向通量梯度为零。

（6）初始条件

$$\begin{cases} H(x,y,t)\,|_{t=t_0}=H_0(x,y,t_0);u(x,y,t)\,|_{t=t_0}=u_0(x,y,t_0);v(x,y,t)\,|_{t=t_0}=v_0(x,y,t_0) \\ C_i(x,y,t)\,|_{t=t_0}=C_{i0}(x,y,t_0) \end{cases}$$

$$\tag{3.18}$$

式中，$H_0(x,y,t_0)$——丹江口库区初始蓄水位，根据丹江口水库调度规程设定；

　　$u_0(x,y,t_0)$、$v_0(x,y,t_0)$——初始流速的水平分量和垂直分量；

　　$C_{i0}(x,y,t_0)$——丹江口库区初始水温。

（7）模型参数率定

影响水库水流特性和水温结构的因素较多，主要有水库几何形态、入流条件、出流条件、气象条件等，模型中影响水流和水温的参数主要包括糙率、紊动黏性系数、水表面太阳辐射吸收系数和纯水中太阳辐射消光系数等。

糙率的选择是水流计算的关键。由于天然河道的糙率受到河床组成、河床形状、河滩覆盖情况及流量、含沙量等多种因素的影响，因此不同河段的糙率不尽相同，一般需要通过实测资料加以率定。

紊动黏性系数决定着水动力分散变化过程，影响流场细部结构，特别是在库区对流通量与扩散通量量级相当的时候，该系数决定着流场模拟结果的准确性。为提高模拟精度，采用 Smagorinsky 公式，表示为：

$$D_x = D_y = C_s{}^2 l^2 \sqrt{\left(\frac{\partial u}{\partial x}\right)^2 + \left(\frac{\partial v}{\partial y}\right)^2 + \frac{1}{2}\left(\frac{\partial u}{\partial y} + \frac{\partial v}{\partial x}\right)^2} \qquad (3.19)$$

式中，l——特征长度，这里取水深；

　　C_s——计算参数，一般为 0.25~1.0，其取值需要通过实测资料进行率定。

模型采用流量边界条件，糙率和紊动黏性系数由实测水位率定。为快速获取参数，采用多亲遗传算法进行全局寻优率定，目标函数为模拟时间 t 内的水位模拟误差（模拟水位与实测水位之差）之和[式（3.20）]，寻优目标为寻找水位误差之和最小的参数组(n,C_s)。

$$J = \left(\sum_{j=1}^{t} |Z_j - Z'_j|\right) \qquad (3.20)$$

式中，Z_j——j 时刻模拟水位；

　　Z'_j——j 时刻实测水位。

该方法的基本过程为：给定初始参数群体，每个子体中有糙率和扩散系数两个变量，通过水动力模型获得水位，如果水位模拟误差过大，则下一步自动调整糙率，糙率调整的幅度与水位模拟误差有关。

利用 2007—2008 年的丹江口水库实测水位、流量资料进行水动力模型参数率定，设定糙率 n 的寻优范围为 0.005~0.100，C_s 的寻优范围为 0.25~1.00，随机生成 15 个子体组成初始群体，设定寻优结束条件目标函数值满足 $J < 0.2\text{m}$，经过多亲遗传算法寻优，最终率定出糙率 $n = 0.04$，$C_s = 0.28$。

有研究表明，水温和流速对纯水中太阳辐射消光系数不敏感，可采用模型经验值。而水表面太阳辐射吸收系数对水温和流速的垂向分布趋势影响较大,因此必须进行反复率定才能找出真实反映实际情况的参数值。在参考已有研究成果的基础上,模型主要控制参数见表 3.1-1。

表 3. 1-1　　　　　　　　　　　　模型主要控制参数

参数	取值
糙率系数 n	0.03~0.08
水表面太阳辐射吸收系数 β	0.65
纯水中太阳辐射消光系数 η	0.50

(8)模型验证

以 2009 年实测入库流量和出库流量过程作为边界条件,模拟丹江口库区 2009 年的水流过程。坝前水位的计算值和实测值见图 3.1-4。坝前水位过程吻合效果较好,库区流场分布平顺合理,说明参数取值合理,所建立模型可用于库区水流模拟预测。

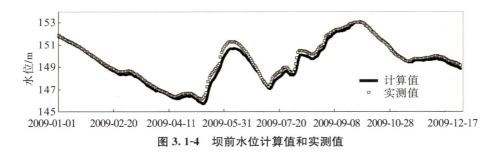

图 3. 1-4　坝前水位计算值和实测值

3. 1. 2　总干渠水温模型

(1)控制方程

1)水力学模型控制方程

$$\begin{cases} \dfrac{\partial A}{\partial t} + \dfrac{\partial Q}{\partial x} = 0 \\ \dfrac{\partial Q}{\partial t} + \dfrac{\partial}{\partial x}\left(\dfrac{Q^2}{A}\right) = -gA\dfrac{\partial Z}{\partial x} - g\dfrac{n^2 Q|Q|}{R^{4/3}A} \end{cases} \tag{3.21}$$

式中,Q——流量;

　　　g——重力加速度;

　　　Z——水位,为渠底高程(Z_b)和水深(h)之和;

　　　A——过水断面面积;

R——水力半径；

n——糙率。

2）水温控制方程

水温变化过程可以通过以下一维水温方程描述：

$$\frac{\partial AT}{\partial t} + \frac{\partial (QT)}{\partial x} = \frac{\partial}{\partial x}\left(AE\frac{\partial T}{\partial x}\right) + \frac{B\varphi}{\rho C_p} \tag{3.22}$$

式中，C_p——水的比热；

T——断面平均水温；

E——纵向弥散系数；

B——水面宽度；

φ——水面单位表面积的净热交换量。

（2）热量交换

热量交换见 3.1.1 节。

（3）求解方法

模型中圣维南方程组求解采用 Preissmann 四点隐式差分法进行离散求解，水温控制方程采用特征线法进行方程离散求解，通过设置时间步长和计算单位步长来保证离散格式的求解稳定性。

（4）模拟范围

总干渠一维水温模型模拟范围从陶岔渠首至北拒马河暗渠区段，总长为 1198km（图 3.1-5）。

（5）网格划分

根据总干渠渠道和过水建筑物断面变化情况，共划分 1712 个控制断面，其中包括节制闸 61 个，网格步长 10～500m。时间步长设置为 30s。

（6）边界条件

模型上游边界设在总干渠陶岔渠首，采用流量和水温过程作为模型输入条件，下游出流边界采用水位边界，沿程按点源方式设置分水口、退水闸出流流量过程。各渠段闸前水位和过闸流量通过调节节制闸开度进行控制。

气象边界条件取总干渠沿线 8 个气象站实测气象数据，气温、露点温度、风速、风向、云量、太阳辐射等气象边界条件以水面热交换形式纳入热通量计算公式中。

（7）模型参数率定

影响总干渠水流特性和水温的因素较多，主要有过水断面几何形态、入流边界条件、出流边界条件、气象边界条件、地温等，模型中影响水流和水温的参数主要包括糙率、水表面太阳辐射吸收系数和纯水中太阳辐射消光系数等。相关参数通过总干渠实测水位、流量和水温数据进行率定。

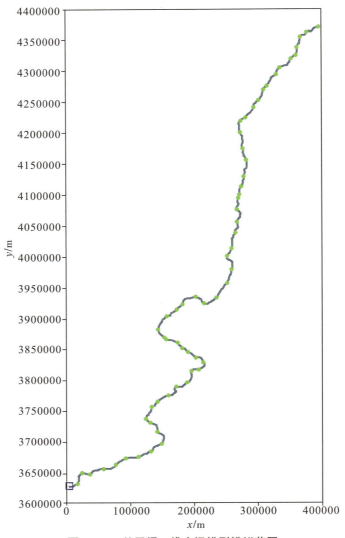

图 3.1-5　总干渠一维水温模型模拟范围

（8）模型验证

针对建立的总干渠一维水温数学模型，分别选择不同年份的总干渠冬季水温过程进行了模拟。

2015—2016 年冬季结冰范围在邢台，范围较广，能够进行封冻范围、冰盖厚度的模拟参数率定。经试算，将率定参数得到的模拟结果与实际冰情观测资料进行对比，认为模拟参数在水温变化过程、封冻时刻、冰盖厚度等方面均达到了一定的精度，但受冰盖厚度模拟精度影响，水温在融冰期模拟误差较大（图 3.1-6）。2016—2017 年冬季总干渠洺河节制闸处、午河节制闸处、岗头节制闸处、坟庄河节制闸处等代表性断面水温过程模拟结果见图 3.1-7,水温模拟结果误差为−1.0～0.5℃;坟庄河节制闸处误差绝对值均值为 0.37℃。

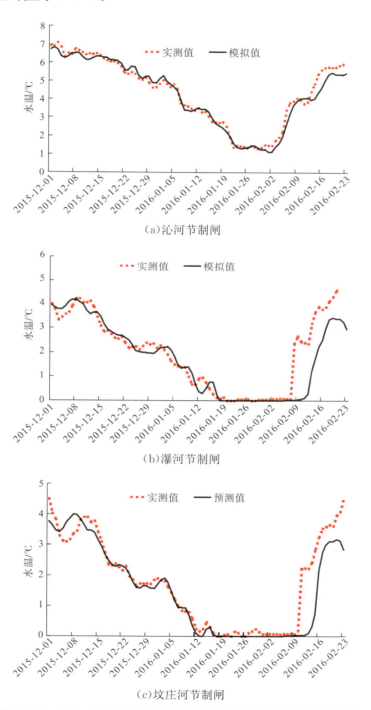

（a）沁河节制闸

（b）瀑河节制闸

（c）坟庄河节制闸

图 3.1-6　2015—2016 年冬季总干渠典型断面水温过程模拟结果验证

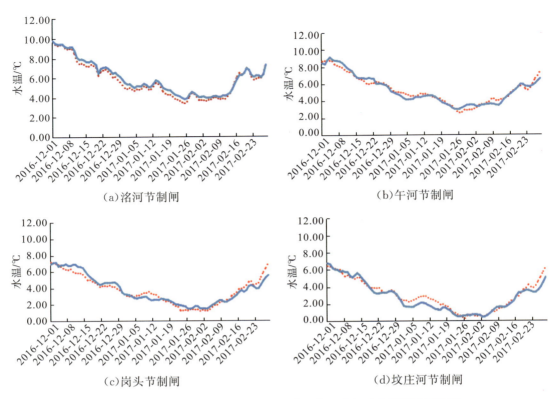

图 3.1-7　2016—2017 年冬季总干渠典型断面水温过程模拟结果验证

总体而言,模型对于中线工程长距离水温模拟具有一定的适用性。

3.2　总干渠水温时空演变规律

3.2.1　计算工况

为开展总干渠水温时空演变规律预测分析,组合不同典型冬季年和冬季输水流量方案,设置总干渠全线水温预测计算工况,计算工况见表 3.2-1。其中,计算工况编号为"工况序号—'QX'(全线)—典型冬季年份—输水流量方案"。

表 3.2-1　　　　　　　　　　　总干渠全线水温预测计算工况

输水流量	典型冬季计算工况			
/(m³/s)	强冷冬 1968—1969 年	冷冬 2012—2013 年	平冬 2005—2006 年	暖冬 2016—2017 年
150	1-QX-69-150	5-QX-13-150	9-QX-06-150	13-QX-17-150
210	2-QX-69-210	6-QX-13-210	10-QX-06-210	14-QX-17-210
280	3-QX-69-280	7-QX-13-280	11-QX-06-280	15-QX-17-280
350	4-QX-69-350	8-QX-13-350	12-QX-06-350	16-QX-17-350

根据总干渠沿线气温特征,选择 1968—1969 年、2012—2013 年、2005—2006 年和 2016—2017 年 4 个典型冬季年,分别代表强冷冬、冷冬、平冬和暖冬年。

输水流量方案共设置 350m³/s、280m³/s、210m³/s 和 150m³/s 四种。其中,350m³/s 输水流量方案为总干渠陶岔渠首设计流量方案;280m³/s 输水流量方案为陶岔渠首输水流量按设计流量的 80% 控制,安阳河倒虹吸至古运河倒虹吸输水流量按设计流量的 70% 控制,石家庄古运河倒虹吸至蒲阳河倒虹吸输水流量按设计流量的 65% 控制,蒲阳河倒虹吸至北拒马河暗渠输水流量按设计流量的 60% 控制;210m³/s 输水流量方案为陶岔渠首输水流量按设计流量的 60% 控制,安阳河倒虹吸下游输水流量按现行冰期输水流量控制;150m³/s 输水流量方案为输水流量从陶岔渠首的 150m³/s,按设计流量相应比例递减,至北拒马河暗渠的 22.97m³/s。各渠池水位按照节制闸闸前设计水位控制。

3.2.2　总干渠水温模拟结果分析

(1)典型年丹江口陶岔渠首水温

丹江口水库陶岔渠首典型冬季年水温过程见图 3.2-1。结果表明,各典型冬季年下,陶岔渠首冬季开始水温为 15～17℃,整个冬季水温逐渐降低,直至次年 2 月底水温为 4～11℃,且多数年份出现趋平或升温趋势。

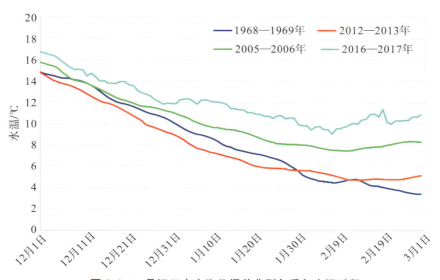

图 3.2-1　丹江口水库陶岔渠首典型冬季年水温过程

(2)典型计算工况水温时空演变规律

4 个典型冬季年不同流量情况下,代表断面水温变化过程见图 3.2-2 至图 3.2-5,比较各断面水温变化过程可知：

①各工况下,12月水温均在0℃以上,最低为2℃;大多数工况下,各闸站最低水温主要出现在1月;2月最低水温呈现缓慢下降、持平或升温趋势。

②各典型冬季年,随着输水流量增大,总干渠沿线水温降低的幅度减小。其中,典型冬季年份输水流量从150m³/s增大至350m³/s,使北拒马河暗渠最低温提升约4℃。

各工况下最低温沿程降温率统计结果见表3.2-2,从表中可看出：

①各工况下,沿程最低温降温率最小为0.10(℃/100km),最大为0.62(℃/100km)。

②同一典型冬季年下,总干渠输水流量越大,沿程最低温降温率越小。

③相同输水流量情况下,不同冬季年份降温率没有显著相关性。

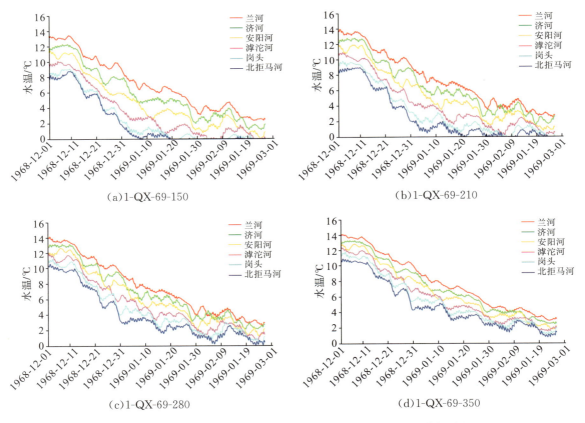

(a) 1-QX-69-150

(b) 1-QX-69-210

(c) 1-QX-69-280

(d) 1-QX-69-350

图 3.2-2　1968—1969 年冬季不同流量情况下代表断面水温变化过程

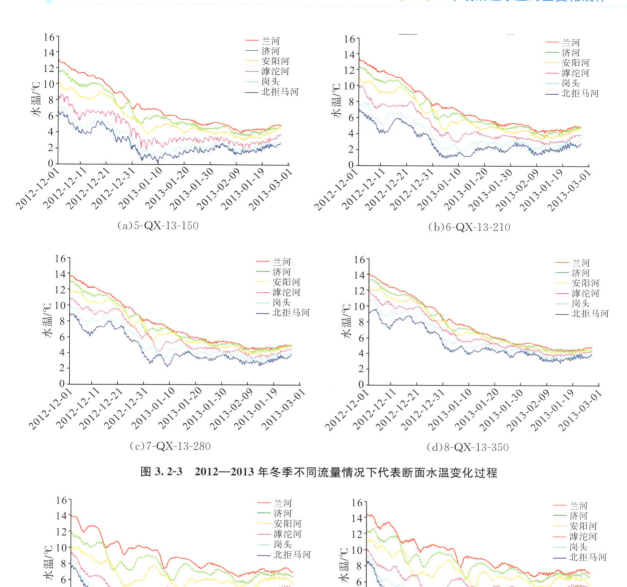

（a）5-QX-13-150

（b）6-QX-13-210

（c）7-QX-13-280

（d）8-QX-13-350

图 3.2-3　2012—2013 年冬季不同流量情况下代表断面水温变化过程

（a）9-QX-06-150

（b）10-QX-06-210

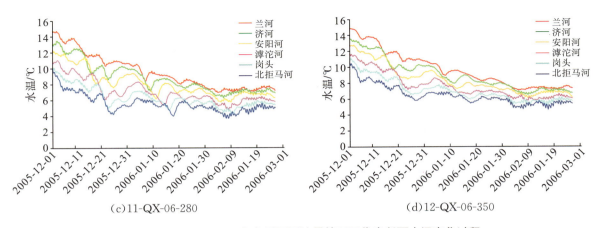

(c)11-QX-06-280　　　　　　　　　(d)12-QX-06-350

图 3.2-4　2005—2006 年冬季不同流量情况下代表断面水温变化过程

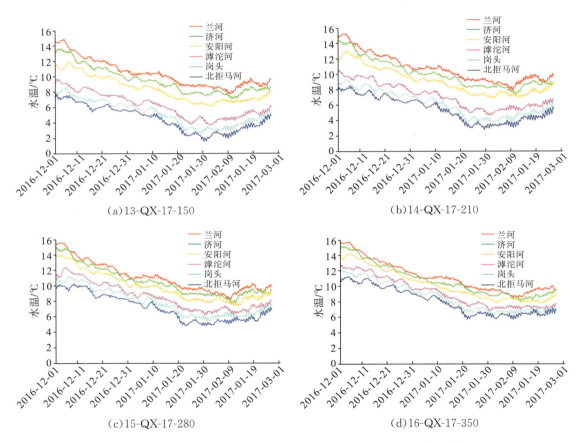

(a)13-QX-17-150　　　　　　　　　(b)14-QX-17-210

(c)15-QX-17-280　　　　　　　　　(d)16-QX-17-350

图 3.2-5　2016—2017 年冬季不同流量情况下代表断面水温变化过程

表 3.2-2　　　　　　　　　　各工况下最低温沿程降温率

1968—1969 年冬季		2012—2013 年冬季		2005—2006 年冬季		2016—2017 年冬季	
工况编号	降温率/(℃/100km)	工况编号	降温率/(℃/100km)	工况编号	降温率/(℃/100km)	工况编号	降温率/(℃/100km)
1-QX-69-150	0.51	5-QX-13-150	0.37	9-QX-06-150	0.34	13-QX-17-150	0.62
2-QX-69-210	0.27	6-QX-13-210	0.32	10-QX-06-210	0.21	14-QX-17-210	0.53
3-QX-69-280	0.28	7-QX-13-280	0.22	11-QX-06-280	0.12	15-QX-17-280	0.36
4-QX-69-350	0.22	8-QX-13-350	0.16	12-QX-06-350	0.10	16-QX-17-350	0.29

各工况下沿线代表性闸站最低水温分布见图 3.2-6 和表 3.2-3。从图 3.2-6、表 3.2-3 中可看出：

①冷冬年、平冬年和暖冬年输水流量 150m³/s 以上时,沿线最低水温均在 0℃ 以上,最低温出现位置均在末端的北拒马河暗渠,出现时间为 12 月 30 日至次年 2 月 15 日。

②强冷冬年输水流量 150m³/s 和 210m³/s 工况下水温出现 0℃,最先出现位置分别为汤河暗渠和磁河倒虹吸,出现时间分别为 2 月 24 日和 2 月 25 日。该年份输水流量为 280m³/s 和设计流量 350m³/s 工况下最低温出现在北拒马河暗渠。

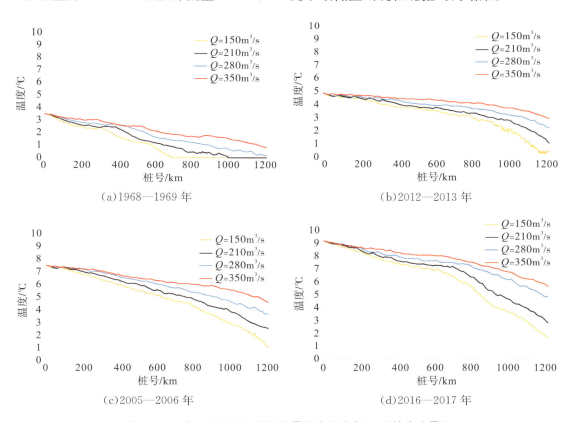

图 3.2-6　各工况下总干渠沿线最低水温分布(Q 为输水流量)

表3.2-3　各工况下沿线代表性闸站最低水温

工况编号	最低水温/℃													全线最低水温位置	全线最低水温出现时间
	陶岔渠首	十二里河渡槽	澧河渡槽	兰河渡槽	丈八沟倒虹吸	济河倒虹吸	孟坟河倒虹吸	安阳河倒虹吸	洛河渡槽	午河渡槽	滹沱河倒虹吸	岗头隧洞	北拒马河暗渠		
1-QX-69-150	3.47	2.84	2.40	2.39	1.64	1.20	0.66	0.00	0.00	0.00	0.00	0.00	0.00	汤河暗渠	2月25日
2-QX-69-210	3.47	3.02	2.56	2.39	2.27	1.52	1.14	0.76	0.43	0.35	0.14	0.00	0.00	磁河倒虹吸	2月24日
3-QX-69-280	3.47	3.15	2.77	2.64	2.56	2.18	1.57	1.34	1.19	0.94	0.76	0.52	0.16	北拒马河暗渠	2月24日
4-QX-69-350	3.47	3.19	2.97	2.93	2.58	2.47	2.07	1.80	1.66	1.71	1.57	1.13	0.80	北拒马河暗渠	2月24日
5-QX-13-150	4.78	4.44	4.32	3.97	3.77	3.61	3.42	3.08	2.84	2.62	1.78	0.80	0.29	北拒马河暗渠	1月9日
6-QX-13-210	4.78	4.55	4.35	4.18	3.94	3.73	3.67	3.36	3.27	2.95	2.73	1.87	0.99	北拒马河暗渠	1月4日
7-QX-13-280	4.78	4.61	4.48	4.41	4.24	3.98	3.83	3.81	3.60	3.46	3.16	2.72	2.13	北拒马河暗渠	1月9日
8-QX-13-350	4.78	4.68	4.58	4.51	4.35	4.29	4.22	4.08	4.01	3.88	3.66	3.30	2.86	北拒马河暗渠	2月15日
9-QX-06-150	5.14	5.09	5.02	5.02	5.08	4.90	4.60	4.60	4.23	3.63	3.07	2.10	1.11	北拒马河暗渠	1月7日
10-QX-06-210	5.14	5.11	5.05	4.99	5.00	5.02	4.89	4.70	4.57	4.29	4.01	3.01	2.57	北拒马河暗渠	12月30日
11-QX-06-280	5.14	5.12	5.05	5.00	4.89	4.88	4.92	4.91	4.81	4.69	4.48	4.18	3.70	北拒马河暗渠	2月9日
12-QX-06-350	5.14	5.03	4.91	4.93	4.89	4.71	4.70	4.64	4.65	4.55	4.39	4.15	3.97	北拒马河暗渠	2月18日
13-QX-17-150	9.11	8.66	8.23	7.76	7.36	7.14	6.94	6.13	5.28	4.15	3.71	2.59	1.64	北拒马河暗渠	1月7日
14-QX-17-210	9.11	8.83	8.33	7.94	7.58	7.34	7.23	6.94	6.22	5.27	4.65	3.68	2.80	北拒马河暗渠	12月30日
15-QX-17-280	9.11	8.90	8.52	8.25	7.92	7.76	7.59	7.33	7.02	6.56	6.14	5.38	4.80	北拒马河暗渠	2月9日
16-QX-17-350	9.11	8.89	8.59	8.50	8.22	8.03	7.98	7.69	7.40	7.06	6.74	6.14	5.61	北拒马河暗渠	2月18日

3.3　小结

本章对不同典型冬季年和输水流量方案下典型工况进行计算分析,得出冷冬年、平冬年和暖冬年的水温分布规律,总干渠冬季输水调度运行可以进一步优化,建议如下:

①建议分渠段实施冬季非冰盖输水。若按最低水温 1℃ 为限,有条件采取非冰盖输水模式的情况包括:强冷冬年(1968—1969)280m³/s 输水流量方案下,午河渡槽以南 680km 渠段可采取非冰盖输水模式;350m³/s 设计流量方案下,全线渠段可采取非冰盖输水模式。冷冬年(2012—2013)150m³/s 输水流量方案下,蒲阳河倒虹吸以南 1085km 渠段可采取非冰盖输水模式;210m³/s 以上输水流量方案下,全线渠段可采取非冰盖输水模式。平冬年和暖冬年全线渠段可以采取无冰输水模式。

②鉴于增大冬季输水流量有利于缓解总干渠水温降低情况,且总干渠有提升冬季输水能力的需求,建议在冷冬年、平冬年和暖冬年等的冬季尽可能采取较大的输水流量。

通过采用丹江口水库—总干渠水温联合模型,模拟分析了总干渠 4 个典型气象冬季年和陶岔渠首入渠流量 150~350m³/s 方案组合工况下总干渠水温时空变化规律,主要成果如下:

①各典型冬季年陶岔渠首冬季水温主要在 4~17℃ 变化,2 月水温较低,且多数年份变化过程为持平或升温趋势。

②大多数情况下,总干渠各闸站最低水温主要出现在 1 月,少数在 2 月,由南至北总体沿程逐渐降低;总干渠全线各闸站 12 月最低水温最小(2℃),1 月和 2 月最低水温存在 0℃ 的情况。其中,强冷冬年输水流量为 150m³/s 和 210m³/s 时,水温出现 0℃,出现渠段分别为汤河暗渠和磁河倒虹吸以北,时间分别为 2 月 25 日和 2 月 24 日;强冷冬年输水流量 280m³/s 和设计流量 350m³/s 时,末端北拒马河暗渠最低水温分别为 0.16℃ 和 0.80℃;冷冬年、平冬年和暖冬年输水流量 150m³/s 以上时,沿线最低水温均在 0℃ 以上,末端北拒马河暗渠水温最低,最低水温出现时间为 12 月 30 日至次年 2 月 15 日。

③随着输水流量增大,总干渠沿线水温降低幅度减小,其中,典型冬季年输水流量从 150m³/s 增大至 350m³/s 可使北拒马河暗渠最低温提升约 4℃。在典型冬季年和冬季输水流量组合的各典型冬季和工况中,沿程最低温降温率最小为 0.10(℃/100km),最大为 0.62(℃/100km)。

④增大冬季输水流量有利于缓解总干渠水温降低情况,建议在冷冬年、平冬年和暖冬年等的冬季尽可能采取较大的输水流量,以减小总干渠输水降温幅度。

⑤基于总干渠水温变化规律分析,建议根据气象条件和输水方案对总干渠采取分渠段实施冬季非冰盖输水模式。

第4章 中线冰情发展数学模型优化及智能预报

4.1 冰情发展指标体系

冬季渠道冰情发展与热力、水动力因素关系密切,有必要对水力、气象、水温、冰情指标进行梳理识别。

（1）水力指标

水力指标包括流量、流速、水位、Fr。

流量、水位:用于供水调度。

流速、Fr:用于控制冬季冰期输水调度、流冰下潜和冰塞形成。

（2）气象指标

气象指标主要包括累积负气温、日最低气温、日最高气温、日平均气温、最低气温、最冷月气温、风速、太阳辐射、3 日平均气温、5 日平均气温。

累积负气温用于冰情发展智能参数预报和冷冬、平冬和暖冬气候分类。

日最低气温、日最高气温、风速、太阳辐射用于冰情发展数学模拟预报。

日平均气温用于冰情发展数学模拟预报和冰情发展智能参数预报。

最低气温用于冷冬、平冬和暖冬气候分类。

最冷月气温用于冷冬、平冬和暖冬气候分类。

3 日平均气温、5 日平均气温主要用于冰情发展数学模拟预报和冰情发展智能参数预报,包括岸冰、流冰、封冻、开河。

降温过程强度的指标为降温历时、降温过程累积负气温、最大降温幅度,主要用于冰情发展数学模拟预报和冰情发展智能参数预报,以及冷冬、平冬和暖冬气候分类。

（3）水温指标

水温指标为断面平均水温,包括水温、岸冰、流冰、封冻、开河,主要用于冰情预报。

（4）冰情指标

冰情指标主要包括流冰量、冰盖长度、冰盖厚度、封冻日期、开河日期。

4.2　冰情发展智能预报模型

在研究影响冰情演变过程的关键水力参数（流速、水位等）、气象参数的基础上，搭建基于气温、水温、流速和水位的多相冰情发展智能参数预报模型，并进行参数取值优选。

4.2.1　水温预报模型

水温是决定冰情的关键因素，依据典型冬季北拒马河测站、漕河渡槽测站、滹沱河测站观测气象资料（2016—2019 年），保留天气预报提供的日平均气温，对已有的观测因子进行筛选和精简。近年来，BP 神经网络在工程研究中的应用越来越广泛，在 BP 神经网络的基础上，结合迭代的方法，对上述 3 个测站的水温进行模拟及预测。

2015—2016 年北拒马河 3 个固定观测断面冬季水温变化范围为 0.04～6℃，从 5.09℃（2015 年 12 月 1 日）的水温降至 0.05℃（2016 年 1 月 25 日），冬季气温不断降低导致水温也随之降低。一天内 8:00 水温最低，20:00 水温最高。在同一观测时段内，北拒马河段布置的 3 个固定观测断面水温观测数据相差不大。冬季气温转负后水温下降幅度为每 15 天下降 1℃左右；2 月后随着气温上升，水温上升幅度为每 15 天上升 3℃左右。

2016—2017 年北拒马河 3 个固定观测断面冬季水温变化范围为 0.18～6.61℃，水深变化范围为 3.50～3.84m，观测期内北拒马河段渠道水温降至最低温度历时 58 天左右，水温从 6.61℃（2016 年 12 月 1 日）降至 0.18℃（2017 年 1 月 27 日），冬季气温不断降低导致水温也随之降低；水温降至 0.18℃后缓慢回升。水温为 1℃ 以下的时间段为 1 月 20 日—2 月 9 日，此后气温回升，上游来水的温度比渠道内原有水的温度高，使得渠道内水温升高。一天内 8:00 水温最低，20:00 水温最高。在同一观测时段内，北拒马河段布置的 3 个固定观测断面水温观测数据相差不大。冬季气温转负后水温下降幅度为每 15 天下降 2℃左右；2 月后随着气温上升，水温上升幅度为每 15 天上升 3℃左右。

2017—2018 年北拒马河 3 个固定观测断面冬季水温变化范围为 0.08～6.84℃，观测期内北拒马河段渠道水温降至最低温度历时 61 天左右，水温从 6.84℃（2017 年 11 月 30 日）降至 0.08℃（2018 年 1 月 27 日）；水温降至 0.21℃后缓慢回升。水温为

1℃以下的时间段为 1 月 10 日—2 月 12 日,此后气温回升,上游来水温度比渠道内原有水的温度高,使得渠道内水温升高。一天内 8:00 水温最低,20:00 水温最高。在同一观测时段内,北拒马河段布置的 3 个固定观测断面水温观测数据相差不大。

2018—2019 年北拒马河 3 个固定观测断面冬季水温变化范围为 0.17～4.03℃,观测期内北拒马河段渠道水温降至最低温度历时 29 天左右,水温从 4.03℃(2018 年 12 月 12 日)降至 0.17℃(2019 年 1 月 9 日);水温降至 0.17℃后缓慢回升。水温为 1℃以下时间段为 12 月 30 日—1 月 18 日,此后气温回升,上游来水温度比渠道内原有水的温度高,使得整体水温升高。一天内 8:00 水温最低,20:00 水温最高。

2016—2017 年冬季典型气象站气温对比见图 4.2-1。由图 4.2-1 可知,2016—2017 年整个观测期内整体气温较高,气温转负的时间较晚,转正较早,转负期较短。在 2016—2017 年冬季北拒马河段累积负气温时间稍长,为 40 余天,漕河渡槽和滹沱河段累积负气温时间约为 20 天,且经历了两个转负时期,由此可见在 2016—2017 年冬季,整个地区的温度偏高。3 个测站 1 月的平均气温为负值,该月也是累积负气温常发生的时期。

图 4.2-1 2016—2017 年冬季典型气象站气温对比

2017—2018 年冬季典型气象站气温对比见图 4.2-2。由图 4.2-2 可知,2017—2018 年北拒马河段气温转负日最早,冰期持续时间最长,累积负气温最大,在 2018 年 2 月 12 日观测到累积负气温最大为 -105.3℃,而漕河渡槽和滹沱河段所产生负气温的值远小于北拒马河段,日平均气温整体较高,日平均气温达到冰点以下的持续时间不长,日平均气温在零下和零上之间波动,累积负气温小,对冰情影响不大,因此北拒马河段冰情最严重。

图 4.2-2　2017—2018 年冬季典型气象站气温对比

2018—2019 年冬季典型气象站气温对比见图 4.2-3。由图 4.2-3 可知,2018—2019 年冬季各个测站记录数据的次数不相等,因此无法进行月平均气温的比较,但是北拒马河段的日平均气温仍然是最低的,且北拒马河段的气温在 0℃的天数也远比其他两个测站的多。2018—2019 年冬季的北拒马河测站气温转负的发生仍然最早,冰期持续时间最长,累积负气温最大,在 2019 年 1 月 17 日观测到最大累积负气温为 −105.5℃,可以预测该测站冰情最严重;其余测站日平均气温也比往年的数值要低一些,因此 2018—2019 年冬季冰情较上两年更为严重。

图 4.2-3　2018—2019 年冬季典型气象站气温对比

北拒马河段在 2020 年 12 月—2021 年 2 月发生了 3 次气温转负的情况,且在第二次气温转负时累积负气温达到了 −95.36℃,时间仅有 16 天,说明该时间段内气温下降剧烈,对冰情的发生起到了促进作用,而漕河渡槽和滹沱河段虽然经历了两次气温转负,但是均没有北拒马河段的剧烈。

3 个测站月平均水温见表 4.2-1。进一步地,对水温进行分析,可知各测站的水温从 12 月开始逐渐降低,至 1 月达到最低,随后水温回升。不同测站水温变化趋势相似,测值表现为沿线由北向南增大。北拒马河测站的水温最低,漕河渡槽测站较之略低,滹沱河测站水温明显高于这两个测站。

表 4.2-1 　　　　　　　　　　　　3 个测站月平均水温

冬季年份	12 月平均水温/℃			1 月平均水温/℃			2 月平均水温/℃		
	北拒马河	漕河渡槽	滹沱河	北拒马河	漕河渡槽	滹沱河	北拒马河	漕河渡槽	滹沱河
2015—2016	2.00		3.29	0.82		0.10	2.52		2.84
2016—2017	3.17	4.99	5.79	1.43	2.18	3.42	2.15	2.90	4.10
2017—2018	3.64	3.37	4.55	0.99	1.40	3.03	1.70	2.14	3.17
2018—2019	3.08	3.67	4.73	1.10	1.67	3.12	2.27	2.64	3.70

北拒马河段位于南水北调中线工程北京境内,地理位置处于 3 个河段最北端,导致该河段水温整体偏低,容易产生冰情;漕河渡槽位于南水北调中线工程河北省保定市满城区附近,在北拒马河段以南约 90km 处,该河段水温整体高于北拒马河段,产生冰情的可能性降低;滹沱河段位于南水北调中线工程河北省石家庄市附近,在漕河渡槽以南约 130km 处,该河段整体水温较高,不容易产生严重冰情,根据以往观测资料,冰情表现为岸冰,且持续时间短,不容易产生冰情灾害。

通过选取以下 24 个影响因子:日平均水温、日平均气温、日最高气温、日最低气温、相对湿度、日平均气压、日最高气压、日最低气压、地表温度、地下 20cm 温度、地下 40cm 温度、地下 80cm 温度、每日日照时数、日平均风速、太阳辐射、日平均流速、累积气温、3 天累积气温、7 天累积气温、15 天累积气温、累积负气温、3 天累积负气温、7 天累积负气温、15 天累积负气温。考虑到 24 个影响因子之间存在的相互干扰以及因子过于冗杂,将因子归类研究。其中,日平均气温、日最高气温、日最低气温、累积气温、3 天累积气温、7 天累积气温、15 天累积气温、累积负气温、3 天累积负气温、7 天累积负气温、15 天累积负气温归为一类,用气温表示;日平均气压、日最高气压、日最低气压归为一类,用气压表示;地表温度、地下 20cm 温度、地下 40cm 温度、地下 80cm 温度归为一类,用地温表示;流速归为一类,用流速表示;相对湿度归为一类,用湿度表示;风速归为一类,用风速表示;太阳辐射归为一类,用太阳辐射表示。利用北拒马河测站实测数据、漕河渡槽测站实测数据、滹沱河测站实测数据分别对这七类影响因子在 GA-BP 神经网络上对水温预测效果的影响进行探究。

以北拒马河段为例,将上述七类影响因子分别作为 GA-BP 神经网络的输入矩阵,由日平均水温作为神经网络的输出矩阵,将预测值与实测值进行对比(图 4.2-4)。

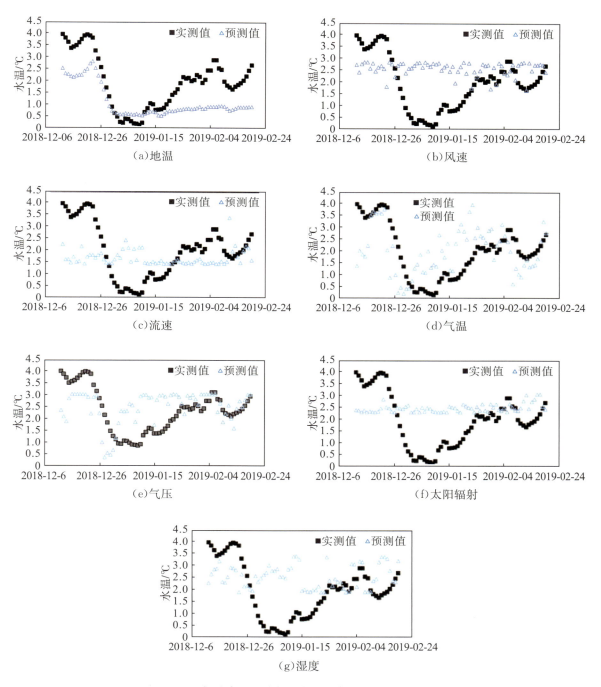

（a）地温

（b）风速

（c）流速

（d）气温

（e）气压

（f）太阳辐射

（g）湿度

图 4.2-4　各影响因子对水温的预测效果分析（北拒马河段）

在北拒马河段，各影响因子在前期对水温变化的趋势跟踪较好，对水温回升的跟踪并不敏感。地温与水温的相关系数达到 0.88，地温这一类的影响因子中与水温的相关系数最小的是地下 80cm 温度，相关系数为 0.81。这说明地温这类影响因素与水温在北拒马河测站有着良好的相关性。地下 20cm 温度、地下 40cm 温度、地下

80cm温度和地表温度均有线性相关性,地表温度与水温的相关性最强,因此用地表温度来代表地温这类的影响因子。

北拒马河段的风速与水温的相关系数为−0.08,说明风速对水温的影响不大,且不同日期的风速变幅并不明显,对应水温则有明显的下降再上升的变化过程,这样一个不能随预测量变化而变化的因素作为神经网络输入矩阵,所得到输出矩阵的变化也是不大的,与实测值的差异就很大。因此,风速不是一个能很好地反映水温变化的影响因素。

流速与水温的相关系数为0.30,说明流速与水温变化的相关性较不好。北拒马河测站流速在一段时间内被控制在一个固定的数值附近,在2018—2019年冬季,该站点的流速在0.34m/s附近变化。这在渠道上反映出来的就是,无论渠道水温是0℃还是4℃,渠道内的流速都约为0.34m/s,难以体现流速和水温之间的相关性。

日平均气温与水温的相关系数为0.55;气温这一类影响因子中与水温相关系数最小的是日最高气温,相关系数为0.45;与水温的相关系数最大的是15天累积气温,相关系数为0.78。用日平均气温作为神经网络的输入矩阵只能捕捉到少数点,考虑到只用了单个因子作为网络的输入矩阵,这样气温这一类影响因子对水温的综合影响会有折扣。气温对水温的影响还有延时效应,这干扰了神经网络对水温变化的跟踪。

日平均气压与水温的相关系数为−0.28,用日平均气压来表示气压这一类影响因素。从得到的实测数值上来看,日平均气压变幅较小,在水温下降或者上升时,大气压强总是在某个数值附近变化,变化的幅度也很小,这样无法与水温变化产生联系。这些说明气压这一类影响因子与水温变化并不具有相关性。

太阳辐射与水温的相关系数为−0.01,太阳辐射还表示了每日日照时数这一因子;日照时数与水温的相关系数为−0.07,太阳辐射的数值变化不是很大,日照时数大多为6~7天,影响因子的变化不大,水温则有一个下降和上升的变化过程,说明太阳辐射与水温之间的相关性很差。

相对湿度与水温之间的相关系数为0.25,说明湿度与水温之间没有很好的相关性。从实测资料来看,相对湿度的变化幅度很大,变化频率很高,然而,水温的变化是多种影响因子变化叠加的结果,单一的湿度变化并不能对水温变化产生明显贡献。

各影响因子对北拒马河段水温预测的平均误差见表4.2-2。

表4.2-2　　　　　各影响因子对北拒马河段水温预测的平均误差

特征参数	地温	风速	流速	气温	气压	太阳辐射	湿度
平均误差	0.9039	1.1329	1.0183	0.9707	1.0175	1.0870	1.1116

从表 4.2-2 可以看出,把地表温度作为神经网络的输入矩阵时,所得出的预测值与实测值的平均误差最小。地表温度代表的是地温这一类影响因子,说明在北拒马河段地表温度与水温的关系很密切。气温预测水温的平均误差也比较小,说明气温这一类影响因子和水温的关系也很紧密。考虑到预测值曲线与实测值曲线趋势的相似性,风速、流速、气压、太阳辐射、湿度,这五类的影响因子与北拒马河水温的相关性并不好。这五类影响因子在实测资料中都是变化不明显的。地温这一类的影响因子不仅在平均误差是最小的,而且具有较强的相似性。地温、风速、流速、气温、气压、太阳辐射、湿度这七类影响因子在北拒马河段、漕河渡槽段、滹沱河段的影响是明显不同的。把地温作为神经网络输入时,在 3 个测站都能够得到小的误差和很好的相似性,说明地温和水温具有密切的相关性。气温是影响水温的根本原因之一,气温对水温的影响很大,单一把气温当作网络输入矩阵时,所得的平均误差较大,这不仅与把日平均气温单个因子作为神经网络的输入矩阵,削弱了气温与其他因子的相互作用有关,还与气温的延时性有关。流速、气压、风速这三类因子在冬季的变化幅度很小,如流速被控制在一个固定的数值附近,同一个地点的气压变化也很小。风速、流速、气压、太阳辐射、湿度这五类因子作为神经网络输入矩阵预测时,得到的预测值的平均误差较大。

(1)冰情影响因素分析

依据中线总干渠 2017—2018 年冬季、2018—2019 年冬季、2020—2021 年冬季冰情原型观测资料梳理了北拒马河段、漕河渡槽段和滹沱河段影响冰情发展的主要指标参数。主要从气象参数(日平均气温、日最高气温、日最低气温、地表温度、3 天累积气温、7 天累积气温、15 天累积气温)和水温参数中选取能够较准确预判冰情阶段的指标参数。

2017—2018 年冬季、2020—2021 年冬季北拒马河段日平均气温与冰情的关系分别见图 4.2-5 和图 4.2-6。可以看出,二者之间的关系不明显,所以并不能直接将日平均气温作为北拒马河段是否产生冰情现象的指标,但是在 2017—2018 年冬季、2018—2019 年冬季渠道出现岸冰之前的半个月时间里,都出现了一次较大幅度的下降和回升过程,所以当气温在短时间内出现较大幅度的降低且降至 −5℃ 以下时,即使气温随后回升,也可以粗略地认为在之后的一周至半个月将有冰情出现。而在 2020—2021 年冬季,当日平均低于 −5℃ 时,出现了岸冰。

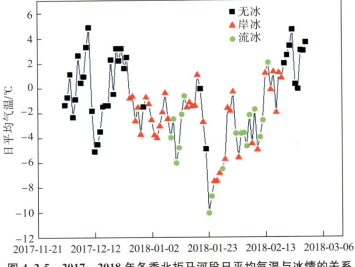

图 4.2-5　2017—2018 年冬季北拒马河段日平均气温与冰情的关系

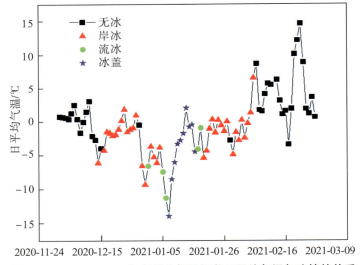

图 4.2-6　2020—2021 年冬季北拒马河段日平均气温与冰情的关系

2017—2018 年冬季、2020—2021 年冬季北拒马河段日最高气温与冰情的关系分别见图 4.2-7 和图 4.2-8,北拒马河段日最低气温与冰情关系见图 4.2-9 和图 4.2-10。日最高气温与冰情的关系和日平均气温与冰情的关系基本一致,冬季渠道出现岸冰之前的半个月里,都出现了一次较大幅度的降温过程。

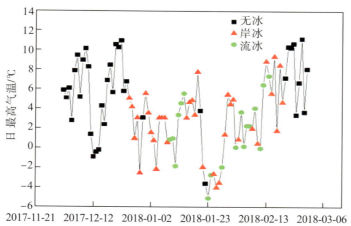

图 4.2-7　2017—2018 年冬季北拒马河段日最高气温与冰情的关系

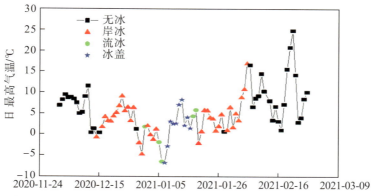

图 4.2-8　2020—2021 年冬季日北拒马河段最高气温与冰情的关系

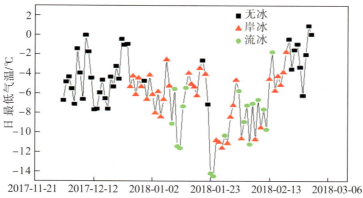

图 4.2-9　2017—2018 年冬季北拒马河段日最低气温与冰情的关系

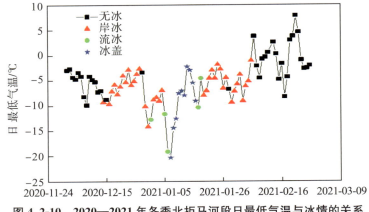

图 4.2-10　2020—2021 年冬季北拒马河段日最低气温与冰情的关系

2017—2018 年冬季、2020—2021 年冬季北拒马河段水温与冰情的关系分别见图 4.2-11 和图 4.2-12。可以看出,当水温低于 3℃时,渠道基本处于有冰的状态;当水温持续降低且降至 1℃以下时,可认为渠道内有流冰产生。

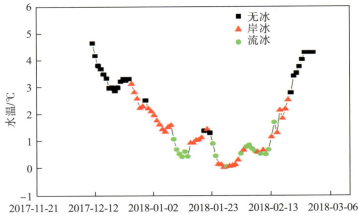

图 4.2-11　2017—2018 年冬季北拒马河段水温与冰情的关系

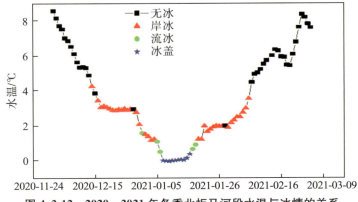

图 4.2-12　2020—2021 年冬季北拒马河段水温与冰情的关系

2017—2018 年冬季、2018—2019 年冬季北拒马河段地表温度与冰情的关系分别见图 4.2-13 和图 4.2-14。就初始冰情出现的时间来分析，当地表温度低于 1.5℃时，可粗略地认为在一周内渠道将出现冰情；当地表温度达到 0.5℃左右时，可粗略地认为渠道内将会产生流冰。

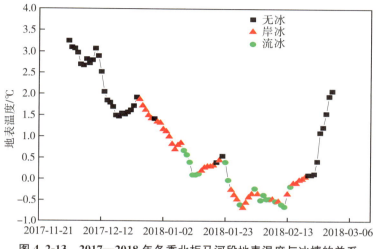

图 4.2-13　2017—2018 年冬季北拒马河段地表温度与冰情的关系

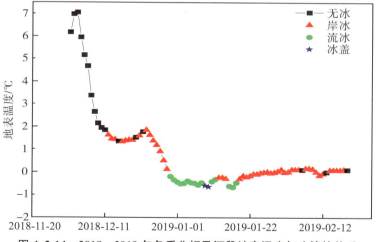

图 4.2-14　2018—2019 年冬季北拒马河段地表温度与冰情的关系

2017—2018 年冬季北拒马河段 7 天累积气温、15 天累积气温与冰情的关系分别见图 4.2-15 和图 4.2-16，2020—2021 年冬季北拒马河段 3 天累积气温、7 天累积气温与冰情的关系分别见图 4.2-17 和图 4.2-18。

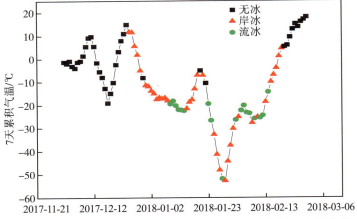

图 4.2-15 2017—2018 年冬季北拒马河段 7 天累积气温与冰情的关系

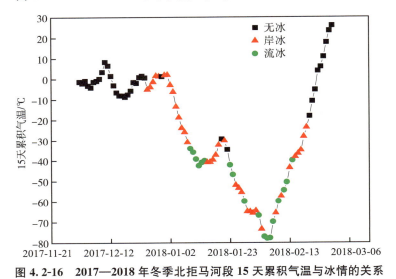

图 4.2-16 2017—2018 年冬季北拒马河段 15 天累积气温与冰情的关系

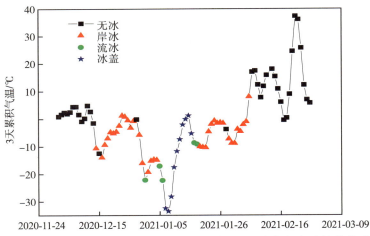

图 4.2-17 2020—2021 年冬季北拒马河段 3 天累积气温与冰情的关系

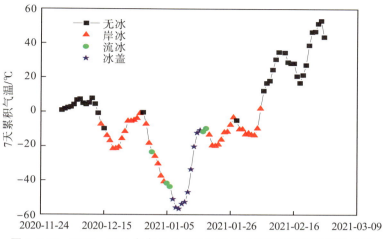

图 4.2-18　2020—2021 年冬季北拒马河段 7 天累积气温与冰情的关系

同理，分别绘制漕河渡槽段 2017—2018 年冬季、2018—2019 年冬季、2020—2021 年冬季日平均气温、日最高气温、水温、地表温度、3 天累积气温、7 天累积气温、15 天累积气温与冰情关系图。

2017—2018 年冬季、2018—2019 年冬季漕河渡槽段日平均气温与冰情的关系分别见图 4.2-19 和图 4.2-20。可以看出，二者之间的关系不明显，所以并不能直接将日平均气温作为漕河渡槽段是否产生冰情现象的指标。但是在 2017—2018 年冬季渠道出现冰情之前，气温出现了连续的下降和回升的波动过程；在 2018—2019 年冬季渠道出现岸冰之前，出现了一次较大幅度的降温过程，所以当气温在短时间内较大幅度地降低且降至 -4℃ 以下时，即使气温随后回升，也可以粗略地认为在之后的一周至半个月渠道将出现冰情。

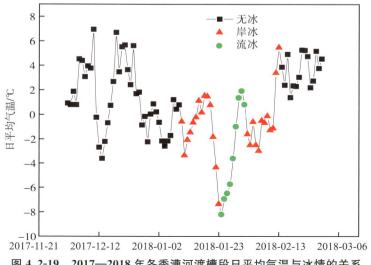

图 4.2-19　2017—2018 年冬季漕河渡槽段日平均气温与冰情的关系

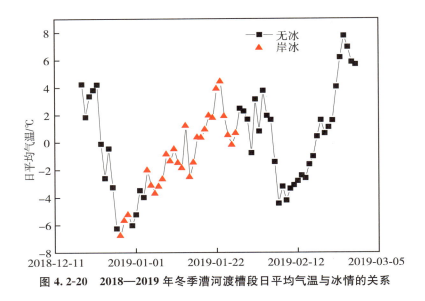

图 4.2-20　2018—2019 年冬季漕河渡槽段日平均气温与冰情的关系

　　2017—2018 年冬季、2018—2019 年冬季漕河渡槽段日最高气温与冰情的关系分别见图 4.2-21 和图 4.2-22。日最高气温与冰情的关系和日平均气温与冰情的关系基本一致,2017—2018 年冬季渠道出现冰情之前,气温出现了连续的下降和回升的过程,2018—2019 年冬季渠道出现岸冰之前的半个月里,出现了一次较大幅度的降温过程。

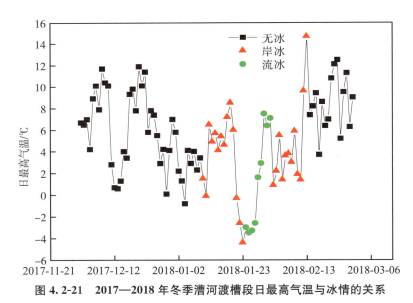

图 4.2-21　2017—2018 年冬季漕河渡槽段日最高气温与冰情的关系

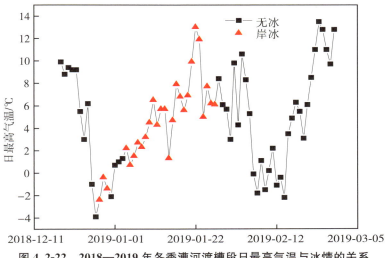

图 4.2-22　2018—2019 年冬季漕河渡槽段日最高气温与冰情的关系

　　2017—2018 年冬季、2018—2019 年冬季漕河渡槽段冬季水温与冰情的关系分别见图 4.2-23 和图 4.2-24。可以看出,当水温低于 2℃时,渠道基本处于有冰的状态;当水温持续降低且降至 1℃以下时,可认为渠道内有流冰产生。

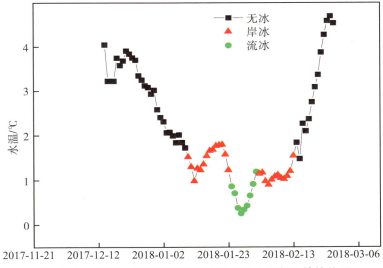

图 4.2-23　2017—2018 年漕河渡槽段冬季水温与冰情的关系

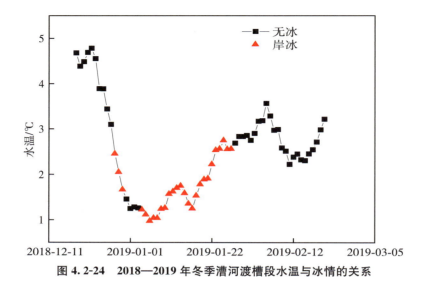

图 4.2-24　2018—2019 年冬季漕河渡槽段水温与冰情的关系

2017—2018 年冬季、2018—2019 年冬季漕河渡槽段地表温度与冰情的关系分别见图 4.2-25 和图 4.2-26。就初始冰情出现的时间来分析,当地表温度低于 2℃时,可粗略地认为在一周内渠道将出现冰情;当地表温度达到 1℃ 以下时,可粗略地认为渠道内将会产生流冰。

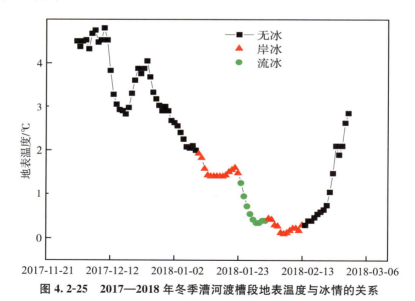

图 4.2-25　2017—2018 年冬季漕河渡槽段地表温度与冰情的关系

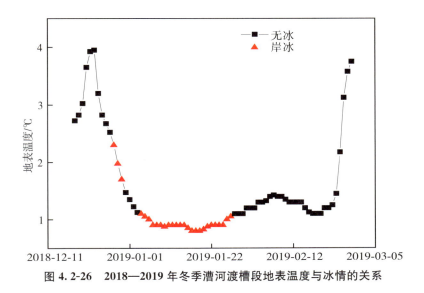

图 4.2-26   2018—2019 年冬季漕河渡槽段地表温度与冰情的关系

2017—2018 年冬季、2018—2019 年冬季 3 天累积气温、7 天累积气温、15 天累积气温与冰情的关系见图 4.2-27 至图 4.2-32。与日平均气温相似的是,在渠道出现冰情之前的半个月内气温都大幅度地下降且很快回升。在 2017—2018 年冬季渠道出现冰情之前,累积气温出现了连续的下降和回升的波动过程;在 2018—2019 年冬季渠道出现岸冰之前出现了一次较大幅度的降温过程。

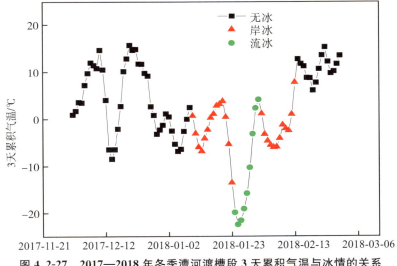

图 4.2-27   2017—2018 年冬季漕河渡槽段 3 天累积气温与冰情的关系

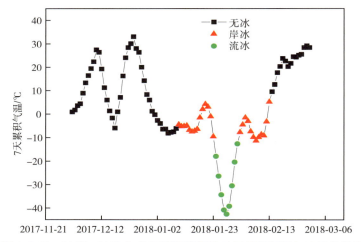

图 4.2-28　2017—2018 年冬季漕河渡槽段 7 天累积气温与冰情的关系

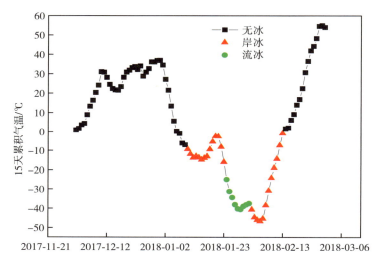

图 4.2-29　2017—2018 年冬季漕河渡槽段 15 天累积气温与冰情的关系

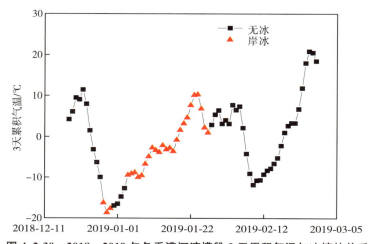

图 4.2-30　2018—2019 年冬季漕河渡槽段 3 天累积气温与冰情的关系

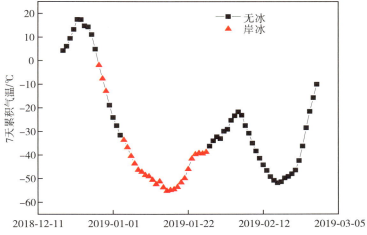

图 4.2-31　2018—2019 年冬季漕河渡槽段 7 天累积气温与冰情的关系

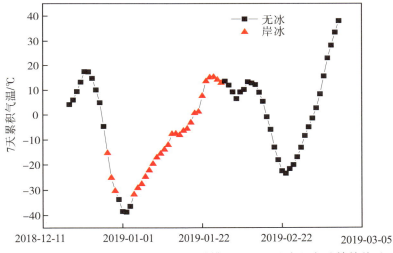

图 4.2-32　2018—2019 年冬季漕河渡槽段 15 天累积气温与冰情的关系

类似地，分别绘制滹沱河段 2017—2018 年冬季、2018—2019 年冬季日平均气温、地表温度、水温、3 天累积气温、7 天累积气温、15 天累积气温与冰情关系图。2017—2018 年冬季、2018—2019 年冬季滹沱河段日平均气温与冰情的关系分别见图 4.2-33 和图 4.2-34。可以看出，二者之间的关系不明显，所以并不能直接将日平均气温作为滹沱河段是否产生冰情现象的指标。但是在 2017—2018 年冬季渠道出现冰情之前，气温出现了连续的下降和回升的波动过程；在 2018—2019 年冬季渠道出现岸冰之前出现了一次较大幅度的降温过程，所以当气温在短时间内较大幅度地降低且降至 -4℃ 以下时，即使气温随后回升，也可以粗略地认为在之后的一周至半个月渠道将出现冰情。

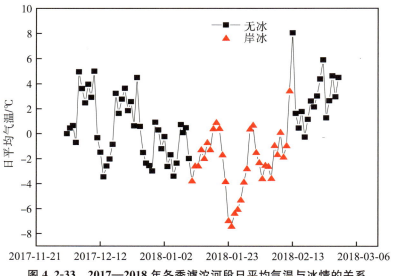

图 4.2-33 **2017—2018 年冬季滹沱河段日平均气温与冰情的关系**

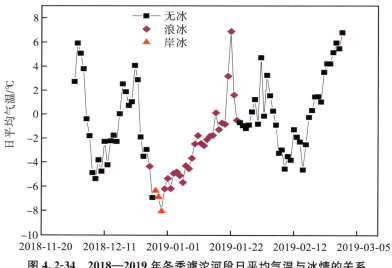

图 4.2-34 **2018—2019 年冬季滹沱河段日平均气温与冰情的关系**

2017—2018 年冬季、2018—2019 年冬季滹沱河段地表温度与冰情的关系分别见图 4.2-35 和图 4.2-36，当地表温度低于 1℃时，渠道内就存在冰情。

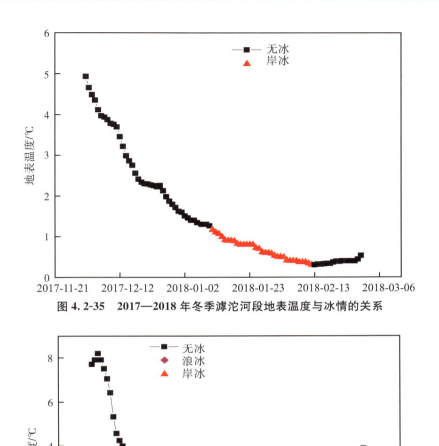

图 4.2-35　2017—2018 年冬季滹沱河段地表温度与冰情的关系

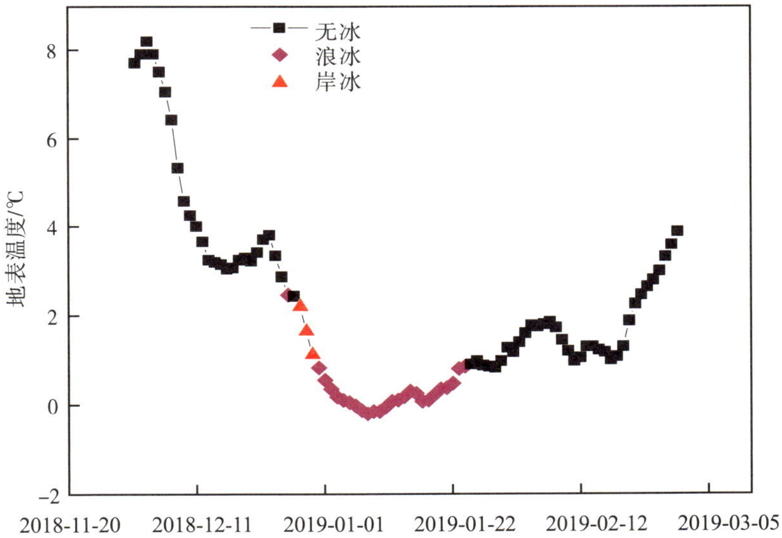

图 4.2-36　2018—2019 年冬季滹沱河段地表温度与冰情的关系

2017—2018 年冬季、2018—2019 年冬季滹沱河段冬季水温与冰情的关系分别见图 4.2-37 和图 4.2-38。可以看出，当水温低于 3℃时，渠道基本处于有冰的情况。

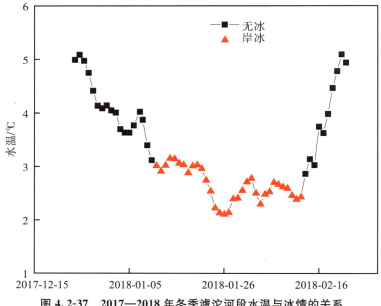

图 4.2-37　2017—2018 年冬季滹沱河段水温与冰情的关系

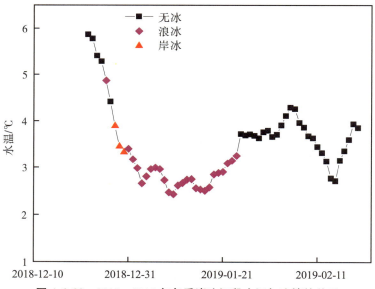

图 4.2-38　2018—2019 年冬季滹沱河段水温与冰情的关系

2017—2018 年冬季、2018—2019 年冬季滹沱河段 3 天累积气温、7 天累积气温、15 天累积气温与冰情的关系分别见图 4.2-39 至图 4.2-44。与日平均气温相似的是，在出渠道出现冰情之前的半个月内气温都大幅度地下降且很快回升。在 2017—2018 年冬季渠道出现冰情之前，累积气温出现了连续的下降和回升的波动过程；在 2018—2019 年冬季渠道出现岸冰之前，出现了一次较大幅度的降温过程。在出现岸冰之后，若 3 天累积气温、7 天累积气温、15 天累积气温分别以下降的趋势达到 −10℃、

－20℃、－30℃时,可以认为渠道内将发生流冰现象。

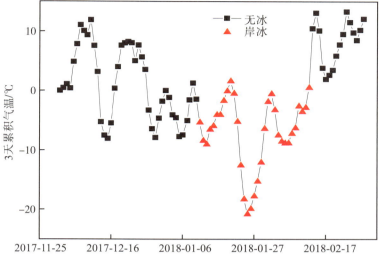

图 4.2-39　2017—2018 年冬季滹沱河段 3 天累积气温与冰情的关系

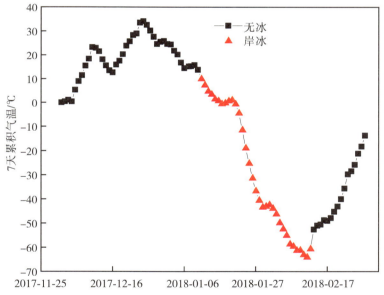

图 4.2-40　2017—2018 年冬季滹沱河段 7 天累积气温与冰情的关系

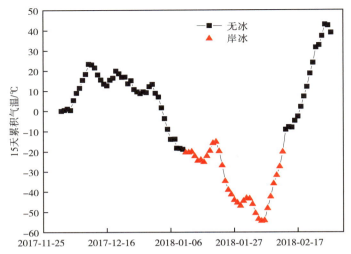

图 4.2-41　2017—2018 年冬季滹沱河段 15 天累积气温与冰情的关系

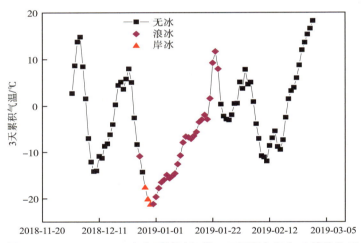

图 4.2-42　2018—2019 年冬季滹沱河段 3 天累积气温与冰情的关系

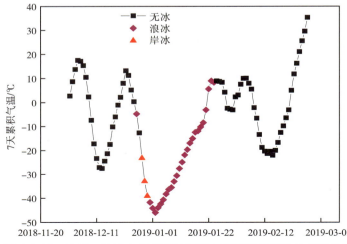

图 4.2-43　2018—2019 年冬季滹沱河段 7 天累积气温与冰情的关系

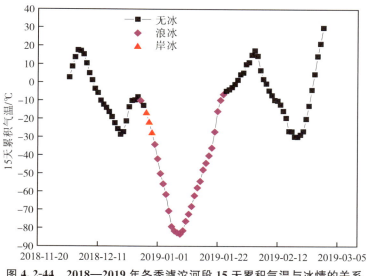

图 4.2-44　2018—2019 年冬季滹沱河段 15 天累积气温与冰情的关系

（2）水温智能预报模型

基于 BP 神经网络构建水温预报模型。

1）BP 神经网络

BP 神经网络是对非线性可微分函数进行权值训练的多层网络,是一种多层前向反馈神经网络,其神经元的变换函数是 S 型函数,输出量为 0 与 1 之间的连续量,它可实现从输入到输出的任意非线性映射,权值的调整采用反向传播的学习算法。利用输出后的误差来估计输出层的直接前导层的误差,再用这个误差估计更前一层的误差,如此一层一层地反传,就获得了所有其他各层的误差估计,其信息传递模式（多层前向型网络）见图 4.2-45。

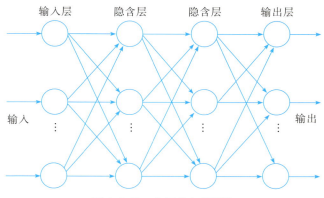

图 4.2-45　多层前向型网络

BP 神经网络具有一层或多层隐含层,除了在多层网络上与其他模型有不同外,在激活函数上也有差别。BP 神经网络的激活函数必须是处处可微的,因此它不能采用二值型的阈值函数{0,1}或符号函数{-1,1},经常使用的是S型的对数或正切激活函数和线性激活函数。

BP神经网络由多层构成,层与层之间全连接,同一层之间的神经元无连接。多层的网络设计使BP神经网络能够从输入中挖掘更多的信息,完成更复杂的任务。此外,其具有较强泛化性能,能使网络平滑地学习函数,使网络能够合理地响应被训练以外的输入。但是泛化性能只对被训练的输入或输出和最大值范围内的数据有效,即网络具有内插值性,不具有外插值性,超出最大训练值的输入必将产生大的输出误差。在BP神经网络中,数据从输入层经隐含层逐层向后传播,训练网络权值时,则沿着减少误差的方向,从输出层经过中间各层逐层向前修正网络的连接权值。随着学习的不断进行,最终的误差越来越小。

在反馈神经网络中,输出层的输出值又连接到输入神经元作为下一次计算的输入,如此循环迭代,直到网络的输出值进入稳定状态为止。

BP神经网络特点:①输入和输出是并行的模拟量;②网络的输入输出关系由各层连接的权因子决定,没有固定的算法;③权因子通过学习信号调节,学习越多,网络越聪明;④隐含层越多,网络输出精度越高,且个别权因子的损坏不会对网络输出产生大的影响;⑤如果对网络的输出进行限制,如限制在0和1之间,那么输出层中应当包含S型激活函数;⑥一般情况下,在隐含层采用S型激活函数,在输出层采用线性激活函数。

S型函数最常用的是以下两个:Sigmoid函数和双曲正切函数。两种函数曲线分别见图4.2-46和图4.2-47。

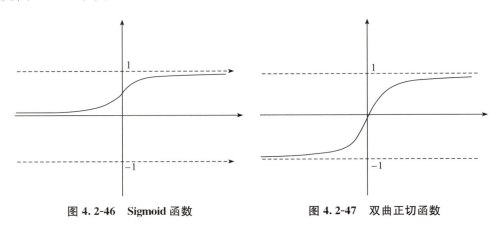

图4.2-46　Sigmoid函数　　　　　图4.2-47　双曲正切函数

Sigmoid函数是产生"S"形曲线的数学函数。它是最早的,也是最常用的激活函数之一。它将输入压缩为0和1之间的任何值,并使模型具有逻辑函数的性质。

Sigmoid函数的表达式为:

$$f(x) = \frac{1}{1+e^{-x}}, 0 \leqslant f(x) \leqslant 1 \tag{4.1}$$

该函数的一阶导数为：

$$f'^{(x)} = \frac{\mathrm{d}f(x)}{\mathrm{d}x} = f(x)\left[1 - f(x)\right] \tag{4.2}$$

双曲正切函数看起来与 Sigmoid 函数类似。实际上，它是一个缩放的 Sigmoid 函数，函数的梯度比 Sigmoid 函数更大。它是一个非线性函数，定义域为 $(-1, 1)$，因此不必担心激活后放大的情况。

双曲正切函数的表达式为：

$$y = \tanh(x) = \frac{e^x - e^{-x}}{e^x + e^{-x}} \tag{4.3}$$

其一阶导数为：

$$y' = \mathrm{sech}^2(x) \tag{4.4}$$

BP 神经网络的学习属于有监督学习，需要一组已知目标输出的学习样本集。训练时先使用随机值作为权值输入学习样本，得到网络输出，然后根据实际输出值与目标输出值计算误差，再根据误差通过某种准则逐层修改权值，重新输入学习样本，计算实际输出值与目标输出值的误差。如此反复，直到误差不再下降，网络就训练完成了。梯度下降法是一种可微函数的最优化算法，使用梯度下降法时，首先计算函数在某点处的梯度，再沿着梯度的反方向以一定的步长调整自变量的值。

标准的 BP 神经网络使用最速下降法来调制各层的权值。假设在三层 BP 神经网络中输入层神经元个数为 M，隐含层神经元个数为 I，输出层神经元个数为 J。输入层第 m 个神经元记为 $x_m(m = 1, 2, \cdots, M)$，隐含层第 i 个神经元记为 $k_i(i = 1, 2, \cdots, I)$，输出层第 j 个神经元记为 $y_j(j = 1, 2, \cdots, J)$。从 x_m 到 k_i 的连接权值为 ω_{mi}，从 k_i 到 y_j 的连接权值为 ω_{ij}。隐含层传递函数为 Sigmoid 函数，输出层传递函数为线性函数，三层 BP 网络结构见图 4.2-48。

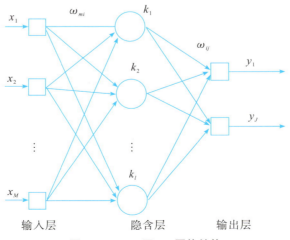

图 4.2-48　三层 BP 网络结构

上述网络接受一个长为 M 的向量作为输入,最终输出一个长为 J 的向量。用 u 和 v 分别表示每一层的输入与输出,如 u_I^1 表示 I 层(即隐含层)第 1 个神经元的输入。网络的实际输出为:

$$Y(n) = [v_J^1, v_J^2, \cdots, v_J^J] \tag{4.5}$$

网络的期望输出为:

$$d(n) = [d_1, d_2, \cdots, d_J] \tag{4.6}$$

其中,n 为迭代次数。将第 n 次迭代的误差信号定义为:

$$e_j(n) = d_j(n) - Y_j(n) \tag{4.7}$$

将误差定义为:

$$e(n) = \frac{1}{2} \sum_{j=1}^{J} e_j^2(n) \tag{4.8}$$

输入层的输出等于整个网络的输入信号:

$$v_M^m(n) = x(n) \tag{4.9}$$

隐含层第 i 个神经元的输入等于 $v_M^m(n)$ 的加权和:

$$u_I^i = \sum_{m=1}^{M} \omega_{mi}(n) v_M^m(n) \tag{4.10}$$

假设 $f(\cdot)$ 为 Sigmoid 函数,则隐含层第 i 个神经元的输出为:

$$v_I^i(n) = f[u_I^i(n)] \tag{4.11}$$

输出层第 j 个神经元的输入等于 $v_I^i(n)$ 的加权和:

$$u_J^j(n) = \sum_{i=1}^{I} \omega_{ij}(n) v_I^i(n) \tag{4.12}$$

输出层第 j 个神经元的输出为:

$$v_J^j(n) = g(u_J^j(n)) \tag{4.13}$$

输出层第 j 个神经元的误差:

$$e_j(n) = d_j(n) - v_J^j(n) \tag{4.14}$$

网络的总误差:

$$e(n) = \frac{1}{2} \sum_{j=1}^{J} e_j^2(n) \tag{4.15}$$

当输出层传递函数为线性函数时,输出层与隐含层之间的权值调整规则类似于线性神经网络的权值调整规则。BP 神经网络的复杂之处在于,隐含层与隐含层之间、隐含层与输入层之间调整权值时,局部梯度的计算需要用到上一步计算的结果。前一层的局部梯度是后一层局部梯度的加权和。因此,BP 神经网络学习权值时只能从后向前依次计算。由于 BP 神经网络采用有监督的学习,因此用 BP 神经网络解决一个具体问题时,首先需要一个训练数据集。BP 神经网络的设计主要包括网络层数、输入层节点数、隐含层节点数、输出层节点数及传输函数、训练方法、训练参数的设置等几个方面。确定以上参数后,将训练数据进行归一化处理,并输入神经网络中进行学习,若网络成功收敛,即可得到所需的神经网络,其算法流程见图 4.2-49。

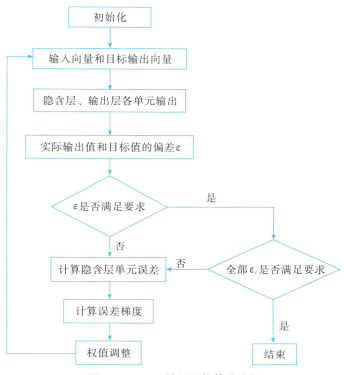

图 4.2-49　BP 神经网络算法流程

2)GA-BP 神经网络

遗传算法是基于达尔文自然选择理论的一种生物进化的抽象模型,其比传统算法有更多的优点,其中两个最明显的优点是处理问题的能力强和具有并行性。遗传算法可以处理优化目标函数最适应度值的平稳性或非平稳性、线性或非线性和连续性或不连续性等。遗传算法是将带有问题的参数空间进行位串编码,构建一个适应度函数并以此作为算法的评价依据,这样所有的编码个体将组成一个进化种群,建立起一个循环迭代过程,通过反复操作,最终找出问题的最优解。遗传算法由五大要素构成,分别为问题参数的编码、设置种群初始群体大小、构造问题的适应度函数、设计遗传操作和设置遗传控制参数。

具体步骤如下:

①遗传编码。

当在寻优过程中利用遗传算法时,需要将满足我们需求的实际问题表现形式与遗传算法的个体位串之间建立某种关系,这要求我们在使用遗传算法的时候进行编码工作和解码工作。遗传算法中遗传杂交的运算方式取决于个体的编码工作方式，所以编码工作是遗传算法步骤的首要工作，编码的时候要遵循三个原则，即考虑数据的完备性、数据的健全性和数据不能冗余。目前学者专家研究出的很多种编码方式中，二进制编码是最为常用的编码方式。

对于一维连续函数 $f(x)(x \in [u, v])$，若采用的编码方式为二进制编码，并且二进制的长度为 L，则可假设构建个体位串域为 S^L：

$$S^L = \{a_1, a_2, \cdots a_k, k = 1, 2, 3, \cdots, K, K = 2^L\} \quad (4.16)$$

$$a_k = \{a_{k1}, a_{k2}, \cdots, a_{kL}, l = 1, 2, 3, \cdots L\} \quad (4.17)$$

式中，a_k——个体向量。

位串为：

$$s_k = a_{k1} a_{k2} \cdots a_{kL} \quad (4.18)$$

精度为：

$$\Delta x = \frac{v - u}{2^L - 1} \quad (4.19)$$

译码函数的作用是将个体位串从位串空间解码成问题参数空间，其形式为：

$$x_k = \Gamma(a_{k1}, a_{k2}, a_{kl}) = u + \frac{v - u}{2^L - 1} \left(\sum_{j=1}^{L} a_{kj} 2^{L-j} \right) \quad (4.20)$$

对于 n 维连续函数 $f(x)(x = x_i, x_i \in [u_i - v_i], i = 1, 2, 3, \cdots, n)$，每一维位串的二进制编码长度均为 l_j。

建立的位串空间为 S^L，见式(4.16)。

个体向量的位串结构为：

$$a_k = (a_{k1}^1, a_{k2}^1, \cdots, a_{kl1}^1, a_{k1}^2, a_{k2}^2, \cdots, a_{kl2}^2, \cdots, a_{k1}^n, a_{k2}^n, \cdots, a_{l_n}^n) \quad (4.21)$$

位串 $s_k = a_{k1}^1 a_{k2}^1 \cdots a_{kl1}^1 a_{k1}^2 a_{k2}^2 \cdots a_{k1}^n a_{k2}^n \cdots a_{l_n}^n$ 通过译码函数 $\Gamma^i: \{0, 1\}_i^l \rightarrow [u_i, v_i]$ 解译，有：

$$x_i = \Gamma^i(a_{k_i}^i, a_{k_2}^i, \cdots, a_{kl_i}^i) = u_i + \frac{v_i - u_i}{2^l - 1} \left(\sum_{j=1}^{l_i} a_{kj}^i 2^{l_i - j} \right), i = 1, 2, \cdots, n \quad (4.22)$$

②定义评价依据即适应度函数。

群体的适应度函数计算得到的适应度值大小作为评判一个种群个体是否具有生存机会的依据，因此适应度函数的选择关系着种群的进化。对于给定的优化问题 $\text{opt} g(x)(x \in [u, v])$。选择函数变化 $T: g \rightarrow f$，要求最优解 x^* 满足 $\max f(x^*) = \text{opt} g(x^*)(x^* \in [u, v])$。

若实际问题空间是求最小化值，则要求构建的适应度函数 $f(x)$ 和目标函数 $g(x)$ 具有以下的映射条件关系：

$$f(x) = \begin{cases} c_{\max} - g(x), & g(x) < c_{\max} \\ 0, & g(x) \geqslant c_{\max} \end{cases} \tag{4.23}$$

其中，$c_{\max}$ 要么作为一个输入值或期望上的最大值，要么作为当前群体中所有代或第 K 代中 $g(x)$ 的最大值，当代数不同时，其会发生改变。

若实际问题空间是求最大化值，则建立如下的映射关系：

$$f(x) = \begin{cases} g(x) - c_{\min}, & g(x) > c_{\min} \\ 0, & g(x) \leqslant c_{\min} \end{cases} \tag{4.24}$$

其中，$c_{\min}$ 要么是作为一个输入值，要么作为当前群体中所有代或第 K 代中 $g(x)$ 的最小值。

③适应度值的计算及其概率选择。

在种群的进化选择初期，竞争压力小，选择压力也不大，表现为病弱的个体也能够生存，因此种群具有很高的物种多样性。在种群进化的后阶段，利用遗传算法减小搜索区域，使问题的寻优速度得到明显加强，个体的选择概率为：

$$P_s(a_j) = \frac{e^{f(a_j)/T}}{\sum\limits_{i=1}^{N} e^{f(a_j)/T}}, j = 1, 2, 3, \cdots, N \tag{4.25}$$

其中，T 为退火温度，$T > 0$。随着迭代次数的增多，T 慢慢减小，选择压力也越来越高。当对 T 进行选择时，种群进化代数的最大值需要我们提前考虑。

事先将通过适应度函数计算得出的群体中的个体适应度值按照由小到大或者由大到小的顺序进行排列，然后将这些适应度值序列按照一定的概率分配给种群中的每个个体，从而建立的适应度值，这种选择方法叫作排序选择。目前使用最广泛的排序选择方法是线性排列选择，该方法将种群的队列序号通过线性映射函数的方法映射成我们期望的选择概率。对于给定规模为 N 的种群 $P = \{a_i, i = 1, 2, \cdots, n\}$，个体 $a_i \in P$，并且满足 $f(a_1) \geqslant f(a_2) \geqslant \cdots \geqslant f(a_n)$。假设一个群体中，最优的个体 a_1 经选择概率选择后的期望数量为 η^+，最差的个体 a_n 经选择概率选择后的期望数量为 η^-，其他个体选择后的期望数量按照等差数列计算，即 $\eta_j = \eta^+ - \dfrac{\eta^+ - \eta^-}{N-1}(j-1)$。

采用线性排序个体的选择概率为：

$$P_s(a_j) = \frac{1}{N}\left[\eta^+ - \frac{\eta^+ - \eta^-}{N-1}(j-1)\right], j = 1, 2, 3, \cdots, N \tag{4.26}$$

由 $\sum\limits_{j=1}^{N} \eta_j = n$ 可以推出 $\eta^+ + \eta^- = 2$。当 $\eta^+ = 2$，$\eta^- = 0$ 时，群体中的最弱个体通过遗传，其新一代的生存期望值为 0，也就是说该种情况下群体的选择压力最大；当 $\eta^+ = \eta^- = 1$ 时，种群的进化选择方式为均匀分布随机选择，此时种群的选择压力最小。

将群体中一定数量的个体按照随机的方法进行选择,将选择的这些个体中适应度值最大的保留到新一代中,不断地重复这个过程,直至新一代中的个体数量满足预先设定的种群大小,这种选择方法叫作联赛选择。

对于给定规模为 N 的种群 $P=\{a_i, i=1,2,\cdots,n\}$,个体 $a_i \in P$,并且满足 $f(a_1) \geqslant f(a_2) \geqslant \cdots \geqslant f(a_n)$。排序不超过 j 的个体被选择的概率为 $P(i \leqslant j)=\left(\dfrac{n-j}{n}\right)^q$。排序不超过 $j-1$ 的个体被选择的概率为 $P(i \leqslant j-1)=\left(\dfrac{n-j+1}{n}\right)^q$。因此在联赛选择时,种群个体 a_j 被选择的概率为:

$$P_s(a_j)=P(i \leqslant j-1)-P(i \leqslant j)=\left(\frac{n-j+1}{n}\right)^q-\left(\frac{n-j}{n}\right)^q, j=1,2,3,\cdots,N$$

(4.27)

式中,q——联赛选择规模。

④确定遗传策略设定群体规模 N、遗传操作杂交和变异的方法、杂交概率 P_c 和变异概率 P_m。

⑤按照遗传机制将种群中的个体使用遗传选择和遗传复制、杂交和变异等遗传操作,形成新一代的种群。

⑥判断群体性能是否符合目标要求,若不符合则返回步骤⑤或改变遗传方法后再回到步骤⑤,否则退出完成操作。

遗传算法流程见图 4.2-50。

当使用遗传算法时,有一组参数严重影响着遗传算法的运行效果。在遗传算法刚开始运行或种群中的个体开始进化时,我们需要合理地设置这组遗传参数,这样才能保证利用遗传算法寻优得到的结果满足我们的期望。

这组参数包括:个体位串长度 L、群体规模 N、杂交概率 P_c 和变异概率 P_m。

①个体位串长度 L:主要由特定的实际问题的解精度要求所决定。问题的解精度要求越高,位串要求也就越长,位串长了,遗传算法在运行时所要求的时间也就变长了,所以位串并不是越长越好。将位串在当前所达到的较小的可行域内重新编码,可以提高算法在运行时的效率,并具有很好的性能。

②群体规模 N:种群规模越大,种群里就包含越多种模式,这样遗传算法在运算时就有越多样本可供选择,从而提高遗传算法在搜索时的搜索效率,防止其在搜索成熟前就收敛。但是如果群体很大,个体适应度值的计算量就会变得很大,遗传算法的收敛会变得很慢,影响算法的运行。综合考虑以上因素,种群的大小 N 取 20~200。

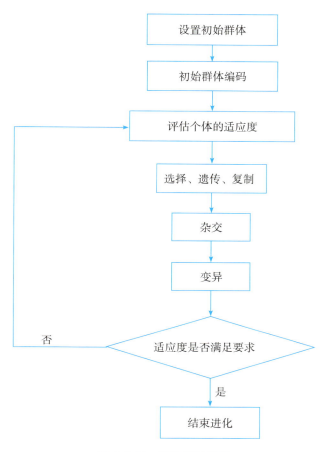

图 4.2-50　遗传算法流程

③杂交概率P_c：遗传算法中杂交操作的使用次数取决于杂交概率的大小，在产生的新一代个体中，需要将个体中的染色体结构进行杂交操作的个数为$P_c \times N$。遗传算法的杂交概率越大，杂交频率也就越大，种群中新个体的获得也就越迅速，但是在新种群中已得到的优秀基因损失的步伐也会加快。当杂交概率太低时，种群中的个体复杂性就会降低，影响遗传算法的搜索。因此，杂交概率P_c一般取 0.60～1.00。

④变异概率P_m：变异会使种群具有很高的物种多样性，在遗传算法中，在进行遗传变异后，交配池中个体的染色体上的每个等位基因按照变异概率P_m进行随机的变异，从而使每一代大约发生$P_m \times N \times L$次变异。遗传操作变异概率既不能太大也不能太小，变异概率太小可能导致个体位串中的某些基因过早地丢失而无法恢复，变异概率过大可能使遗传算法的运算状态变成随机搜索。因此，变异概率一般取 0.005～0.010。

遗传算法的参数在选取上没有统一的标准，也不存在一组适合所有问题求最优解的万能参数。目标函数越复杂，就越不利于遗传参数的选取。选择适合问题的所需参数,需要结合实际问题深入分析,具体情况具体对待。

3)构建基于 BP 神经网络的水温预报模型

利用可预报的气象因子及其他历史气象因子(主要是阶段累积气温)预测水温,是此次研究的目标。基于 BP 神经网络的功能,选取适当的因子和水温历史数据作为网络的输入矩阵,预测当日(第 n 天)水温,构建水温迭代预测模型,模型由训练和预测两部分构成,具体见式(4.28)至式(4.31)。

①训练部分。

迭代步数为 1 时:

$$
\begin{bmatrix} T_2^w \\ T_3^w \\ \vdots \\ T_{n-1}^w \end{bmatrix} = g \begin{bmatrix} T_2^a \\ T_3^a \\ \vdots \\ T_{n-1}^a \end{bmatrix}, \begin{bmatrix} T_2^m \\ T_3^m \\ \vdots \\ T_{n-1}^m \end{bmatrix}, \begin{bmatrix} T_1^e \\ T_2^e \\ \vdots \\ T_{n-2}^e \end{bmatrix}, \begin{bmatrix} T_1^w \\ T_2^w \\ \vdots \\ T_{n-2}^w \end{bmatrix} \tag{4.28}
$$

迭代步数为 2 时:

$$
\begin{bmatrix} T_2^w \\ T_3^w \\ \vdots \\ T_{n-2}^w \\ T_{n-1}^{w'} \end{bmatrix} = g \begin{bmatrix} T_2^a \\ T_3^a \\ \vdots \\ T_{n-1}^a \end{bmatrix}, \begin{bmatrix} T_2^m \\ T_3^m \\ \vdots \\ T_{n-1}^m \end{bmatrix}, \begin{bmatrix} T_1^e \\ T_2^e \\ \vdots \\ T_{n-2}^e \end{bmatrix}, \begin{bmatrix} T_1^w \\ T_2^w \\ \vdots \\ T_{n-2}^w \end{bmatrix} \tag{4.29}
$$

迭代步数为 3 时:

$$
\begin{bmatrix} T_2^w \\ T_3^w \\ \vdots \\ T_{n-3}^w \\ T_{n-2}^{w'} \\ T_{n-1}^{w'} \end{bmatrix} = g \begin{bmatrix} T_2^a \\ T_3^a \\ \vdots \\ T_{n-1}^a \end{bmatrix}, \begin{bmatrix} T_2^m \\ T_3^m \\ \vdots \\ T_{n-1}^m \end{bmatrix}, \begin{bmatrix} T_1^e \\ T_2^e \\ \vdots \\ T_{n-2}^e \end{bmatrix}, \begin{bmatrix} T_1^w \\ T_2^w \\ \vdots \\ T_{n-2}^w \end{bmatrix} \tag{4.30}
$$

②预测部分。

$$
T_n^{w'} = f(T_n^a, T_n^m, T_{n-1}^e, T_{n-1}^w) \tag{4.31}
$$

式中,T_n^w——第 n 天的水温;

$\qquad T_n^{w'}$——第 n 天的预测水温;

$\qquad T_n^a$——第 n 天的最低气温;

$\qquad T_n^m$——第 n 天的阶段累积气温;

$\qquad T_{n-1}^e$——第 $n-1$ 天的地温;

T_{n-1}^w——第 $n-1$ 天的水温。

T_{n-L}——第 $n-L$ 天的水温,L 为选取的历史水温数据天数,$L=1,2,3,4,5$。

考虑历史水温对预测水温的影响,构建式(4.32)所示的模型。

$$T_n^w = aT_n^a + bT_n^m + cT_{n-1}^e + dT_{n-1}^w + \cdots + XT_{n-L}^w \tag{4.32}$$

式中,a、b、c、$d\cdots$——各网络输入因子的系数,可由最小二乘法求得。

式(4.32)中系数的个数不同,当迭代步长不同时,BP 神经网络输入因子的个数也不同。当水温预测无迭代步长($L=0$)时,式中只有 a、b、c 三个系数;当 $L=1$ 时,式中共有 a、b、c、d 四个系数,依次类推。

当 $L=1$ 时,将历史水温数据加入网络的输入节点中,有 T_{n-1}^w(预测日前一天的水温数据);当 $L=2$ 时,输入节点的数据包括 $T_{n-1}{}^w$、$T_{n-2}{}^w$(预测日前两天的水温数据);当 $L=3$ 时,输入节点的数据包括 $T_{n-1}{}^w$、$T_{n-2}{}^w$、$T_{n-3}{}^w$(预测日前三天的水温数据);当 $L=4$ 时,输入节点的数据包括 $T_{n-1}{}^w$、$T_{n-2}{}^w$、$T_{n-3}{}^w$、$T_{n-4}{}^w$(预测日前四天的水温数据);当 $L=5$ 时,输入节点数据包括 $T_{n-1}{}^w$、$T_{n-2}{}^w$、$T_{n-3}{}^w$、$T_{n-4}{}^w$、$T_{n-5}{}^w$(预测日前五天的水温数据)。

（3）水温预测及应用

水温是决定冰情的关键因素,依据 2016—2019 年北拒马河测站、漕河渡槽测站、滹沱河测站 3 年冬季观测气象资料,保留天气预报提供的日平均气温,对已有的观测因子进行筛选和精简。近年来,BP 神经网络在工程研究中的应用越来越广泛,基于 BP 神经网络的基础上,结合迭代的方法,对上述测站的水温进行模拟及预测。

BP 神经网络实现了从输入到输出的映射功能,适合求解内部机制复杂的问题。然而在实际应用中,BP 网络的局限性表现在以下几个方面:

①需要的参数较多,且参数的选择没有有效的方法。网络权值依据训练样本,学习率参数经过学习得到。学习率过大容易导致学习不稳定,学习率过小则将延长训练时间。这些参数的合理值还受具体问题的影响,目前只能通过经验给出一个很粗略的范围,缺乏简单有效的确定参数的方法,导致算法很不稳定。

②容易陷入局部最优。BP 算法理论上可以实现任意非线性映射,但在实际应用中,也可能经常陷入局部极小值中。

③具有样本依赖性。网络模型的逼近和推广能力与学习样本的典型性密切相关,如何选取典型样本是一个很困难的问题。算法的最终效果与样本有一定关系,这一点在神经网络中体现得尤为明显。如果样本集合代表性差,矛盾样本多或存在冗余样本,网络就很难达到预期的性能。

④具有初始权重敏感性。训练的第一步是给定一个较小的随机初始权重,由于权重是随机给定的,因此 BP 网络往往具有不可重现性。

1)北拒马河段水温模拟及预测

北拒马河段,水温模型预测第 n 天水温的输入节点有日平均气温(第 n 天)、历史地温数据(第 $n-1$ 天)、3 天累积气温和历史水温(第 $n-1$ 天)。

无迭代($L=0$)预测指的是,在组成网络的输入节点的因子中并没有加入日平均水温的历史系列数据,而只有日平均气温、历史地温、3 天累积气温。

当没有水温历史数据作为 BP 神经网络的输入时,采用 BP 神经网络对 2016—2017 年冬季、2017—2018 年冬季、2018—2019 年冬季北拒马河段的水温进行拟合,平均误差仅为 0.48℃[图 4.2-51(b)]。

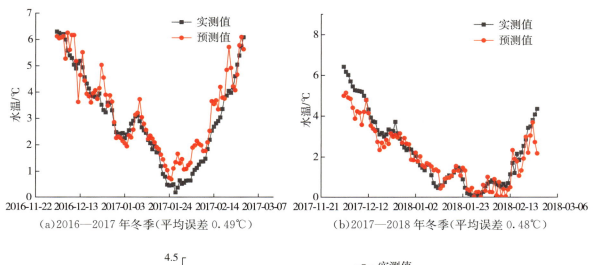

(a)2016—2017 年冬季(平均误差 0.49℃)　　　(b)2017—2018 年冬季(平均误差 0.48℃)

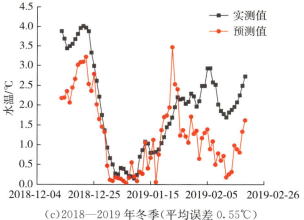

(c)2018—2019 年冬季(平均误差 0.55℃)

图 4.2-51 $L=0$ 时 3 个冬季北拒马河段水温模拟及预测

$L=1$ 时 3 个冬季北拒马河段水温模拟及预测见图 4.2-52。

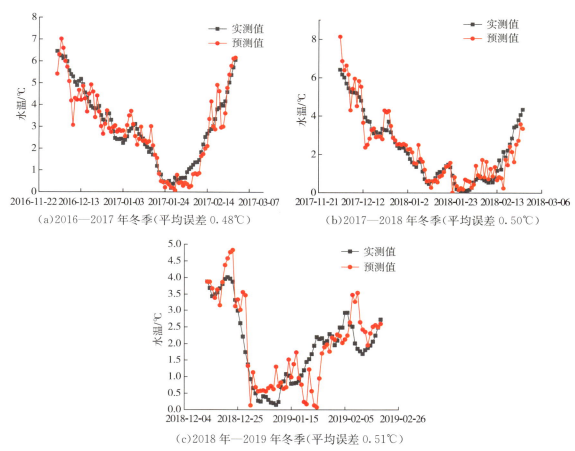

（a）2016—2017 年冬季（平均误差 0.48℃）　　（b）2017—2018 年冬季（平均误差 0.50℃）

（c）2018 年—2019 年冬季（平均误差 0.51℃）

图 4.2-52　$L=1$ 时 3 个冬季北拒马河段水温模拟及预测

$L=2$ 时 3 个冬季北拒马河段水温模拟及预测见图 4.2-53。

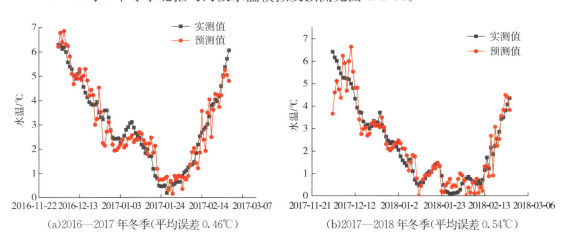

（a）2016—2017 年冬季（平均误差 0.46℃）　　（b）2017—2018 年冬季（平均误差 0.54℃）

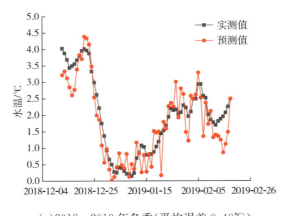

（c）2018—2019 年冬季（平均误差 0.40℃）

图 4.2-53 L＝2 时 3 个冬季北拒马河段水温模拟及预测

L＝3 时 3 个冬季北拒马河段水温模拟及预测见图 4.2-54。

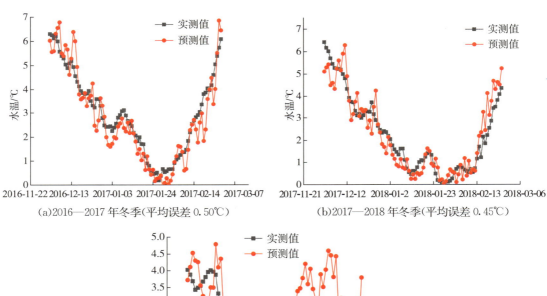

（a）2016—2017 年冬季（平均误差 0.50℃）　　　（b）2017—2018 年冬季（平均误差 0.45℃）

（c）2018—2019 年冬季（平均误差 0.46℃）

图 4.2-54 L＝3 时 3 个冬季北拒马河段水温模拟及预测

$L=4$ 时 3 个冬季北拒马河段水温模拟及预测见图 4.2-55。

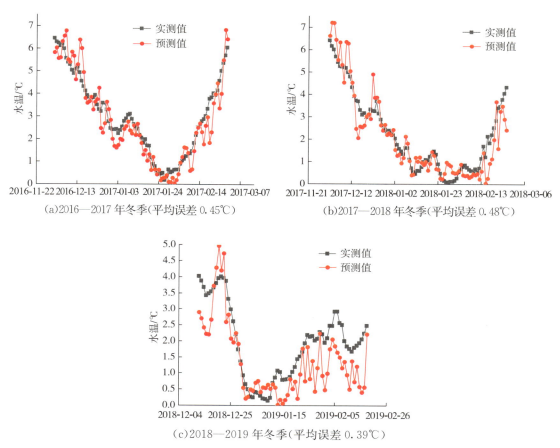

图 4.2-55　$L=4$ 时 3 个冬季北拒马河段水温模拟及预测

$L=5$ 时 3 个冬季北拒马河段水温模拟及预测见图 4.2-56。

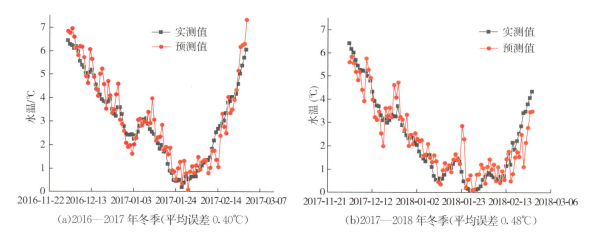

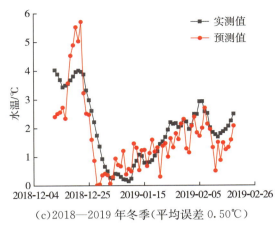

（c）2018—2019 年冬季（平均误差 0.50℃）

图 4.2-56　L＝5 时 3 个冬季北拒马河段水温模拟及预测

　　北拒马河段不同迭代步长下式（4.32）中系数的取值见表 4.2-3，2018—2019 年冬季北拒马河段不同迭代步长前 7 日水温预测值对比见图 4.2-57。

表 4.2-3　　　　　　　北拒马河段不同迭代步长下式（4.32）中系数的取值

迭代步长 L	0	1	2	3	4	5
系数 a 取值	1.0541	−0.0971	−0.0797	−0.0742	−0.0761	−0.0786
系数 b 取值	−0.2595	−0.0066	−0.0022	0.0025	0.0032	0.0030
系数 c 取值	0.0972	0.0179	0.0127	0.0084	0.0081	0.0085
系数 d 取值		1.0350	1.2168	1.2129	1.2142	1.2144
系数 e 取值			−0.1851	−0.0355	−0.0358	−0.0274
系数 f 取值				−0.1419	−0.1419	−0.1383
系数 g 取值					0.0020	−0.0564
系数 h 取值						0.0464

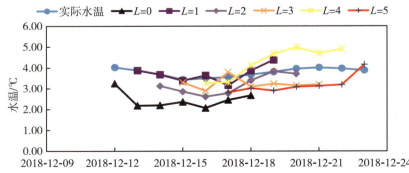

图 4.2-57　2018—2019 年冬季北拒马河段不同迭代步长前 7 日水温预测值对比

　　在水温预测中，当 $L＝4$ 时，预测误差最小，且平均误差为 0.39℃，北拒马测站一整年的水温迭代预测时结果最好。将不同迭代步长下前 7 日（预见期为 7 天）水温预测值进行比较，平均误差见表 4.2-4，当 $L=1$ 时，预测值的平均误差最小，为 0.19℃。因此在北拒马河测站，$L=1$ 时可以得到预见期为 7 天的较准确的水温预测值。

表 4.2-4　2018—2019 年冬季北拒马河段不同迭代步长下前 7 日水温预测值平均误差

迭代步长	0	1	2	3	4	5
平均误差/℃	1.22	0.19	0.48	0.53	0.63	0.73

2）漕河渡槽段水温模拟及预测

漕河渡槽段水温模拟及预测第 n 天水温的输入节点有日平均气温（第 n 天）、历史地温数据（第 $n-1$ 天）、7 天累积气温和历史水温数据。2016—2017 年冬季、2017—2018 年冬季、2018—2019 年冬季漕河渡槽段水温模拟及预测见图 4.2-58。

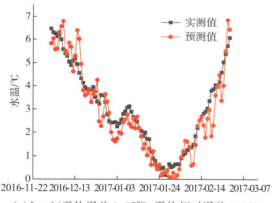

（a）$L=1$（平均误差 0.37℃，平均相对误差 0.19）

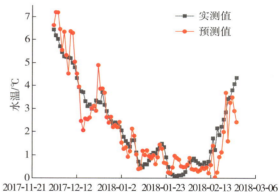

（b）$L=2$（平均误差 0.47℃，平均相对误差 0.22）

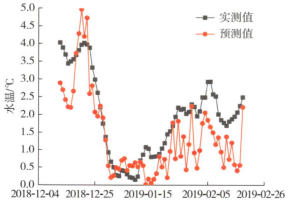

（c）$L=3$（平均误差 0.45℃，平均相对误差 0.25）

图 4.2-58　3 个冬季漕河渡槽段水温模拟及预测

从图 4.2-58 中可以看出,在漕河渡槽测站,随着迭代步数的增加,BP 网络模型预测水温的误差变大。$L=1$ 时预测值的平均误差为 0.37℃,平均相对误差为 0.19;$L=2$ 时预测值的平均误差为 0.47℃,平均相对误差为 0.22;$L=3$ 时预测值的平均误差为 0.45℃,平均相对误差为 0.25。误差相对较小,因此该预测结果能够为南水北调中线工程冬季冰期输水提供一定的帮助。

$L=0$ 时 3 个冬季漕河渡槽段水温模拟及预测见图 4.2-59。

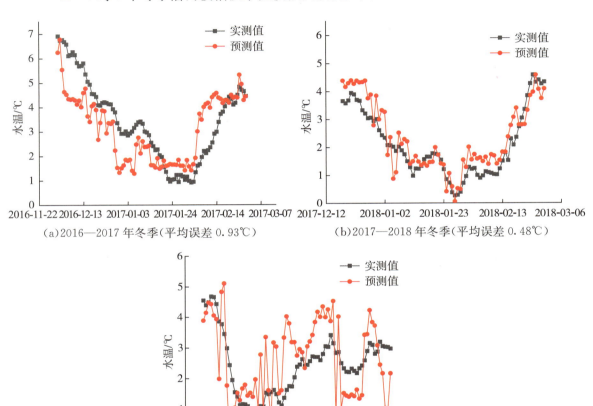

(a)2016—2017 年冬季(平均误差 0.93℃)　　　　(b)2017—2018 年冬季(平均误差 0.48℃)

(c)2018—2019 年冬季(平均误差 0.49℃)

图 4.2-59　$L=0$ 时 3 个冬季漕河渡槽段水温模拟及预测

$L=1$ 时 3 个冬季漕河渡槽段水温模拟及预测见图 4.2-60。

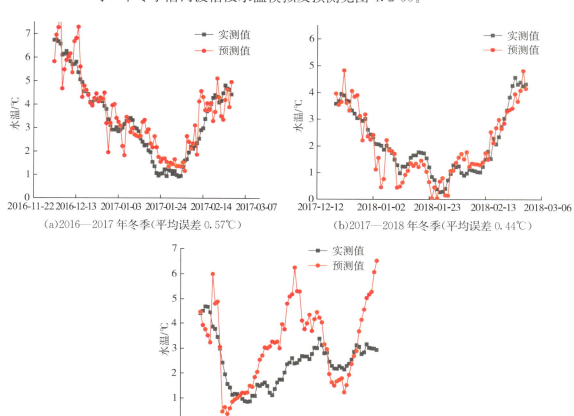

(a)2016—2017 年冬季(平均误差 0.57℃)

(b)2017—2018 年冬季(平均误差 0.44℃)

(c)2018—2019 年冬季(平均误差 0.56℃)

图 4.2-60　$L=1$ 时 3 个冬季漕河渡槽段水温模拟及预测

$L=2$ 时 3 个冬季漕河渡槽段水温模拟及预测见图 4.2-61。

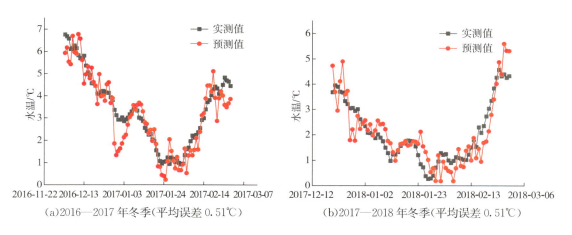

(a)2016—2017 年冬季(平均误差 0.51℃)

(b)2017—2018 年冬季(平均误差 0.51℃)

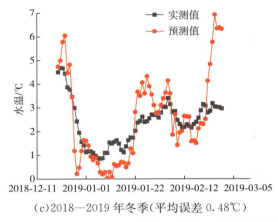

（c）2018—2019 年冬季（平均误差 0.48℃）

图 4.2-61　$L=2$ 时 3 个冬季漕河渡槽段水温模拟及预测

$L=3$ 时 3 个冬季漕河渡槽段水温模拟及预测见图 4.2-62。

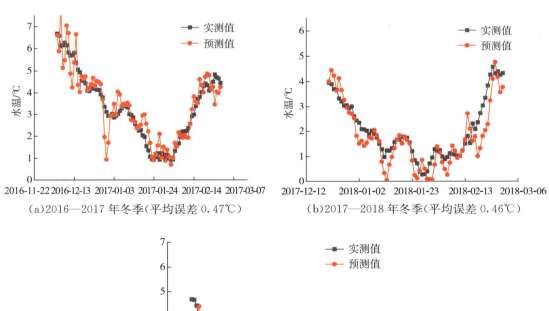

（a）2016—2017 年冬季（平均误差 0.47℃）　　　（b）2017—2018 年冬季（平均误差 0.46℃）

（c）2018—2019 年冬季（平均误差 0.53℃）

图 4.2-62　$L=3$ 时 3 个冬季漕河渡槽段水温模拟及预测

$L=4$ 时 3 个冬季漕河渡槽段水温模拟及预测见图 4.2-63。

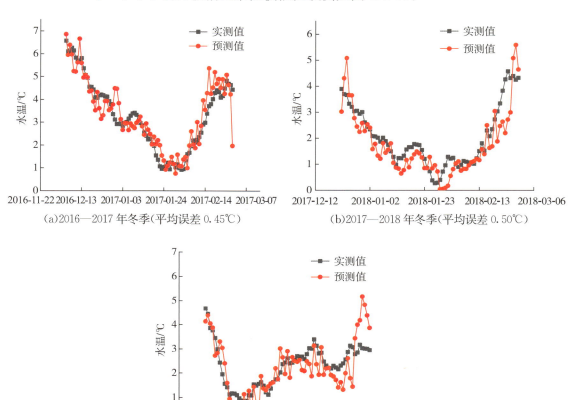

（c）2018—2019 年冬季（平均误差 0.25℃）

图 4.2-63　$L=4$ 时 3 个冬季漕河渡槽段水温模拟及预测

$L=5$ 时 3 个冬季漕河渡槽段水温模拟及预测见图 4.2-64。

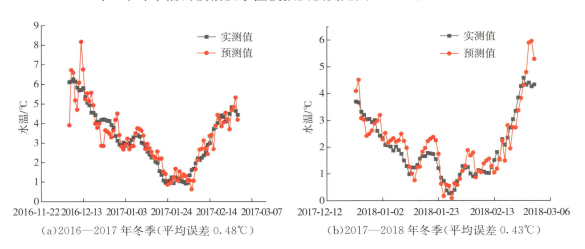

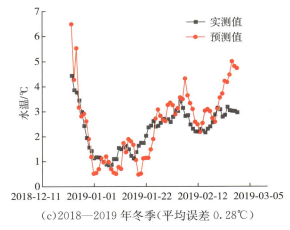

(c)2018—2019 年冬季(平均误差 0.28℃)

图 4.2-64　$L=5$ 时 3 个冬季漕河渡槽段水温模拟及预测

漕河渡槽段不同迭代步长下式(4.32)中系数的取值见表 4.2-5。

表 4.2-5　　　　　　　　　漕河渡槽段不同迭代步长下式(4.32)中系数的取值

迭代步长 L	0	1	2	3	4	5
系数 a 取值	0.8064	0.0110	0.0105	0.0113	0.0118	0.0117
系数 b 取值	0.1344	0.0147	0.0109	0.0091	0.0087	0.0090
系数 c 取值	0.0251	0.0016	0.0010	0.0007	0.0005	0.0006
系数 d 取值		0.9986	1.2831	1.2352	1.2213	1.2258
系数 e 取值			0.2822	0.0408	0.0266	0.0262
系数 f 取值				0.1925	0.1540	0.1598
系数 g 取值					0.0392	0.0570
系数 h 取值						0.0194

3)滹沱河段水温模拟及预测

滹沱河段水温模拟及预测第 n 天水温的输入节点有日平均气温(第 n 天)、历史地温数据(第 $n-1$ 天)、7 天累积气温和历史水温数据。2016—2017 年冬季、2017—2018 年冬季、2018—2019 年冬季滹沱河段水温模拟及预测见图 4.2-65。

从图 4.2-65 中可以看出,在滹沱河测站,随着迭代步数的增加,BP 网络模型预测水温的误差变大。$L=1$ 时预测值的平均误差为 0.36℃,平均相对误差为 0.11;$L=2$ 时预测值的平均误差为 0.41℃,平均相对误差为 0.12;$L=3$ 时预测值的平均误差为 0.39℃,平均相对误差为 0.11。误差相对较小,因此该预测结果能够为南水北调中线工程冬季冰期输水提供一定的帮助。

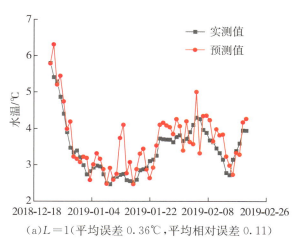

（a）$L=1$（平均误差 0.36℃，平均相对误差 0.11）

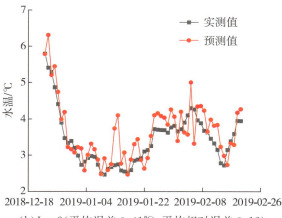

（b）$L=2$（平均误差 0.41℃，平均相对误差 0.12）

（c）$L=3$（平均误差 0.39℃，平均相对误差 0.11）

图 4.2-65　3 个冬季滹沱河段水温模拟及预测

$L=0$ 时 3 个冬季滹沱河段水温模拟及预测见图 4.2-66。

（a）2016—2017 年冬季（平均误差 0.36℃）

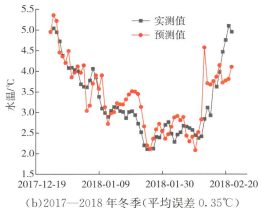

（b）2017—2018 年冬季（平均误差 0.35℃）

99

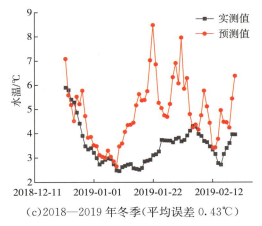

(c)2018—2019 年冬季(平均误差 0.43℃)

图 4.2-66 L＝0 时 3 个冬季滹沱河水温模拟及预测

L＝1 时 3 个冬季滹沱河段水温模拟及预测见图 4.2-67。

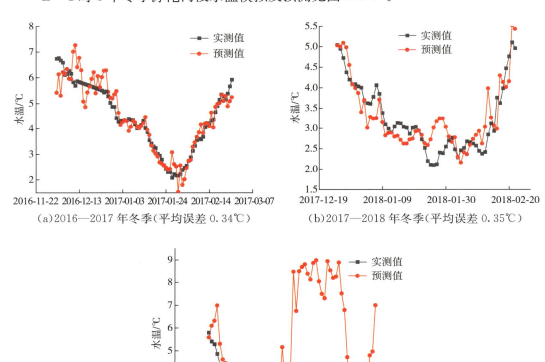

(a)2016—2017 年冬季(平均误差 0.34℃)　　　(b)2017—2018 年冬季(平均误差 0.35℃)

(c)2018—2019 年冬季(平均误差 0.56℃)

图 4.2-67 L＝1 时 3 个冬季滹沱河水温模拟及预测

$L=2$ 时 3 个冬季滹沱河段水温模拟及预测见图 4.2-68。

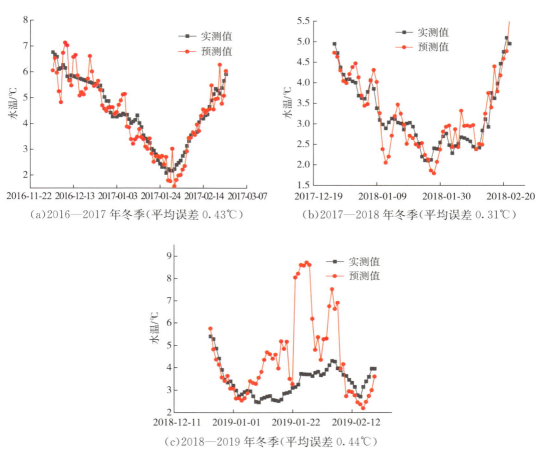

(a)2016—2017 年冬季(平均误差 0.43℃)

(b)2017—2018 年冬季(平均误差 0.31℃)

(c)2018—2019 年冬季(平均误差 0.44℃)

图 4.2-68 $L=2$ 时 3 个冬季滹沱河水温模拟及预测

$L=3$ 时 3 个冬季滹沱河段水温模拟及预测见图 4.2-69。

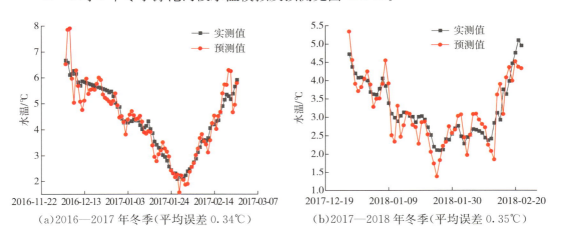

(a)2016—2017 年冬季(平均误差 0.34℃)

(b)2017—2018 年冬季(平均误差 0.35℃)

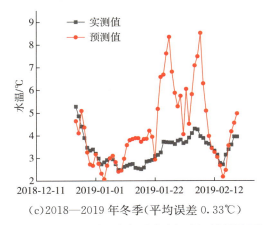

(c)2018—2019年冬季(平均误差0.33℃)

图4.2-69 *L*＝3时3个冬季滹沱河水温模拟及预测

L＝4时3个冬季滹沱河段水温模拟及预测见图4.2-70。

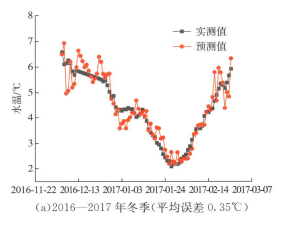

(a)2016—2017年冬季(平均误差0.35℃)

(b)2017—2018年冬季(平均误差0.33℃)

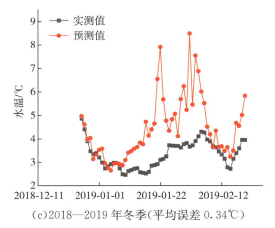

(c)2018—2019年冬季(平均误差0.34℃)

图4.2-70 *L*＝4时3个冬季滹沱河水温预测

$L=5$ 时 3 个冬季滹沱河段水温模拟及预测见图 4.2-71。

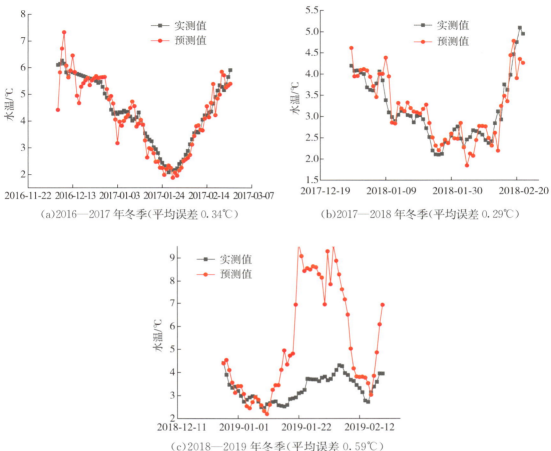

（a）2016—2017 年冬季（平均误差 0.34℃）　　（b）2017—2018 年冬季（平均误差 0.29℃）

（c）2018—2019 年冬季（平均误差 0.59℃）

图 4.2-71　$L=5$ 时 3 个冬季滹沱河水温模拟及预测

滹沱河段不同迭代步长下式（4.32）中系数的取值见表 4.2-6。

表 4.2-6　　　　　　　　滹沱河段不同迭代步长下式（4.32）中系数的取值

迭代步长 L	0	1	2	3	4	5
系数 a 取值	1.2293	0.0785	0.0521	0.0490	0.0507	0.0500
系数 b 取值	0.3876	0.0150	0.0085	0.0073	0.0072	0.0069
系数 c 取值	0.0521	0.0006	0.0006	0.0007	0.0007	0.0008
系数 d 取值		1.0345	1.3112	1.2979	1.3003	1.2985
系数 e 取值			0.2909	0.2264	0.2173	0.2321
系数 f 取值				0.0531	0.0900	0.0489
系数 g 取值					0.0257	0.0443
系数 h 取值						0.0454

4.2.2 冰情智能预报模型

南水北调中线工程冰期输水受到冰情影响,目前中线总干渠冰盖下输水流量不到设计流量的50%。为提升南水北调中线输水能力,提高输水效率,保障工程冰期输水安全,充分发挥工程效益,有必要开展南水北调中线冬季输水能力提升关键技术研究。冰情智能预报是提升南水北调中线冬季输水能力关键技术的重要方面,可为中线调度运行管理提供决策支持。

(1)基于SVM技术的冰情预报模型

水温降低到冰点会导致河流产生冰凌,基于南水北调中线工程2017—2018年冬季和2018—2019年冬季的冰情观测资料,对2018—2019年冬季北拒马河段冰情进行预测。北拒马河段纬度偏高,3年结冰现象比纬度低的漕河渡槽和滹沱河段要更为明显,岸冰形成至消融的周期也更长。北拒马河段2016—2017年冬季、2017—2018年冬季、2018—2019年冬季的冰情周期分别为41天、56天、66天,可以看出冰情逐年严重。

将北拒马河段2017—2018年冬季和2018—2019年冬季的177组数据设为训练集,对2019—2020年冬季的70组数据做预测对比。训练集使用了日平均水温、累积气温、累积负气温、日平均辐射量等共24个因素作为输入数据,输出数据为冰情,1代表有冰,−1代表无冰。经过参数寻优后,在最佳参数的选取下,训练集(模拟)的正确率达到98.8701%,而测试集的正确率为88.5714%,因此冗杂的数据对预测结果有一定的影响。通过逐步回归及主成分分析(PCA)降维的方法对原始数据进行处理,逐步回归后的正确率为84.2857%,PCA降维后的正确率为80%(56/70),具体结果见表4.2-7。

表 4.2-7 北拒马河冰情数据处理结果

数据及处理	原始数据	逐步回归	PCA降维
训练集(模拟)正确率	98.8701%(175/177)	98.8701%(175/177)	97.1751%(172/177)
测试集正确率	88.5714%(62/70)	84.2857%(59/70)	80%(56/70)

选取对冰情影响较大的日平均水温作为首要因素,分别对剩下23种数据中对冰情发展影响较大的几个因素进行预测。由于在气象条件中气温对冰情发展有较大的影响,因此分别选用了总累积气温、3天累积气温、7天累积气温、15天累积气温、21天累积气温、总累积负气温、3天累积负气温、7天累积负气温、15天累积负气温、21天累积负气温和PCA降维后的第一列数据共11个因素作为第2个输入因素。由最

后预测的结果可知,15 天累积负气温的正确率为 92.8571%(65/70),总累积负气温的正确率为 88.5714%(62/70),15 天累积气温的正确率为 87.1429%(61/70),21 天累积负气温的正确率为 87.1429%(61/70),21 天累积气温的正确率为 81.4286%(57/70),都大于 80%(图 4.2-72)。其中,15 天累积负气温的预测正确率最高,说明数据过于冗杂致使之前预测结果效果一般。如果将日平均水温和第 2 个输入因素的所有 247 组数据都用于拟合训练,最后训练的结果中正确率大于 95%的有总累积气温、总累积负气温和 15 天累积负气温这三个因素。从综合训练与预测的结果可以看出,15 天累积负气温与总累积负气温对北拒马河结冰情况有较大的影响。

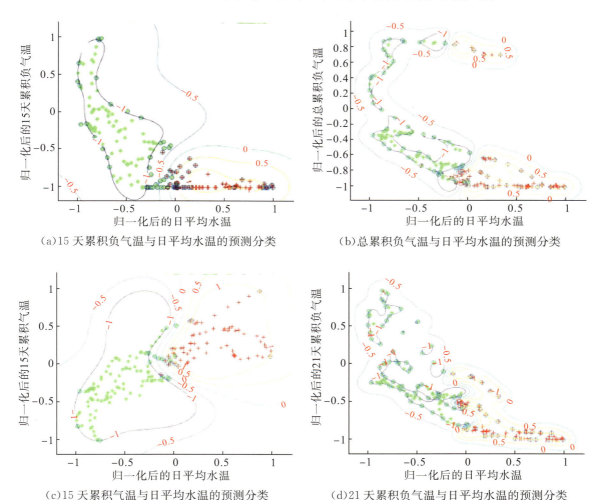

(a)15 天累积负气温与日平均水温的预测分类　　(b)总累积负气温与日平均水温的预测分类

(c)15 天累积气温与日平均水温的预测分类　　(d)21 天累积负气温与日平均水温的预测分类

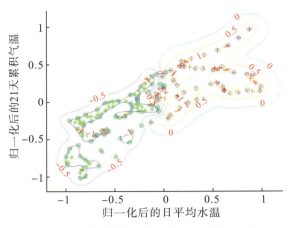

（e）21天累积气温与日平均水温的预测分类

图 4.2-72　北拒马河测段冰情支持向量机(SVM)预测结果

（2）S-NAT 冰情预测模型

对2016—2017年冬季、2017—2018年冬季、2018—2019年冬季的实测资料进行分析,得到了不同冰情发展阶段转化的临界条件,进而建立了S-NAT冰情预测模型。该模型对不同气温条件下的冰情进行了预测,不同冰情发展阶段转换的临界条件可作为冰情发展阶段的预判指标。

对冬季冰情观测数据及气象、水力原型观测数据进行分析,对每个固定站点的水力因子和冰情变化规律有了深入了解,特别是对冰情发生和转换的临界点进行了总结和探索,初步具备构建南水北调中线冬季输水期冰情预测模型的条件。

冰情预测的基本思路是根据当前水温和天气预报信息,对未来的水温按照水温预测模型进行水温预测,然后根据"预测最低水温"和"预测阶段累积负气温"对未来冰情进行预测,即构建S-NAT冰情预测模型。通过2017—2018年冬季和2018—2019年冬季的实际检验,认为该模型基本能够反映每个渠段的冰情转换规律。以下为S-NAT冰情预测模型的两个主要判定条件。

1）最低水温判断冰情标准

最低水温降至2.5℃时,渠道开始出现岸冰;最低水温降至1.0℃时,渠道开始出现流冰;最低水温降至0.2℃时,渠道拦冰索和转弯处开始出现冰盖。

2）阶段累积负气温判断冰情标准

阶段累积负气温达到－25℃时,渠道开始出现流冰;阶段累积负气温达到－100℃时,渠道拦冰索和转弯处开始出现冰盖。

南水北调中线冬季S-NAT冰情预测模型见图4.2-73。

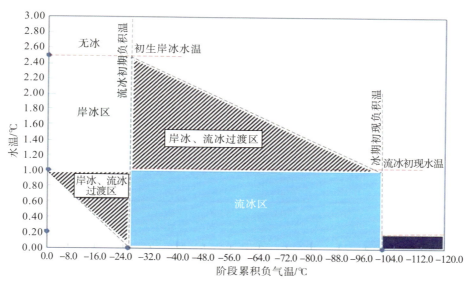

图 4.2-73 南水北调中线冬季 S-NAT 冰情预测模型

南水北调中线冰情观测区域为安阳河倒虹吸至北拒马河渠段。在冬季,气温从南向北呈现明显的降低。渠水从南向北流动,随着渠水与空气、周边介质发生热交换和蒸发作用,渠水温度呈现由南向北逐渐降低的规律,冰情的出现也呈现由北向南逐步减弱的变化规律。

2016—2017 年冬季、2017—2018 年冬季、2018—2019 年冬季的实际冰情观测结果表明,滹沱河倒虹吸至北拒马河渠段是冰情易发渠段,也是需要重点关注的渠段。解决好这两个关键部位的冰情预测问题,南水北调中线的冰情预测问题就迎刃而解了。

冰情演化是一个非常复杂的变化过程,涉及影响因素众多,某个渠段的冰情绝不是两个参数就能够准确预测的。通过连续两个冬季原型观测和冰情巡视情况的验证,S-NAT 冰情预测模型基本能够定性地实现预测任务,对渠道运行、调度具有一定的指导意义和参考价值;其配合沿线巡视和固定渠段的影像资料,对掌握冰情的发生和发展具有实际意义。

(3)S-NAT 冰情预测模型的应用

2016—2017 年冬季、2017—2018 年冬季、2018—2019 年冬季的实测数据在 S-NAT 冰情预测模型中的应用情况见图 4.2-74。从图 4.2-74 中可以清晰地看出,采用该模型预测冰情的发生和演变是基本可靠的。

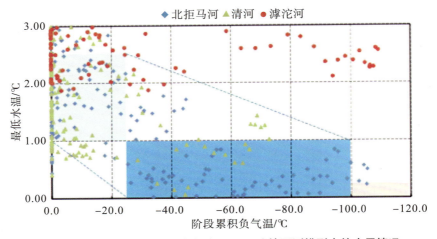

图 4.2-74　3 个冬季的实测数据在 S-NAT 冰情预测模型中的应用情况

以北拒马河渠段测站为例,进一步分析 S-NAT 冰情预测模型的应用情况。北拒马河测站 2016—2017 年冬季、2017—2018 年冬季、2018—2019 年冬季冰情观测工作成果见图 4.2-75。从图 4.2-75 中可以清晰地看出,在冰情发生初期,最低水温较高,阶段累积负气温低,渠道冰情以岸冰为主;随着水温的降低,负气温持续累积,渠道岸冰发展,逐渐出现流冰;负气温继续累积,渠道便出现冰盖,进入封冻期。由于"暖冬"的气候条件,岸冰和流冰是该渠段最为常见的冰情,冰盖持续时间并不长,与实际观测结果一致。

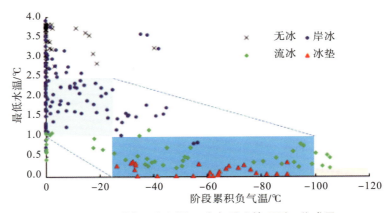

图 4.2-75　北拒马河测站 3 个冬季冰情观测工作成果

简而言之,S-NAT 冰情预测模型对北拒马河测站冰情的预测效果较好,预测冰情较准确,该模型的建立对渠道输水运行及冰灾冰害的预防工作有一定的参考价值。

2017—2018 年冬季,S-NAT 冰情预测模型已在南水北调冰情观测信息平台软件上应用,取得了令人满意的预测成果。依照当天实际观测结果,可进行未来 3 天的冰情预报。当有大的寒流和突然降温时,可应用此模型对主要渠段进行冰情预测,为运行管理单位提供冰情预报信息。

2018—2019 年冬季,采用向移动终端推送信息的方式,向主要管理者推送当日冰情概况和次日冰情预测,便于运行管理者提前了解渠道主要站点的水温和冰情发展趋势,尽早采取措施、制定防治冰灾预案,在技术上为南水北调冬季输水的顺利完成提供保障。

(4)从气象和水温参数中选取预判冰情的指标参数

主要依据中线总干渠 2017—2018 年冬季、2018—2019 年冬季冰情原型观测资料梳理了北拒马河测站、漕河渡槽测站和滹沱河测站影响冰情发展的主要指标参数,从气象参数(日最低气温、日最高气温、日平均气温、地表温度、3 天累积气温、7 天累积气温、15 天累积气温)和水温参数中选取能够较准确预判冰情阶段的指标参数,分别绘制北拒马河段一个冬季内气温、地表温度、水温与冰情阶段关系图。

2017—2018 年冬季、2020—2021 年冬季北拒马河段日平均气温与冰情的关系见图 4.2-76,可以看出二者之间的关系不明显,所以并不能直接将日平均气温作为拒马河段是否产生冰情现象的指标,但是在 2017—2018 年冬季、2018—2019 年冬季渠道出现岸冰之前的半个月里,都出现了一次较大幅度的降温然后升温的过程,所以当气温在短时间内出现较大幅度的降低(超过 10℃)且降至−5℃以下时,即使气温随后回升,也可以粗略地认为在之后的一周至半个月将有冰情出现。而在 2020—2021 年冬季,当日平均气温低于−5℃时,出现了岸冰。

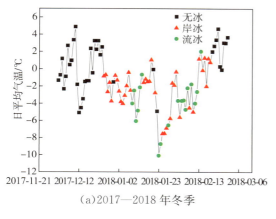
(a)2017—2018 年冬季

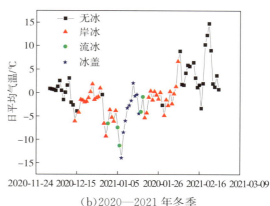
(b)2020—2021 年冬季

图 4.2-76　北拒马河段日平均气温与冰情关系

2017—2018 年冬季、2020—2021 年冬季北拒马河段日最高气温与冰情的关系见图 4.2-77,日最低气温与冰情的关系见图 4.2-78。图 4.2-77、图 4.2-78 中反映的结果和日平均气温与冰情的关系基本一致,冬季渠道出现岸冰之前的半个月里,都出现了一次较大幅度的降温过程。

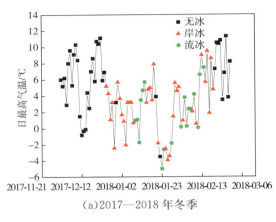

（a）2017—2018 年冬季

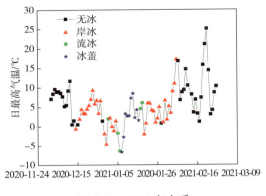

（b）2020—2021 年冬季

图 4.2-77　北拒马河段日最高气温与冰情的关系

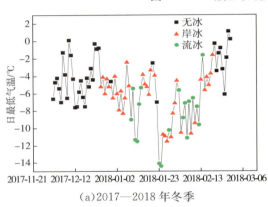

（a）2017—2018 年冬季

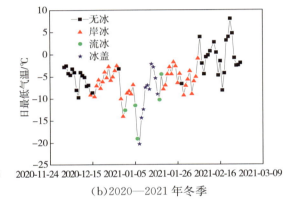

（b）2020—2021 年冬季

图 4.2-78　北拒马河段日最低气温与冰情关系

2017—2018 年冬季、2020—2021 年冬季北拒马河段水温与冰情的关系见图 4.2-79。可以看出，当水温低于 3℃时，渠道基本处于有冰的状态；当水温持续且降低至 1℃以下时，可认为渠道内有流冰产生。

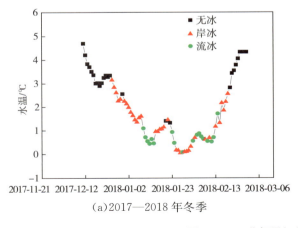

（a）2017—2018 年冬季

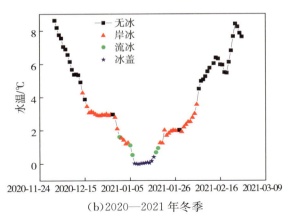

（b）2020—2021 年冬季

图 4.2-79　北拒马河段水温与冰情的关系

2017—2018 年冬季、2018—2019 年冬季北拒马河段地表温度与冰情的关系见图 4.2-80。就初始冰情出现的时间来分析,当地表温度低于 1.5℃时,可粗略地认为渠道在一周之内将出现冰情,当地表温度达到 0.5℃左右时,可粗略地认为渠道内将会产生流冰。

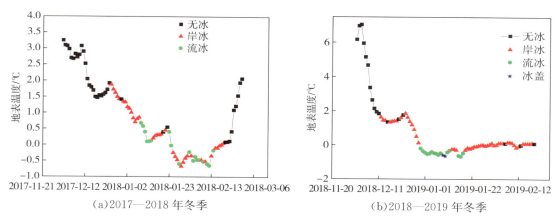

(a)2017—2018 年冬季　　　　　　(b)2018—2019 年冬季

图 4.2-80　北拒马河段地表温度与冰情的关系

北拒马河段 3 天累积气温、7 天累积气温、15 天累积气温与冰情的关系见图 4.2-81 至图 4.2-83。与日平均气温相似的是,在渠道出现冰情之前的半个月之内气温大幅度地下降(超过 10℃)且很快回升,在出现岸冰之后,若 3 天累积气温、7 天累积气温、15 天累积气温分别以下降至 -10℃、-20℃、-30℃,则可以认为渠道内将有流冰产生。

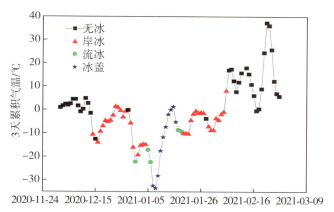

图 4.2-81　2020—2021 年冬季北拒马河段 3 天累积气温与冰情的关系

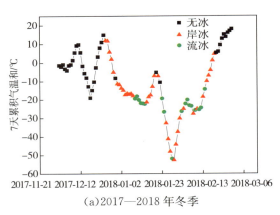

(a)2017—2018 年冬季

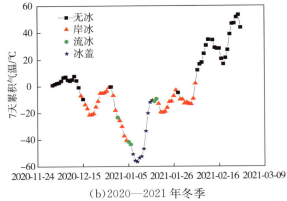

(b)2020—2021 年冬季

图 4.2-82 2017—2018 年冬季、2020—2021 年冬季北拒马河段 7 天累积气温与冰情的关系

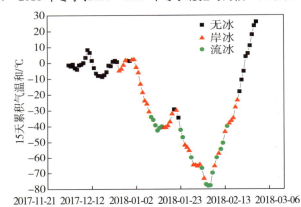

图 4.2-83 2017—2018 年冬季 15 天累积气温与冰情的关系

4.3 冰情发展数学模型

4.3.1 控制方程

（1）渠道水动力学模型

模型采用明渠非恒定流方程模拟渠系在冰期和非冰期的水力响应，控制方程如下，包括连续方程和动量方程[7]。

连续方程：

$$B\frac{\partial Z}{\partial t}+\frac{\partial Q}{\partial x}=q \tag{4.33}$$

动量方程：

$$\frac{\partial Q}{\partial t}+\frac{2Q}{A}\frac{\partial Q}{\partial x}+\left(gA-\frac{BQ^2}{A^2}\right)\frac{\partial Z}{\partial x}=q(v_{qs}-u)+\frac{BQ^2}{A^2}\left(S+\frac{1}{B}\frac{\partial A}{\partial x}\bigm|_h\right)-\frac{gQ^2}{AC^2R}$$

$$\tag{4.34}$$

式中,Z——水位,m;

h——水深,m;

Q——流量,m³/s;

B——水面宽,m;

A——过水断面面积,m²;

C——谢才系数;

S——渠道底坡;

t——时间变量;

x——空间变量;

g——重力加速度,m/s²;

R——水力半径,m;

q——区间入流量,m³/s;

v_{qs}——侧向入流在水流方向的平均流速(常忽略不计);

u——水流沿轴线方向的流速。

其中,棱柱形渠道满足 $\frac{1}{B}\frac{\partial A}{\partial x}|_h=0$。当渠道内形成浮动冰盖时,有冰盖部分的渠道湿周和糙率均包含冰盖的影响。浮动冰盖下渠道非恒定流模拟在忽略相变影响条件下,依然采用明渠非恒定流控制方程,但不同的是,渠道被冰盖覆盖时的水位 Z 是测压管水头,水深为:

$$h = Z - Z_b - (\rho_i/\rho)h_i \tag{4.35}$$

式中,Z——测压管水头,m;

Z_b——渠底高程,m;

ρ_i——冰的密度,kg/m³;

ρ——水的密度,kg/m³;

h_i——冰盖厚度,m。

过流断面面积为:

$$A = (b+mh)h \tag{4.36}$$

式中,b,m——梯形断面的底宽和边坡。

湿周为:

$$P_c = P_i + P_b \tag{4.37}$$

糙率 n_c 包含冰盖下表面糙率 n_i 和渠道糙率 n_b 两部分:

$$n_c = \left(\frac{n_i^{3/2}+n_b^{3/2}}{2}\right)^{2/3} \tag{4.38}$$

式中，n_b——渠道糙率；

n_i——冰盖下表面糙率，为时变量，呈指数衰减，$n_i = n_{ie} + (n_{ii} - n_{ie})e^{-kt}$，其中，$n_{ii}$ 为初生冰盖的糙率，n_{ie} 为冰盖融化前的糙率，k 为冰盖糙率衰减系数。

（2）水温模型

本模型忽略了渠底对水温的影响，采用对流方程描述水温变化过程：

$$\frac{DT_w}{Dt} = -\frac{\varphi}{\rho C_p D} \tag{4.39}$$

式中，C_p——水的比热，J/（kg·℃）；

T_w——断面平均水温，℃；

φ——单位时间内的水体放热量，W/m^2；

D——断面平均水深，m。

①当渠道为明渠时，水体热交换存在于水面与大气之间：

$$\varphi = \varphi_{wa} = h_w(T_w - T_a) \tag{4.40}$$

式中，φ_{wa}——水面与大气之间的热交换量，W/m^2；

h_w——水面与大气之间的热量交换系数，W/（m^2·℃）；

T_a——气温，℃。

②当水面完全封冻后，水体放热量全部转化为冰盖厚度变化量，假设热交换仅存在于冰体下表面与水体之间：

$$\begin{cases} \varphi = \varphi_{wi} = -h_{wiw}T_w \\ h_{wiw} = 1622\kappa u^{0.8}h^{0.2} \end{cases} \tag{4.41}$$

式中，φ_{wi}——水面与冰盖下表面之间的热交换量，W/m^2；

h_{wiw}——水面与冰盖下表面之间的热量交换系数，W/（m^2·℃）；

κ——经验系数。

③当水面处于流冰或部分封冻时，水体放热量考虑水面与冰面两种热交换形式：

$$\begin{cases} \varphi = (1 - C_a)\varphi_{wa} + C_a(\varphi_{ia} + \varphi_{wi}) \\ \varphi_{ia} = h_{wai}(T_{is} - T_a) \\ E_j = T_{wmj} - T_{wsj} \\ E_a = \sum_{j=1}^{m} E_j \\ E_b = \sum_{j=1}^{m} |E_j| \\ E_c = \frac{E_b}{m} \\ E_d = \max(|E_j|) \end{cases} \tag{4.42}$$

式中，C_a——面流冰密度，%；

$\quad\quad\varphi_{ia}$——冰面与大气之间的热交换量，W/m^2；

$\quad\quad h_{wai}$——冰面与大气之间的热量交换系数，$W/(m^2 \cdot ℃)$；

$\quad\quad T_{is}$——冰盖上表面温度，℃；

当水体过冷时，产生冰花，用水体含冰浓度表示为：

$$\begin{cases} E_j = T_{wmj} - T_{wsj} \\ E_a = \sum_{j=1}^{m} E_j \\ E_b = \sum_{j=1}^{m} |E_j| \\ E_c = \dfrac{E_b}{m} \\ E_d = \max(|E_j|) \end{cases} \tag{4.43}$$

用冰花浓度对流方程表征流冰随流运动情况[8,9]：

$$\frac{\partial C_i}{\partial t} + u \frac{\partial C_i}{\partial x} = \frac{C_a(\varphi_{ia} - h_{wiw} T_w) + (1 - C_a)\varphi_{wa}}{\rho_i L_i D} \tag{4.44}$$

式中，ρ_i——冰密度，kg/m^3；

$\quad\quad L_i$——冰潜热，J/kg；

$\quad\quad C_i$——冰花浓度。

（3）封冻及冰盖厚度计算

模型设定：

①若 $C_a \geqslant 80\%$，渠道断面封冻形成初始冰盖；②若 $Fr \leqslant 0.06$ 且流速 $<0.5m/s$，渠道以平封方式封冻；③若 $Fr \leqslant 0.06$ 或流速 $>0.5m/s$，渠道以立封方式封冻，冰花下潜输移，在封冻判定指标小于上述临界值的地方被吸附到冰盖下表面；④节制闸过水不过冰。

在封冻后，主要进行冰盖厚度变化模拟[10]。考虑气温、水温对冰盖厚度的影响，得到一个时间段内的冰盖厚度变化情况：

$$\Delta h_i = \frac{(\varphi_{ia} + \varphi_{wi})\Delta t}{\rho_i L_i} \tag{4.45}$$

式中，Δh_i——Δt 时段的冰盖厚度变化量，m。

若冰盖上表面被雪层覆盖，假设雪层上表面与大气间的热量交换仅造成雪层厚度变化，冰盖厚度变化仅受水温影响，则有：

$$\begin{cases} \Delta h_i = \dfrac{(\varphi_{wi})\,\Delta t}{\rho_i L_i} \\[2mm] \Delta h_{snow} = \dfrac{(\alpha\varphi_{as})\,\Delta t}{\rho_{snow} L_i} \\[2mm] \varphi_{as} = \alpha h_{wai}(T_{ss} - T_a) \\[2mm] T_{ss} = \dfrac{h_i + \rho_s/\rho_i h_{snow}}{h_i + \Delta h_1 + \rho_s/\rho_i h_{snow}} \end{cases} \tag{4.46}$$

式中，h_{snow}——雪层厚度，m；

ρ_{snow}——雪的密度，kg/m^3；

Δh_{snow}——Δt 时段的雪层厚变化量，m；

φ_{as}——雪层上表面与大气之间的热交换量，W/m^2；

α——常系数；

T_{ss}——雪层上表面温度，℃。

h_i——冰盖厚度，m；

Δh_1——虚拟冰盖厚度，m。

4.3.2　模型求解方法

　　研究所建模型的整体框架见图 4.3-1。通过该模型可实现冰情模拟、水情模拟和闸门群调控模拟。

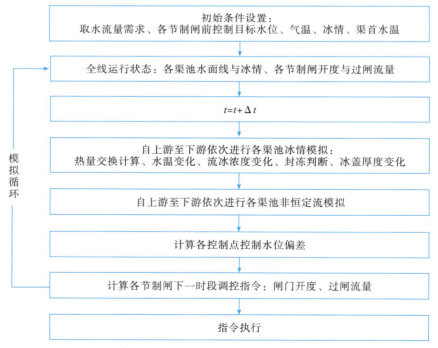

图 4.3-1　模型整体框架

模型中圣维南方程组采用 Preissmann 四点隐式差分进行离散求解[11],上下游采用双流量边界条件。

模型中水温控制方程和流冰浓度控制方程采用特征线法进行离散求解,通过设置时间步长和计算单元步长来保证离散格式的求解稳定性。渠首水温为模型输入条件,其余各渠池首断面水温为上一渠池末端断面值;各渠池首断面流冰浓度为 0。

4.3.3　模型参数率定

(1)2015—2016 年冬季工况验证

2015—2016 年冬季结冰范围在邢台,范围较广,能够进行封冻范围、冰盖厚度的模拟参数率定,经参数率定得到水温模拟结果见图 3.1-6。与实际冰情观测资料对比,认为模拟参数在水温变化过程、封冻时刻、冰盖厚度等方面均达到了一定的精度,但受冰盖厚度模拟精度影响,水温在融冰期模拟误差较大。

从图 3.1-6 可以看出,模拟结果的水温变化趋势与实测值一致;验证断面越靠近下游,水温误差越大;对于有封冻的下游渠段,明流期、流冰期和封冻期的水温模拟精度较高,误差小于 0.5℃,但受冰盖厚度模拟结果影响,开河期误差基本在 0.5℃。

模拟的封冻范围为潞龙河节制闸下游渠段,此处一个渠池只要存在一个断面有完整冰盖,就称为封冻;封冻渠段在时间上分为三段,每一段的封冻时间都较为接近,也可以认为冰情同步性较好。其中,第一段是坟庄河节制闸下游段,封冻最早,封冻时间最长;第二段是蒲阳河节制闸至坟庄河节制闸段;第三段是潞龙河节制闸至蒲阳河节制闸段。该现象与实际观测规律一致。

(2)平封冰盖厚度模拟参数率定

因冰盖封冻时非平封冰盖厚度具有空间非均匀性,对参数率定具有一定的影响,因此,继续利用完全平封冰盖工况对冰盖模拟参数进行率定,冰盖厚度模拟结果见图 4.3-2。

1)典型工况

利用南水北调中线总干渠 2012—2013 年冬季放水河节制闸闸前实测冰盖厚度进行参数率定,气温采用唐县气象站同期公布数据,渠道输水流量约 7m³/s,2012—2013 年冬季漠道沟节制闸至放水河节制闸的渠道 Fr 和流速沿程分布见图 4.3-3。由图 4.3-3 可知,Fr 远低于设定的冰花下潜临界值 0.06;流速也远低于临界流速0.5m/s,因此渠道封冻过程为平封,现场观测到渠道内冰盖上表面光滑、厚度空间分布均匀、下表面无冰花堆积,表明冰盖为平封冰盖,相关观测数据适合用于分析冰盖条件下的热量交换参数;2013 年 1 月 20 日降雪造成冰面覆盖雪层厚度约 0.055m;

式(4.46)中 Δh_1 取 0.056m。

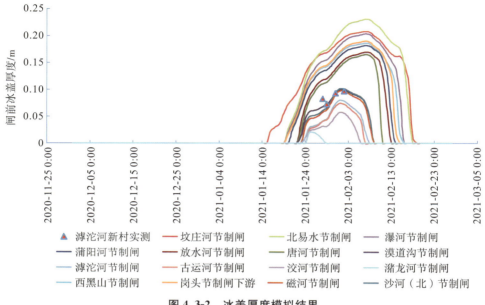

图 4.3-2　冰盖厚度模拟结果

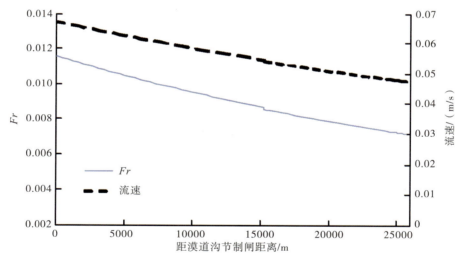

图 4.3-3　漠道沟节制闸至放水河节制闸的渠道 Fr 和流速沿程分布

2)冰盖厚度模拟参数取值优选

在一定范围内以误差最小为准则进行参数 h_{wai}、κ 和 α 同步寻优后,得到该工况内 5 种最优参数方案(表 4.3-1)。根据参数选取原则,在 E_b 相差不大的情况下,选择 E_a 最小的参数组合方案为最后结果,因此,参数方案 3 为较优方案,此时放水河节制闸闸前冰盖厚度验证结果见图 4.3-4。可见,模型及参数可模拟冰盖厚度的整体变化趋势,且具有一定的模拟精度,该工况下的模拟误差为-6.9%~6.1%;融冰阶段的模拟误差较大;降雪对模拟结果有影响,考虑降雪影响的冰盖厚度模拟误差较小。

表 4.3-1　　　　　　　　　　　　冰盖条件下的热交换参数取值

参数方案	h_{wai} /[W/(m²·℃)]	α	κ	E_a/cm	E_b/cm	E_c/cm	E_d/cm
1	26	0.35	0.24	1.82	6.72	0.67	1.99
2	26	0.34	0.24	1.18	6.74	0.67	1.89
3	26	0.25	0.23	0.21	6.79	0.67	1.86
4	26	0.43	0.25	2.23	6.79	0.68	2.39
5	26	0.26	0.23	0.64	6.79	0.68	1.76

注:h_{wai} 为冰面与大气之间的热量交换系数;κ 和 α 均为经验系数;E_a 为累积误差;E_b 为累积绝对误差;E_c 为平均绝对误差;E_d 为最大绝对误差。

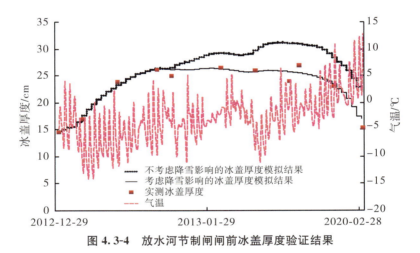

图 4.3-4　放水河节制闸闸前冰盖厚度验证结果

参数率定误差可能来自 3 个方面:①冰盖厚度空间分布不均匀;②冰盖厚度测量误差;③模型模拟精度。

4.3.4　模型检验

针对 2016—2017 年、2017—2018 年、2018—2019 年 3 个冬季进行总干渠沿线水温数值模拟,输入条件为各冬季汤河节制闸水温过程,沿线分水口分水流量,以及安阳、邢台、石家庄和保定 4 个气象站的日平均气温过程,得到中线总干渠安阳以北渠段整个冬季的冰情模拟结果,将代表性闸站水温、冰盖变化过程计算结果与实测数据进行比较。

部分闸前断面水温检验结果见图 4.3-5 至图 4.3-8。分析可知,各典型年水温变化过程与实测数据整体趋势一致,综合误差较小,误差基本在 ±0.5℃ 范围内,极少数最大误差约为±1℃。

总体而言,所建总干渠水温和冰情数学模型在长距离、长时间、不同气温条件下的水温和冰情模拟方面具有较好的计算精度和可靠性。

(1)2016—2017年冬季

2016—2017年冬季部分闸前断面水温检验结果见图4.3-5。

经模拟,本冬季未出现封冻情况。

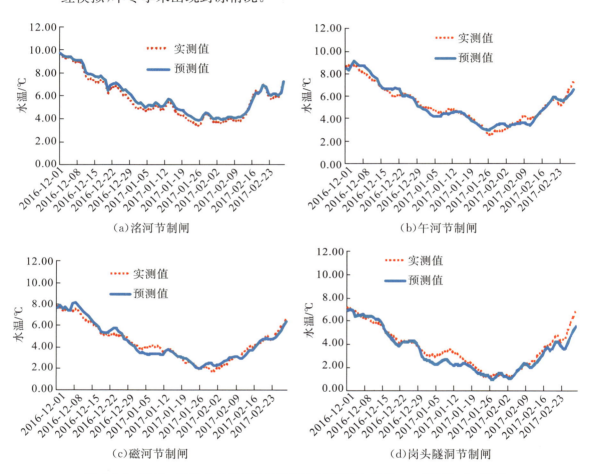

(a)洛河节制闸   (b)午河节制闸

(c)磁河节制闸   (d)岗头隧洞节制闸

图4.3-5 2016—2017年冬季部分闸前断面水温检验结果($h_{wai}=13W/(m^2 \cdot ℃)$)

(2)2017—2018年冬季

以洛河节制闸、午河节制闸、磁河节制闸、岗头隧洞节制闸和北拒马河节制闸闸前断面为例,进行水温和冰盖厚度模拟检验,结果见表4.3-2、图4.3-6和图4.3-7。结果表明,5个断面的水温模拟变化趋势与实测值一致,越靠近下游的断面水温模拟误差越大,模拟时段2个月的平均误差小于0.3℃,但因为冰情的耦合复杂影响,在2018年1月21日—2月14日存在水温模拟误差超过1℃的极大误差,但此类误差点在时间上并非连续出现,总出现天数也均少于 3 天。

表 4.3-2　　　　　　　　2017—2018 年冬季部分闸前断面误差统计　　　　　　　（单位:℃）

序号	断面名称	平均误差	最大误差
1	洺河节制闸闸前	0.29	0.75
2	午河节制闸闸前	0.01	0.50
3	磁河节制闸闸前	0.04	1.18
4	岗头隧洞节制闸闸前	0.26	1.13
5	北拒马河节制闸闸前	0.21	1.22

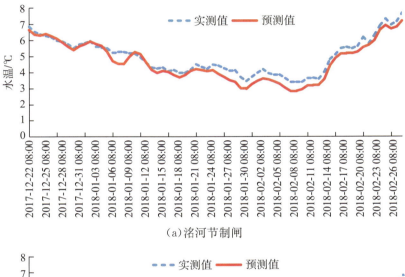

(a)洺河节制闸

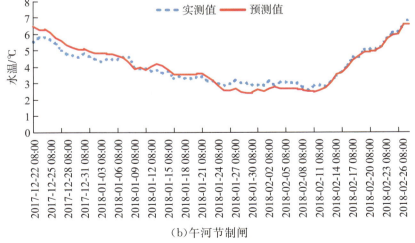

(b)午河节制闸

（c）磁河节制闸

（d）岗头隧洞节制闸

（e）北拒马河节制闸

图 4.3-6　2017—2018 年冬季部分闸前断面水温检验结果

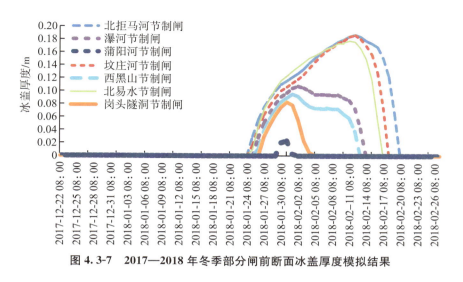

图 4.3-7　2017—2018 年冬季部分闸前断面冰盖厚度模拟结果

由图 4.3-7 可知,2018—2019 年冬季的稳定冰盖形成范围为蒲阳河节制闸至北拒马节制闸渠段;各渠池的最大冰盖厚度为 2～19cm,北易水以北段于 2018 年 1 月 24 日封冻,可视为同步封冻,其他渠段呈每天向上游封冻一渠池的规律;北拒马河节制闸闸前封冻 26 天,蒲阳河节制闸闸前封冻仅 3 天;开河呈自上游向下游逐步开河的规律。

（3）2018—2019 年冬季

以洺河节制闸、午河节制闸、磁河节制闸、岗头隧洞节制闸和北拒马河节制闸闸前断面为例,进行水温模拟检验,结果见表 4.3-3 和图 4.3-8。

整个冬季的水温模拟误差均小于 0.23℃,因极值捕捉问题,存在误差极大点。

表 4.3-3　　　　　　　　　2018—2019 年冬季部分闸前断面水温误差统计

序号	断面名称	平均误差/℃	非开河期最大误差/℃
1	洺河节制闸闸前	0.23	0.83
2	午河节制闸闸前	0.20	1.00
3	磁河节制闸闸前	0.18	0.91
4	岗头隧洞节制闸闸前	0.07	1.19
5	坟庄河节制闸闸前	0.01	1.52

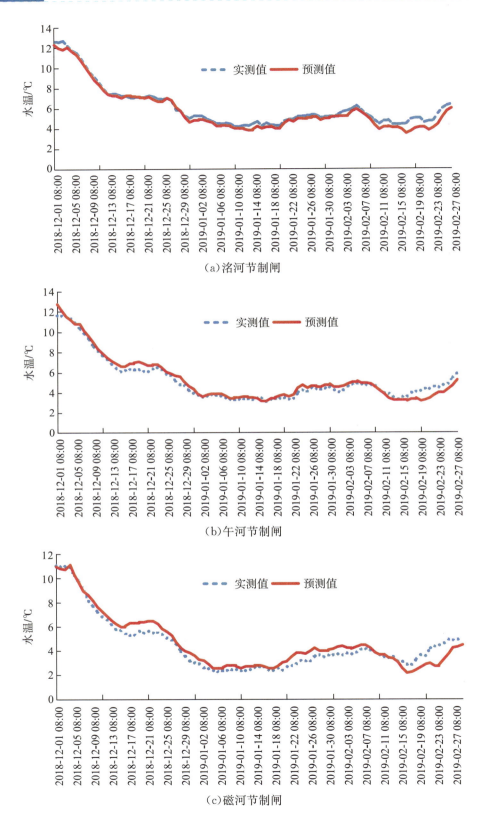

（a）洺河节制闸

（b）午河节制闸

（c）磁河节制闸

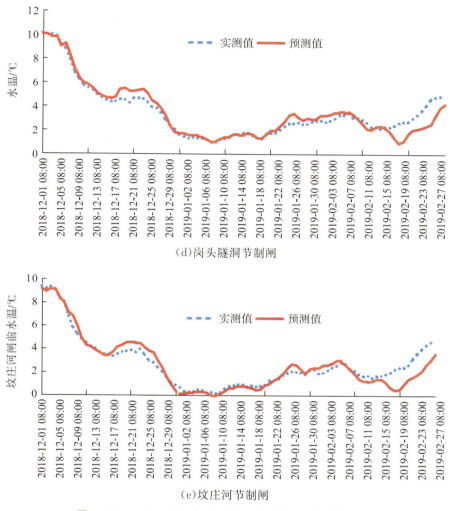

（d）岗头隧洞节制闸

（e）坟庄河节制闸

图 4.3-8　2018—2019 年冬季部分闸前断面水温检验结果

由上述表 4.3-3、图 4.3-8 可知，水温模拟值结果整体变化规律与实测值依然相符；开河期水温模拟误差大；上游断面误差较下游断面整体偏小；模拟值较实测值波动较大，极值点捕捉精度较低；模拟未出现封冻渠池。

（4）误差分析

综上所述，模型采用一套统一的冰情模拟参数，认为 3 个冬季的水温和冰情模拟结果与实测水温和冰情规律较为一致，因此，认为本研究所建模型及率定的参数，对南水北调中线工程具有时空上的适用性。

①模型为一维冰情模拟模型，具有一定的局限性，模型数值解法在长距离、长时间的模拟方面存在累积误差；

②模型输入气象条件为地级市气象站气温日均数据，对工程实地气温过程而言

代表性较差,气象站网稀少;

③实测数据为中线建管局水温监测系统导出值,可能存在测量误差;

④冰情分布具有一定的空间不均匀分布性,模拟结果为断面平均值;

⑤模型参数为固定参数,对不同年份特征的气温响应有偏差。

因此,可以通过持续不断优化模型,提高工程沿线气象站的气温代表性,缩短模拟时间和范围,实行分段预测,提高实测数据监测质量,不断完善冰情预报模型的精准度。

4.3.5 典型年分析

(1)预测情景一

以汤河节制闸至北拒马河节制闸渠段为工况模拟背景进行典型气象年、典型流量工况下的冰情模拟分析。输水流量分为2016—2017年冬季输水流量和各节制闸均基本维持70%设计流量两种;典型年包括30%频率冷冬年和4%频率冷冬年;渠首水温选用2016—2017年冬季实测值。工况设置的目的是利用实际冬季气温替换,表达不同频率气象条件对冰情的影响及与实际年份的对比,形成直观认识。

①30%频率冷冬年+2016—2017年冬季输水流量工况下岗头隧洞节制闸冰盖厚度与水温预测结果见图4.3-9。经模拟分析,岗头隧洞节制闸下游渠道面会封冻,且最大冰盖厚度约为15cm。

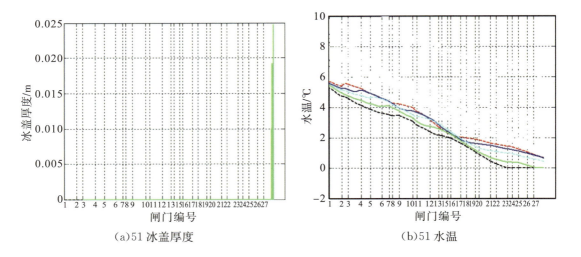

(a)51冰盖厚度   (b)51水温

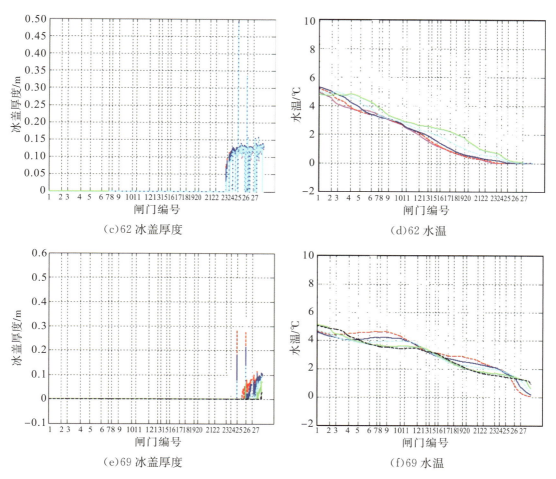

（c）62 冰盖厚度　　　　　　　　　　（d）62 水温

（e）69 冰盖厚度　　　　　　　　　　（f）69 水温

图 4.3-9　30%频率冷冬年＋2016—2017 年冬季输水流量工况下岗头节制闸冰盖厚度与水温预测结果

注：51、62、69 为模拟天数。模拟天数为 51 天的图，其线条所示数据为第 51 天及其前 4 天（第 50 天、第 49 天、第 48 天、第 47 天）的模拟数据，模拟天数为 62 天和 69 天依此类推。图 4.3-10 和图 4.3-11 同理。

②4%频率冷冬年＋2016—2017 年冬季输水流量工况下洨河节制闸冰盖厚度与水温预测结果见图 4.3-10。经模拟分析，洨河节制闸下游渠道会封冻，最大冰盖厚度达到 30cm。

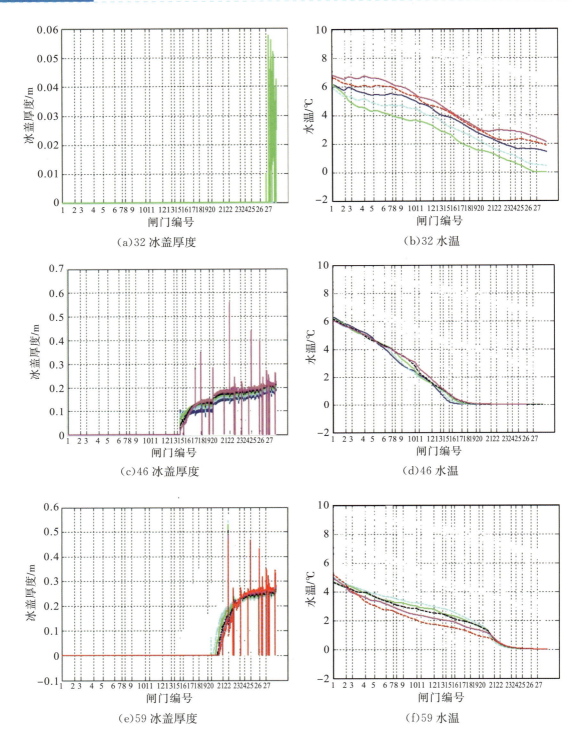

(a)32 冰盖厚度

(b)32 水温

(c)46 冰盖厚度

(d)46 水温

(e)59 冰盖厚度

(f)59 水温

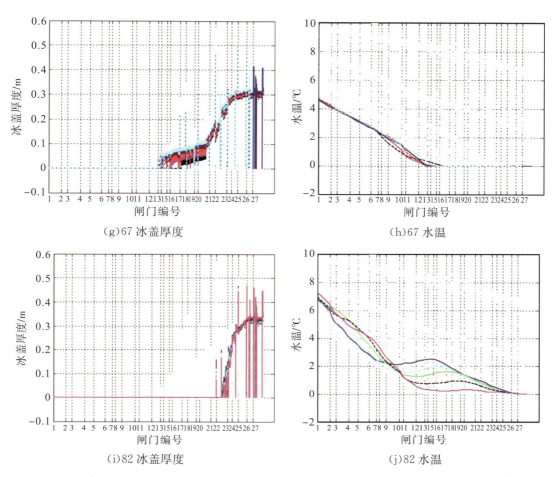

图 4.3-10　4%频率冷冬年＋2016—2017 年冬季输水流量工况下洨河节制闸冰盖厚度与水温预测结果

③4%频率冷冬年＋2016—2017 年冬季输水流量工况下瀑河节制闸冰盖厚度与水温预测结果见图 4.3-11。经模拟分析,瀑河节制闸下游渠道会封冻,最大冰盖厚度约为 15cm。

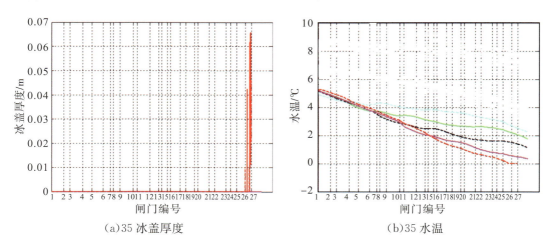

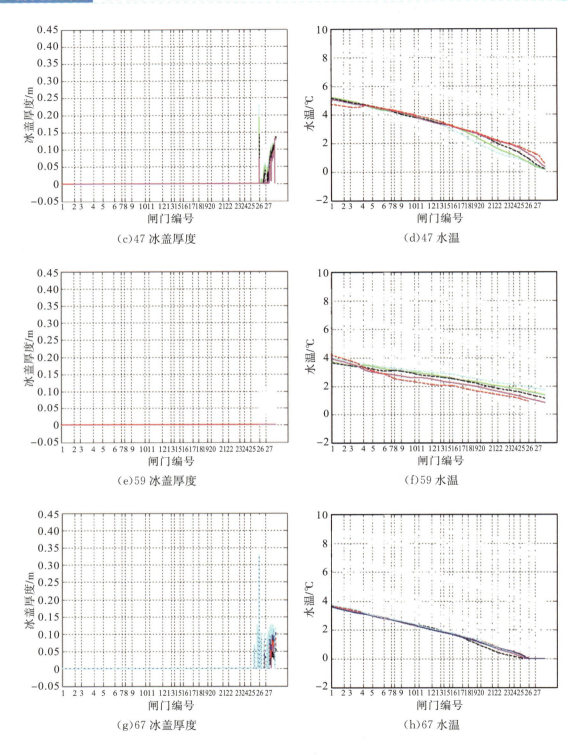

(c)47 冰盖厚度

(d)47 水温

(e)59 冰盖厚度

(f)59 水温

(g)67 冰盖厚度

(h)67 水温

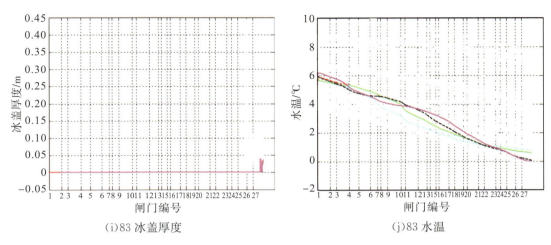

(i)83冰盖厚度　　　　　　　　　(j)83水温

图4.3-11　4%频率冷冬年＋2016—2017年冬季输水流量工况下瀑河节制闸冰盖厚度与水温预测结果

通过上述典型工况分析,可以发现,当前中线冬季输水流量方案下的30%频率冷冬年和4%频率冷冬年的渠道封冻范围分别为岗头隧洞节制闸下游(包括瀑河节制闸)和浽河节制闸下游,封冻最大冰盖厚度分别为15cm和30cm,4%频率冷冬年在封冻范围和冰盖厚度方面均较50%频率平冬年翻倍;同时,加大冬季输水流量至70%设计流量,可有效减小封冻范围,使4%频率冷冬年的封冻范围和最大冰盖厚度均与50%频率平冬年相当,冰情有所缓解。

(2)预测情景二

1)典型工况介绍

以总干渠以往研究成果和本研究全线水温模拟分析结果为支撑,选取汤河节制闸至北拒马河节制闸的渠道进行典型工况下冰情预测分析,典型工况组合见表4.3-4,典型气象年份见表4.3-5,不同工况下汤河节制闸入渠水温实测或预测值见图4.3-12,流量方案对比见图4.3-13。

表4.3-4　　　　　　　　　　　　典型工况组合

工况编号	流量方案	初始水温	入渠水温	气象条件
1	2016—2017年冬季流量	实测值	实测值	1968—1969年,4%冷冬年
2	冰期流量方案	预测值	预测值	1968—1969年,4%冷冬年
3	冰期流量方案	预测值	预测值	2005—2006年,50%平冬年
4	冰期提升流量方案	预测值	预测值	1968—1969年,4%冷冬年

表 4.3-5 典型气象年份

| 冬季年份 | 冬季累积气温/℃ | | | | | | | | | 频率/% |
	南阳站	宝丰站	郑州站	新乡站	安阳站	邢台站	石家庄站	保定站	8站平均	
1968—1969	75.9	17.6	−17.3	−38.6	−129.2	−225.1	−238.3	−327.1	−110.3	4
2012—2013	244.1	106.3	88.4	39.8	−95.6	−128.8	−211.9	−356.1	−39.2	10
1975—1976	219.7	124.6	106.4	90.6	33.0	−51.5	−59.3	−150.1	39.2	30
2005—2006	218.7	175.9	179.4	114.4	6.6	43.9	1.2	−97.7	80.3	50
2016—2017	443.5	398.8	414.2	330.7	276.5	141.3	110.7	−80.3	254.4	92

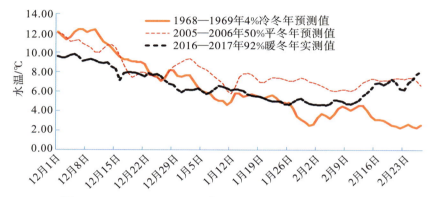

图 4.3-12　不同工况下汤河节制闸入渠水温实测值或预测值

图 4.3-13　流量方案对比

2）模拟结果分析

统计得到封冻时长和最大冰盖厚度分别见表 4.3-6 和表 4.3-7。

表 4.3-6　　　　　　　　渠池首封断面封冻时长　　　　　　　（单位：天）

渠池名称（以渠池上游闸命名）	工况 1	工况 2	工况 3	工况 4
汤河节制闸渠池				
安阳河节制闸渠池				
漳河节制闸渠池				
牤牛河节制闸渠池				
沁河节制闸渠池				
洺河节制闸渠池				
南沙河（一）节制闸渠池				
七里河节制闸渠池				
白马河节制闸渠池				
低河节制闸渠池				
午河节制闸渠池				
潴龙河节制闸渠池	65.0			
浻河节制闸渠池	64.4			
台头沟节制闸渠池	83.0	64.42		
古运河节制闸渠池	82.9	64.40		
滹沱河节制闸渠池	82.6	64.21		
磁河节制闸渠池	82.6	63.83		
沙河（北）节制闸渠池	82.7	62.44		87
漠道沟节制闸渠池	82.7	62.17		87
唐河节制闸渠池	82.8	35.08		66
放水河节制闸渠池	33.8	34.94		66
蒲阳河节制闸渠池	33.5	34.42		66
岗头隧洞节制闸渠池	33.5	34.33		66
西黑山节制闸渠池	33.0	34.17		66
瀑河节制闸渠池	32.5	33.71		83
北易水节制闸渠池	32.0	33.27		82
坟庄河节制闸渠池	31.6	32.77		35

表 4.3-7 渠池最大冰盖厚度 （单位:m）

渠池名称(以上游闸命名)	工况 1	工况 2	工况 3	工况 4
汤河节制闸渠池				
安阳河节制闸渠池				
漳河节制闸渠池				
牤牛河节制闸渠池				
沁河节制闸渠池				
洺河节制闸渠池				
南沙河(一)节制闸渠池				
七里河节制闸渠池				
白马河节制闸渠池				
低河节制闸渠池				
午河节制闸渠池				
潴龙河节制闸渠池	0.04			
浟河节制闸渠池	0.06			
台头沟节制闸渠池	0.08	0.04		
古运河节制闸渠池	0.10	0.10		
滹沱河节制闸渠池	0.12	0.12		
磁河节制闸渠池	0.14	0.14		
沙河(北)节制闸渠池	0.15	0.15		0.05
漠道沟节制闸渠池	0.18	0.18		0.07
唐河节制闸渠池	0.20	0.21		0.11
放水河节制闸渠池	0.21	0.20		0.12
蒲阳河节制闸渠池	0.28	0.25		0.13
岗头隧洞节制闸渠池	0.30	0.30		0.13
西黑山节制闸渠池	0.31	0.32		0.14
瀑河节制闸渠池	0.37	0.36		0.15
北易水节制闸渠池	0.38	0.38		0.13
坟庄河节制闸渠池	0.38	0.37		0.15

由表 4.3-6 和表 4.3-7 可知,冬季气温越低,封冻范围越大,封冻时间越早;输水流量越小,封冻范围越大,封冻时间越早。模拟工况下封冻的最上游节制闸为潴龙河节制闸;4‰频率冷冬年最大冰盖厚度出现在干渠下游末端,厚度达 38cm,大于 2012—2013 年冬季(10‰频率)实测的最大冰盖厚度 32cm;岗头隧洞节制闸下游渠段

在封冻时刻和冰盖厚度方面具有一定的相似性,容易出现同步封冻的不利冰情;冰期输水方案下,遭遇2005—2006年冬季(50%频率)典型气温,全线不存在封冻断面。

在通常情况下,加大流量有利于减少冰情范围和封冻时长,但由于短期强降温的影响,渠系调度响应灵活度下降,仍然存在冰期输水安全问题。

对比预测情景一和预测情景二,4%频率冷冬年作用下封冻的最上游断面在潞龙河节制闸和浽河节制闸之间;同时,北拒马河节制闸附近最大冰盖厚度也非常接近。这说明汤河节制闸水温无论是采用历史实测值还是预测值,对冷冬年的封冻范围影响都有限。

4.4 小结

本章结合中线总干渠冰情原型观测资料,梳理了影响冰情发展的主要指标参数,利用神经网络、统计分析方法建立了水温、冰情智能预报模型,可根据现场水力调度、冰情数据,结合短期的气象预报,预测流冰、封冻等特征冰情的发生时间。同时利用多年冰期输水资料,率定和优化冰情发展数学模型参数,对典型冬季冰情进行了模拟计算,分析了不同气候条件和调度工况下总干渠冰情的分布规律。

(1)梳理了中线冰情发展指标

提出了影响总干渠冰情生消演变的气象、水动力、冰情相关的特征因子。

(2)构建了中线冰情发展的智能预报模型

利用统计学、神经网络、支持向量机等方法,选取对冰情影响较大的日平均水温和不同阶段的累积气温、累积负气温和主成分分析降维后数据作为其他输入因素,使用支持向量机方法对冰情进行模拟和预测。结果表明,阶段累积气温对冰情贡献明显,支持向量机方法可以较为有效地对冰情做出分类和预测。

通过支持向量机方法和S-NAT冰情预测模型,以南水北调中线冬季冰情观测数据为基础进行了冰情预测,二者都将阶段累积负气温确定为冰情预测的重要因素,且取得了准确率较高的预测成果。S-NAT冰情预测模型针对北拒马河渠段至滹沱河倒虹吸这一区域建立,实用性强,在流速水深保持稳定的情况下,预测准确度较好。由于气温对水温的影响有一定的延迟,因此当气温发生变化时,有充足的时间去调整模型参数,进而能提高预测准确率,从而在冰情观测期间为南水北调中线干线的输水运行提供有效服务。

模拟结果表明,在渠道出现冰情之前的半个月内气温大幅度地下降(超过10℃)且很快回升,在出现岸冰之后,若3天累积气温、7天累积气温、15天累积气温分别以下降的趋势达到了−10℃、−20℃、−30℃时,则认为渠道内将有流冰现象发生。

（3）构建中线冰情发展数学模型

研究建立了南水北调中线总干渠冰期输水调控仿真模型，并利用两个实例分析了影响水温传递过程、封冻时刻和冰盖厚度的热量交换系数取值。本研究模型确定的明渠热交换系数约为 $13W/(m^2 \cdot °C)$，冰盖条件下的热量交换系数约为 $26W/(m^2 \cdot °C)$，明确的参数取值可为相关研究提供参考。对 3 个冬季的冰情复演与典型气象条件下的冰情模拟结果进行分析，认为整个冬季的模拟水温趋势与实际一致，单日平均水温误差基本在 $0.5°C$ 以内，冬季平均误差小于 $0.3°C$，极个别点误差大于 $1°C$，融冰期受冰盖厚度精度影响出现较大误差。

预测了典型气象条件下的全线可能冰情。当前中线冬季输水流量方案下的平冬年和冷冬年的渠道封冻范围分别为岗头隧洞节制闸下游和洨河节制闸下游，封冻最大冰盖厚度分别约为 15cm 和 30cm，冷冬年在封冻范围和冰盖厚度方面均较平冬年翻倍。同时，在模拟工况中，当加大冬季输水流量至 70％ 设计流量时，封冻范围和最大冰盖厚度均有所减小，表明流量调控能一定程度地影响封冻范围，但不能完全消除冰情，此外，加大流量输水也会使渠道面临更大的冰塞、冰坝风险。

第 5 章　中线冬季冰盖输水边界条件

5.1　冬季输水时空边界条件

冰情发展与气象、水力调度、水温等热力学、水力学参数密切相关。本章整理了 2011 年以来南水北调中线冬季输水的气象、水力调度、水温、冰情数据,在此基础上分析了冬季输水的时间和空间边界条件。

(1)气象资料

气温是气象条件中重要的热力因子,2011—2022 年典型测站气象特征值见表 1.2-1。各冬季累积负气温为 $-299.7\sim-63.5℃$,日平均气温 12 月转负,次年 2 月上、中旬转正,气温转负历时 $43\sim82$ 天,最低气温为 $-20.6\sim-9.0℃$,最冷月日平均气温为 $-6.0\sim-1.1℃$。各冬季气温分布复杂,2012—2013 年冬季累积负气温最大,2020—2021 年冬季次之,2015—2016 年冬季排位第三,2016—2017 年冬季累积负气温最小;在最低气温方面,2020—2021 年冬季实测最低气温为历年最小,2015—2016 年冬季次之,2012—2013 年冬季排位第三,2014—2015 年冬季最低气温最高;在最冷月日平均气温方面,2015—2016 年冬季日平均气温最低,2012—2013 年冬季次之,2020—2021 年冬季排位第三,2019—2020 年冬季日平均气温最高。气温是影响中线水温、冰情的主要热力条件。

(2)水力调度数据

水力参数是影响冰情发展的主要动力因素,2011—2022 年总干渠典型节制闸闸前水力参数特征见表 5.1-1。冬季输水分为京石段应急通水(2014 年以前)和全线正式通水(2014 年以后)。2011—2014 年 3 个冬季为京石段应急通水,向北京供水流量为 $12\sim18\mathrm{m^3/s}$,输水流量小,渠道流速指标低于 $0.3\mathrm{m/s}$,Fr 小于 0.045;2014 年冬季中线总干渠全线正式通水,岗头隧洞节制闸冬季输水流量为 $22\sim54.7\mathrm{m^3/s}$,北拒马河暗渠节制闸输水流量为 $12.5\sim30\mathrm{m^3/s}$,渠道闸前流速为 $0.17\sim0.46\mathrm{m/s}$,Fr 为

0.026～0.076。以岗头隧洞节制闸和北拒马河暗渠节制闸闸前断面为例,岗头隧洞节制闸是向北京、天津供水的重要控制点。岗头隧洞节制闸 2018—2019 年冬季输水流量最大,2020—2021 年冬季次之。岗头隧洞节制闸 2018—2019 年 Fr 高于 0.06,2014—2015 年 Fr 低于 0.06,其他冬季 Fr 接近 0.06。北拒马河暗渠节制闸 2015—2016 年冬季输水流量最大,2017—2018 年冬季次之,2020—2021 年冬季排位第三,2018—2019 年冬季与 2020—2021 年冬季接近。水力调度是水温、冰情变化的动力因素。流量越大,运动速度越快,水体携带热量越多,沿程失热越少,下游渠道水体温度越高,越不容易出现冰情。

表 5.1-1　　　　　　2011—2022 年总干渠典型节制闸闸前水力参数特征

冬季时间	岗头隧洞节制闸			西黑山节制闸			北拒马河暗渠节制闸		
	流量 /(m³/s)	流速 /(m/s)	Fr	流量 /(m³/s)	流速 /(m/s)	Fr	流量 /(m³/s)	流速 /(m/s)	Fr
2011—2012	17.8	0.16	0.025	17.7	0.14	0.020	17.5	0.27	0.044
2012—2013	6.7	0.05	0.008	12.6	0.04	0.006	12.5	0.19	0.032
2013—2014	6.3	0.05	0.008	12.4	0.04	0.006	12.3	0.19	0.031
2014—2015	22.5	0.19	0.030	12.5	0.17	0.027	12.5	0.19	0.032
2015—2016	46.0～48.0	0.39	0.060	31.0	0.36	0.056	30.0	0.46	0.076
2016—2017	36.0	0.30	0.050	16.0	0.28	0.043	19.6	0.30	0.050
2017—2018	44.4	0.37	0.060	27.5	0.34	0.053	25.5	0.39	0.065
2018—2019	54.7	0.46	0.070	24.7	0.42	0.065	23.3	0.36	0.059
2019—2020	49.6	0.39	0.060	14.5	0.38	0.059	0.0	0.00	0.000
2020—2021	50.6	0.41	0.062	29.3	0.38	0.057	23.6	0.36	0.060
2021—2022	50.4	0.39	0.060	29.2	0.20	0.030	21.9	0.34	0.060

（3）水温数据

水温是影响冰情发展的直接热力因素,根据冬季水温观测数据,渠道水温变化过程分为下降阶段、低温持续阶段和回升阶段,其中低温持续阶段时间与最低水温和冰情发展密切相关。2014 年全线通水以来至 2022 年冬季典型节制闸低温持续阶段水温见表 1.2-3。京石段应急通水时,低温阶段持续时间为 36～65 天,其中 2012—2013 年冬季水温最低为 0℃左右,持续时间 65 天。2014 年全线通水后,2015—2016 年和 2020—2021 年冬季水温最低,岗头隧洞节制闸、北拒马河暗渠节制闸水温降至 0℃左右,滹沱河倒虹吸节制闸水温降至 1.4℃,2015—2016 年冬季低温持续最长为 30 天,2020—2021 年冬季低温持续最长为 10 天。其他冬季低温阶段水温偏高,岗头隧洞节制闸为 0.25～2.76℃,北拒马河暗渠节制闸水温为 0.1～2.42℃,持续时间为 13～33 天,其中 2021—2022 年冬季水温最高,岗头隧洞节制闸最低水温为 3.63℃,北拒马河暗渠节制闸水温为 2.42℃。水温与气温关系紧密,气温暖冷决定了总干渠水温高低,冬季调水流量也影响渠道水温变化,流量越大,渠道流速越高,水体携带热量越多,沿程消耗热量越少,总干渠下游水体温度越高。例如,2021—2022 年冬季输水流量大于 2019—2020 年冬季,虽然 2021—2022 年冬季比 2019—2020 年冬季气温低,但 2021—2022 年冬季冰情轻于 2019—2020 年冬季。

（4）冰情数据

根据中线冰情原型观测,不同气象、水力调度条件下,总干渠冰情发展与时空分布不同,2011—2022 年冬季冰情发展特征见表 1.2-7,冰盖从局部封冻至封冻范围的长度为 360km,冰盖厚度为 2～32cm。2014 年以前为京石段应急通水期间,输水渠段普遍存在结冰现象,2012—2013 年结冰范围最广,冰盖厚度最大（32cm）。2014 年全线正式通水以后,2014—2015 年冬季、2015—2016 年冬季和 2020—2021 年冬季出现大范围冰盖封冻。其中,2015—2016 年冬季冰情最为严重,冰盖封冻至上游七里河倒虹吸渠段,封冻范围最长约 360km,最大冰盖厚度为 28cm,2020—2021 年冬季次之,最大冰盖厚度为 16.0cm。其他冬季均为局部封冻,没有形成大范围的冰盖封冻。冬季气温、输水流量和水温是冰情发展分布的主要影响因素。

（5）冰期输水时间与空间边界分析

根据 2011 年以来中线冬季冰情时空分布与气温、水温、输水流量的关系,可得出冬季冰期输水时空分布特点。

2014—2015 年冬季、2016—2017 年冬季、2017—2018 年冬季、2019—2020 年冬季和 2021—2022 年冬季为暖冬年,主要冰情范围为西黑山节制闸下游渠段,冰情出现时间为每年冬季 1 月;2015—2016 年冬季和 2020—2021 年冬季为平冬年,主要冰情范围为滹沱河倒虹吸下游渠段,主要结冰时间为 1 月至 2 月中旬;2012—2013 年冬季为冷冬年,冰期输水范围为安阳河倒虹吸下游渠段,主要结冰时间为 12 月中旬至次年 2 月中旬。冰情发展还与输水流量关系密切,流量越大,流速越快,水体热量越多,沿程热量损耗相对越少,下游渠道水温越高。

5.2 冰盖输水边界条件

5.2.1 平封冰盖形成条件

在小流量情况下，水流紊动小，水面形成冰花后，冰花漂浮在流水表面，逐渐凝聚发展，形成冰盘、表面流冰层，然后在适当的水流与地形条件下受阻形成冰桥，平铺上溯形成冰盖。平封冰盖下表面平顺，冰盖的糙率较小。根据国内外学者实测和长期观察，《水工建筑物抗冰冻设计规范》(GB/T 50662—2011)中提出了形成冰盖的条件：

①苏联《水工手册》中提出，结冰盖期渠内流速小于 0.5m/s；形成冰盖后渠内流速为 1.2~1.5m/s，小于 2.0m/s。

②美国《冰工程》提出，渠内流速小于 0.68m/s。

③麦克拉克兰提出，冰的下潜流速(也称第一临界流速)为 0.69m/s。

④阿斯顿将渠内流速临界值取 0.6~0.7m/s。

⑤沈洪道等通过实测得出平封临界 $Fr \leqslant 0.050 \sim 0.060$。

现阶段南水北调中线干线工程采用的平封冰盖控制条件为 Fr 不大于 0.060，大部分渠段对应渠道流速不大于 0.4m/s。

结合南水北调中线工程多个冬季原型观测，尤其 2015—2016 年冬季和 2020—2021 年冬季，考虑中线渠道运行调度方式和渠池水流特点，考虑渠道地理位置和气候条件，提出避免形成冰塞灾害的水流控制条件，即渠池上游控制断面 $v \leqslant 0.40$，渠池上游控制断面 $Fr \leqslant 0.065$，下游控制断面 $v \leqslant 0.35 \sim 0.38$m/s，$Fr \leqslant 0.055$，见表 5.2-1。按此指标进行输水控制，京石段冰期输水流量占其设计流量的 25% ~ 45%。如此分别提出的控制断面水力指标，与总干渠实际运行水流特点是相适应的。对于渡槽和部分石渠断面而言，按此控制水流的难度较大(要求的输水流量太小)，可在其上游加密布设拦冰索以减小冰塞体的规模。事实上，冰塞形成较为复杂，不仅与低温极值有关，还与 24h 或 48h 温度降幅有关，结冰期极端寒潮袭击往往会加重冰塞灾害。这里实际隐含了保证率的概念，可以认为，按此指标进行输水控制出现严重冰塞灾害的风险较小。随着今后对总干渠冰情演变认识的深入，拦冰设施加密布设，可逐步提高该控制指标，以确保冬季输水安全，高效运行。

表 5.2-1　　　　　　　　　　　避免形成冰塞灾害的水力学控制条件

序号	调水工程名称或规范	断面平均流速 $v/(m/s)$	弗劳德数 Fr
1	南水北调中线工程	渠池上游控制断面 $v\leqslant 0.40$，渠池下游控制断面 $v\leqslant 0.35\sim 0.38$	渠池上游控制断面 $Fr\leqslant 0.065$，渠池下游控制断面 $Fr\leqslant 0.055$
2	京密引水工程	$v\leqslant 0.30$	$Fr\leqslant 0.060$
3	引黄济青工程	$v\leqslant 0.30$	
4	引黄入淀工程	$v\leqslant 0.40$	$Fr\leqslant 0.082$
5	引黄入冀总干渠	$v\leqslant 0.40$	
6	麦克拉克兰（圣劳伦斯河）	$v\leqslant 0.69$	
7	阿斯顿	$v\leqslant 0.60\sim 0.70$	
8	沈洪道		$Fr\leqslant 0.050\sim 0.060$
9	隋觉义（黄河河曲段）		$Fr\leqslant 0.090$
10	苏联《水工手册》	$v\leqslant 0.50$	
11	美国《冰工程》	$v\leqslant 0.68$	
12	《凌汛计算规范》（SL 428—2008）	$v\leqslant 0.60$	$Fr\leqslant 0.060$

应该指出的是，冰塞和冰花下潜意义不同，冰塞是冰花下潜引起的不利结果，但冰花下潜未必会形成冰塞灾害。冰花下潜主要取决于水的流速，同时与冰块尺寸、冰块密度和堵塞程度等相关。南水北调中线现场观测发现，即便在很小的流速（$v\leqslant 0.3m/s$）下亦有冰花下潜现象出现，由于上游来冰量有限，零星下潜的碎冰在冰盖下输送，在下游敞露又漂浮于水面，未引发不利影响。可以看出，水体流速和上游来冰量是诱发冰塞危害的两大重要因素，二者缺一不可。故提出上述流速和弗劳德数控制指标，以避免较大规模的冰塞体导致渠道上游水位明显壅高，甚至出现水流漫溢或渠道溃口等灾害。同时，为保持冬季高效输水，局部零星的冰花下潜甚至极少量堆积是可接受的，只要未对运行调度带来不利影响即可。

5.2.2　冰盖输水能力分析

目前，总干渠冰期输水采取冰盖输水方式，每年 12 月初至次年 2 月底中线安阳河倒虹吸以北近 500km 的渠道采用冰期输水模式，降低输水流量，保持闸前常水位，控制渠道水流指标，促使冰盖尽快形成，然后采用冰盖输水方式。根据以上分析，在暖冬年、平冬年，可以从冰期输水时间长度和结冰渠段范围大小两个方面挖掘冬季调水量；在冷冬年，渠道可以形成长时间、大范围的冰盖，可利用冰盖对输水阻力变化规律的影响,探索提高冰盖输水流量的方法。

(1)暖冬年和平冬年

在暖冬年和平冬年,冰盖形成时间短,范围小,可以从时间和空间上挖掘冰期输水潜力。

1)从时间上挖掘冰期输水潜力

根据观测资料,每年总干渠冬季结冰起始时间和冰情历时区别较大。例如,2012—2013 年冬季于 2012 年 12 月 1 日出现初冰,2016—2017 年冬季于 2016 年 12 月 28 日出现初冰,二者相差近一个月;2012—2013 年冬季于 2013 年 3 月 8 日开河,2014—2015 年冬季于 2015 年 2 月 7 日开河,二者相差一个月。

从时间上挖掘冰期输水潜力,就是利用精准的冰情预报技术,确定总干渠冬季冰期输水模式运行时段,增加正常流量运行时间,以提高输水总量。以安阳河倒虹吸节制闸、岗头隧洞节制闸和北拒马河暗渠节制闸断面为例,冰期输水时长缩短 5 天、10 天、15 天、20 天和 30 天,各代表断面可向北京增加输水量见表 5.2-2。以北拒马河暗渠节制闸为例,冰期输水时长缩短 5 天、10 天、15 天、20 天和 30 天,分别向北京增加 1167.7 万 m^3、2335.4 万 m^3、3503.1 万 m^3、4670.8 万 m^3 和 7006.2 万 m^3 输水量。

表 5.2-2 各代表断面可向北京增加输水量

挖掘时间缩短天数/d	安阳河倒虹吸节制闸 /万 m^3	岗头隧洞节制闸 /万 m^3	北拒马河暗渠节制闸 /万 m^3
5	5788.8	3342.0	1167.7
10	11577.6	6683.9	2335.4
15	17366.4	10025.9	3503.1
20	23155.2	13367.8	4670.8
30	34732.8	20051.7	7006.2

2)从空间上挖掘输水潜力

根据现场观测分析,总干渠每个冬季封冻的空间范围不同。例如,2016—2017 年、2017—2018 年两个冬季为局部结冰,总长度小于 5km,冰情对调度影响有限,全线可正常调水;2015—2016 年冬季封冻范围最长,为 363km,七里河倒虹吸下游渠段需采用冰期输水模式,减少输水流量。

安阳河倒虹吸下游渠段共有 34 个分水口,其中,北京市 1 个(北拒马河暗渠进口),邯郸市 6 个,邢台市 6 个,石家庄市 10 个,保定市 11 个。设计引水流量大于 20m^3/s 的分水口 4 个,包括田庄分水口、中管头分水口、西黑山分水口和北拒马河暗渠进口,其中,西黑山分水口向天津市供水,北拒马河暗渠向北京市供水。

空间上挖掘冬季输水潜力,就是利用精准的冰情预报技术,确定总干渠冬季冰期输水模式渠段范围,减少受冰期影响的分水口的数量,以提高输水总量。以渠道封冻30km、50km、100km、200km、300km 和 400km 为例分析了分水口和主要饮水口。在局部结冰时,不影响向北京市供水。封冻范围小于 50km,不影响向天津市供水;封冻范围小于 200km,不影响向石家庄市供水(表 5.2-3)。

表 5.2-3　　　　　　　　　　　　不同封冻范围影响分水口范围

序号	冰盖封冻范围/km	由北向南受影响分水口数量/个	由北向南第一个不受影响的分水口	备注
1	400	28	郭河分水口	邯郸管理处
2	300	21	刘家庄分水口	邢台管理处
3	200	11	留营分水口	定州管理处
4	100	6	塔坡分水口	顺平管理处
5	50	3	西黑山分水口	向天津供水
6	30	2	荆轲山分水口	北易水管理处

(2)冷冬年

在冷冬年渠道能形成稳定冰盖,可以从冰盖变化对渠道输水阻力影响方面,挖掘渠道输水能力。从冰盖厚度和冰盖糙率变化规律分析,提出冰盖下提高输水能力的方法。

1)冰盖厚度

冬季渠道形成冰盖,改变了渠道内水流运动的边界条件,增加了渠道输水阻力,影响了渠道输水流量。在结冰盖期,冰盖厚度和冰盖糙率随时间和外部环境的变化而变化,是影响渠道输水能力变化的影响因素。本节选择典型渠段,根据中线冰情原型观测资料,分析冰盖厚度和冰盖糙率变化数据,研究冰盖变化条件下渠道输水能力的变化,针对不同封冻阶段,提出冰盖输水措施。

渠道形成冰盖,改变了渠道输水的边界条件,增加了湿周,加大了渠道输水阻力,降低了渠道输水能力。同时冰盖发展过程中,冰盖厚度和冰盖下表面糙率是变化发展的,因此冰盖发展也影响渠道输水能力的变化。根据总干渠冰情观测资料,对 2012—2013 年和 2015—2016 年冬季冰盖厚度发展过程进行了分析,合理假设增厚阶段冰盖厚度为 10cm,稳定阶段为 25cm,融化阶段为 15cm。

2)冰盖糙率

冰盖糙率对于模拟渠道输水流量而言是很重要的,初生冰盖的糙率较大,之后随着水流的摩擦,冰盖糙率变小,最后趋于稳定。但在开河前,融冰会造成冰盖下表面变粗糙,进而导致冰盖糙率增大。Nezhikhovskiy[12]在分析研究苏联大量原型观测资料与研究成果的基础上,提出将冰盖糙率分为光滑和粗糙两种方式进行计算:初封期的光滑冰盖,糙率取 0.01～0.02;稳封阶段开河前,糙率取 0.01～0.08。

沈洪道也分析研究了这种假定冰盖糙率衰减过程的方法,但此方法应用的难点在于 n_i 值、i 值和 k 值的确定,不同的河道或渠道,在不同的气温条件和流量过程下,封冻冰过程不同,初生冰盖糙率具有不确定性。

根据天桥上游河曲水文站观测资料,冰塞形成初期的前 5 天内,冰花层底部糙率在 0.05 以上;冰塞形成后的 5～30 天,糙率从 0.05 减小到 0.03;一个月后,糙率基本稳定在 0.02～0.03。平封冰盖的初生冰盖糙率较小。

《水工建筑物抗冰冻设计规范》(GB/T 50662—2011)指出了冰盖糙率与流速的关系(表 5.2-4)。

表 5.2-4 冰盖糙率值

结冰期平均流速 v/(m/s)	冰盖糙率	
	无流凌,冰有裂缝	有流凌,冰有裂缝
$0.4 < v \leqslant 0.6$	5788.8	3342.0
$0.6 < v \leqslant 0.7$	0.014～0.017	0.017～0.020

根据 2011 年以来中线冰盖糙率观测成果,冬季渠道冰期输水冰盖糙率为 0.090～0.030,封冻初期冰盖糙率为 0.024～0.030,冰盖稳定后,冰盖糙率逐渐减小为 0.009～0.011。同时结合其他河流和调水工程冰盖糙率(表 5.2-5),各河流和调水工程冰盖糙率为 0.009～0.050,冰盖糙率分布差距较大,主要由河道(渠道)布置和冰情结构不同导致。人工渠道施工质量好,布置顺直,冬季运行调度合理,对冰情演变的控制合理,冰盖下表面较光滑,因此糙率较小。中线渠道稳封期的冰盖糙率与其他人工渠道冰盖接近。根据以上分析,封冻初期冰盖糙率取 0.025,稳封期取 0.011。

冰盖糙率随着研究对象和水流条件的不同而有较大差别,但体现的规律相同。冰盖糙率是研究河道或渠道冰问题的重要参数,在不同的河道或渠道条件、水流条件、气温条件和冰盖形成模式下具有不同值,需要根据实际工程问题进行率定,以保证冰情分析的准确性。

表 5.2-5　　　　　　　　　　　其他河流和调水工程冰盖糙率

阶段	河道冰盖				人工渠道			
	大清河	引黄济津	黄河冰情	苏联成果	京密	引黄济青	新疆北屯	Larsen 电站引水渠
封冻初期	0.0150		0.0400～0.0500	0.0300～0.0500				
稳封期	0.0090	0.0470	0.0100～0.0300	0.0130～0.0200	0.0360	0.0110	0.009～0.0120	0.0192

（3）典型渠段输水能力分析

选择放水河渡槽至蒲阳河倒虹吸渠段为研究对象,分析不同冰盖厚度、冰盖糙率条件下渠道输水能力。假设封冻初期冰盖厚度为 0.10m,冰盖糙率为 0.025、0.030;稳封期冰盖厚度为 0.15m 或 0.25m,冰盖糙率为 0.011 和 0.012,该渠段按照蒲阳河倒虹吸节制闸闸前设计水位控制,反复验算（表 5.2-6）,封冻初期输水流量为 51.0～57.8m³/s,占设计流量的 37.78%～42.81%,稳封期输水流量为 76.5～83.0m³/s,占设计流量的 56.67%～61.48%。经分析,封冻初期冰盖糙率变化大,糙率值对渠道输水能力影响较大,稳封期,冰盖下表面光滑,冰盖厚度的变化对输水能力的影响仅占 2% 左右。在整个冷冬年的稳封期,封冻初期时间为 5～7 天,稳封期长,综合考虑调度过程和冰盖稳定性,建议在封冻初期保持原调度流量不增,封冻稳定后,根据实际冰情,尽量少调整输水流量,保持冰盖稳定,避免频繁调度对冰盖的影响。

表 5.2-6　　　　　　　　　　　典型断面输水能力影响因素分析

冰盖厚度/m	冰盖糙率(n)	输水能力/(m³/s)	设计流量/(m³/s)	占设计流量比例/%
0.10	0.030	51.0	135	37.78
0.10	0.025	57.8	135	42.81
0.15	0.011	83.0	135	61.48
0.15	0.012	80.0	135	59.26
0.25	0.011	79.0	135	58.52
0.25	0.012	76.5	135	56.67

5.3　非冰盖输水边界条件

大流量非冰盖输水是结冰地区水利工程冬季运行的方式之一,主要采取提高输水流速,增加水流的挟冰能力等措施,避免流冰停止形成冰盖,因此非冰盖流冰输水有冰期运行应满足最低输水流速要求。

按照《水工建筑物抗冰冻设计规范》(GB/T 50662—2011)的要求,流冰输水最大流速应大于1.1m/s,该流冰输水流速指标多针对冰块特征尺寸大,冰盖厚度大,流场复杂多样的条件提出。根据总干渠运行资料,总干渠结冰期流冰厚度一般在1cm以下,流冰输水的水流指标应低于该流速值。为确定总干渠流冰输水条件,分析了总干渠2011—2016年渠道、建筑物冰盖形成及流速分布(表5.3-1)。除2011—2012年、2013—2014年两个冬季放水河渡槽受进口节制闸拦冰影响没有形成冰盖外,在流速小于0.4m/s时,流冰容易受阻形成冰盖;流速大于0.8m/s时一般不易受阻,不容易形成冰盖;在流速为0.4~0.8m/s时,流冰容易在渠道及建筑物进口堆积,导致冰塞形成。

表5.3-1　　　　　2011—2016年冬季渠道、建筑物冰盖形成及流速分布分析

冬季时间	渠道		放水河渡槽		漕河渡槽		水北沟渡槽	
	最大流速 /(m/s)	形成 冰盖	流速 /(m/s)	形成 冰盖	流速 /(m/s)	形成 冰盖	流速 /(m/s)	形成 冰盖
2011—2012	0.29	是	0.33	否	0.31	是	0.40	是
2012—2013	0.25	是	0.10	是	0.10	是	0.30	是
2013—2014	0.25	是	0.10	否	0.11	是	0.31	是
2014—2015	0.25	是	0.36	否	0.43	是	0.30	是
2015—2016	0.45	是	0.45	是	0.70~0.90	否	0.60~0.75	是

5.4　小结

梳理了南水北调中线总干渠冬季输水以来冰情、气象、水力数据,统计了暖冬年、平冬年、冷冬年冰情生消演变规律和时空分布特征,提出了暖冬年冰情范围为西黑山节制闸下游渠段,冰情出现时间为冬季1月;平冬年主要冰情范围为滹沱河倒虹吸下游渠段,主要结冰时间为1月至2月上旬;冷冬年冰期输水范围安阳河倒虹吸下游渠段,结冰时间为12月中旬至次年2月中旬。

开展了冰盖输水研究,通过总结以往研究成果和冰情原型观测数据,提出了中线总干渠冬季形成平封冰盖水流条件,渠池上游控制断面平均流速为 0.40,渠池上游控制断面 Fr 不大于 0.065,下游控制断面平均流速为 $0.35 \sim 0.38\text{m/s}$,Fr 不大于 0.055,提出了暖冬年、平冬年和冷冬年提高冬季输水能力的调度方法。

开展了非冰盖输水研究,通过总结以往研究成果和冰情原型观测数据,得到了流速大于 0.8m/s 一般不易受阻,不容易形成冰盖的结论;研究了大流量输水方案的可行性,综合工程措施、调度、运行管理,提出了大流量输水方法。

第6章　中线典型渠池冰塞防控措施研究

6.1　模型设计与制作

6.1.1　研究渠段选择

根据中线冰期输水资料整理分析,岗头隧洞进口渠段工程布置多样,水流条件复杂,2015—2016年冬季该渠段出现较为严重的冰情,实测冰塞厚度为0.9~1.5m,冰期输水安全问题最为突出。本研究对漕河渡槽至岗头隧洞进口渠段开展冰塞物理模型试验,掌握了流冰运动方式及冰塞发展规律,解决了冰期输水重要渠段的"卡脖子"问题,保障了向北京、天津的输水。漕河渡槽至岗头隧洞进口渠段工程布置见图6.1-1。

（a）漕河渡槽　　　　　　　　　　　　（b）岗头隧洞进口石渠段

图6.1-1　漕河渡槽至岗头隧洞进口渠段工程布置

6.1.2　模型设计与制作

（1）模型设计参数

水工物理模型采用正态模型,遵循重力相似准则,并按几何相似进行模型设计。

根据试验任务和要求,结合试验场地和模型规模,模型几何比尺确定为1∶20。各物理量比尺如下:几何比尺为 $L_r=20$;时间比尺为 $T_r=L_r^{1/2}\approx4.47$;速度比尺为 $v_r=L_r^{1/2}\approx4.47$;流量比尺为 $Q_r=L_r^{5/2}\approx1788$。

(2)模型规模

模拟范围包括漕河渡槽至岗头隧洞进口渠段,建筑物有漕河渡槽节制闸、漕河退水节制闸和岗头隧洞进口节制闸,受试验场地限制,在满足试验要求的水流条件和试验研究目的的条件下,模拟了渡槽部分槽身段。为便于试验观测,试验场地地坪高程取50m,根据模型水位(加大水位66.5m)和马道高程(68.0m),取上游导墙顶高程(68.0m)。最终确定模型全长约70m,最大宽度10m,渠道宽度2m,渠道高度1.0m,主要特征参数见表6.1-1。

表 6.1-1　　　　　　　　　典型渠段物理模型试验主要特征参数

特征参数	原型参数	模型参数
长度/m	1400	70
宽度/m	200(渠宽26.5)	10(渠宽1.33)
高度/m	20	1
设计流量/(m³/s)	125	0.070
设计水深/m	4.5	0.225
设计流速/(m/s)	1.05	0.230
冰盖厚度/m	0.1	0.005

注:模型参数中渠宽按四舍五入取两位小数。

(3)模型制作与安装

制模材料为砂浆和有机玻璃。试验观测段和闸室控制端采用有机玻璃制作,利于控制和观测。

模型安装精度按水工(常规)模型试验规程要求控制。建筑物模型高程允许误差为±0.3mm;地形高程允许误差为±2mm,平面距离允许误差为±5mm;水准基点和测针零点允许误差为±0.3mm。漕河渡槽至岗头隧洞进口渠段物理模型见图6.1-2,岗头隧洞进口渠段物理模型见图6.1-3。

图 6.1-2　漕河渡槽至岗头隧洞进口渠段物理模型

（a）渠道　　　　　　　　　　　　　　（b）进口

图 6.1-3　岗头隧洞进口渠段物理模型

6.1.3　测量仪器与防冰材料

（1）测点布置与测量仪器

根据试验任务和要求，布置了相关测点以进行相关水力参数指标的测量和记录。

水位：测量仪器主要布设在节制闸上游水尺断面、试验段上下游控制断面，采用水位测针施测。

流量：测量仪器布设在模型进口，采用电磁流量计施测。

流速：测量仪器主要布设在渡槽槽身、石渠段试验段，采用 ADV 流速仪施测。

水流流态与流冰运动：关注试验段水流流态，以及流冰运动、下潜运动形态，采用摄像机和照相机记录观测。

流冰量：采用电子秤称重。

（2）冰材料选取

在冰模型材料选取时，需要考虑流冰运动相似，即冰盖厚度运动相关的 Fr 满足以下公式：

$$\frac{u_m}{\sqrt{2g\dfrac{\rho-\rho'_m}{\rho}t_m}}=\frac{u_p}{\sqrt{2g\dfrac{\rho-\rho'_p}{\rho}t_p}} \qquad (6.1)$$

式中，ρ——水密度；

$\quad g$——重力加速度，取 $9.8\text{m}^3/\text{s}$；

$\quad \rho'_m$、ρ'_p——模型冰密度和实际冰密度；

$\quad t_m$、t_p——模型冰盖厚度和实际冰盖厚度；

$\quad u_m$、u_p——模型流速水平分量和实际流速水平分量。

在流冰保持几何相似的前提下，可导出 $\rho'_m=\rho'_p$。如果模型冰密度和实际冰密度保持一致，则在保证保持几何相似条件下，模型冰尺寸和实际冰尺寸就能保证流冰运动相似。

考虑冰密度为 $0.900\sim0.917\text{g/cm}^3$，本研究采用线性聚氯丙烯材料作为模型冰材料，该材料密度为 $0.913\sim0.917\text{g/cm}^3$，试验前对所购置的材料进行了密度测定，材料密度为 0.914g/cm^3。

流冰尺寸是影响流冰运动的重要因素，这里研究了两种不同结构的流冰，一种为流冰块，试验冰块尺寸为 $2.5\text{cm}\times2.5\text{cm}\times2.5\text{mm}$（长×宽×厚，图 6.1-4），用于模拟大块流冰运动方式。另一种为颗粒冰，其特征尺寸直径为 2.3mm，厚度为 1.2mm，用于模拟小尺度流冰运动（图 6.1-5）。

图 6.1-4　流冰块

图 6.1-5　颗粒冰

6.2 流冰模拟试验

6.2.1 试验工况

利用进口渡槽段开展单个槽身的流冰块下潜试验,在颗粒冰单个槽身流冰块下潜试验的基础上,初步开展了漕河渡槽至岗头隧洞进口石渠段流冰堆积试验。

(1)流冰块下潜试验

在渡槽段开展了流冰块下潜试验,利用闸门模拟流冰运动阻碍物,控制闸门不同水下深度,模拟上游不同大小的水流,探索流冰块下潜运动规律。试验的水流条件和闸门水下深度组合如下:

①水流条件。结合总干渠冬季冰期输水运行特点,控制渠道常水深为 4m,改变上游流量,取 Fr 为 0.05~0.12,开展渠道不同水动力条件下流冰块下潜试验。

②闸门水下深度。利用闸门模拟不同深度阻碍物,分析流冰块遇到不同深度阻碍物时的运动情况,观测流冰块是否下潜。闸门模拟阻碍物水下深度为 0.4~2.0m(对应模型 0.02~0.1m)。

试验工况采取不同闸门水下深度和水流条件系列组合。例如,控制渠道水深为 4.0m,固定闸门水下深度为 1m,通过调整上游流量,改变 Fr,观测不同水流条件下流冰块运动与下潜规律,分析阻碍物在闸门水下深度为 1m 时流冰下潜的临界水动力条件。一种闸门水下深度的阻碍物试验完成后,再选另一种闸门水下深度,确定流冰下潜或不下潜的水流临界条件,进而获取阻碍物在闸门水下深度与水流条件系列模型试验数据。

(2)颗粒冰的试验

针对研究任务和目的,开展了渡槽内的颗粒冰堆积试验和石渠段内的颗粒冰堆积对水力条件的影响[13,14]。

在渡槽内颗粒冰试验中,保持阻碍物前水位不变,控制流量逐次增加,变化水力条件,观测颗粒冰下潜堆积体和流冰输移规律。单槽试验流量分别为 8m³/s、9m³/s、10m³/s、11m³/s、12m³/s、12.5m³/s,控制水深为 0.25m,对应 Fr 为 0.07~0.13。

开展了漕河渡槽至岗头隧洞进口石渠段颗粒冰运动试验,分析颗粒冰运动对渠道水力条件影响。试验流量分别为 27m³/s、30m³/s、33m³/s、36m³/s,石渠段流速为 0.09~0.12m/s,对应 Fr 为 0.06~0.081。

6.2.2　流冰块下潜试验

为了掌握流冰运行方式和流冰下潜的水流条件,开展了流冰块下潜试验研究[15]。

(1)水流条件

流速是影响流冰块运动的动力条件,首先分析了各试验工况的水流分布规律,各试验工况水体流速为 0.082~0.158m/s,对应 Fr 为 0.059~0.113。典型工况流速沿垂向分布见图 6.2-1,沿垂向水体流速呈曲线分布,渠底部测点流速值最低,水面以下 1.2m 处测点的流速值最高,表面流速值位于二者之间。以上游来流 $Fr=0.059$ 为例,表面测点流速为 0.075m/s,最大测点流速为 0.092m/s,底部测点流速为 0.059m/s;以上游来流 $Fr=0.113$ 为例,表面测点流速为 0.156m/s,最大测点流速为 0.178m/s,底部测点流速为 0.113m/s(表 6.2-1)。

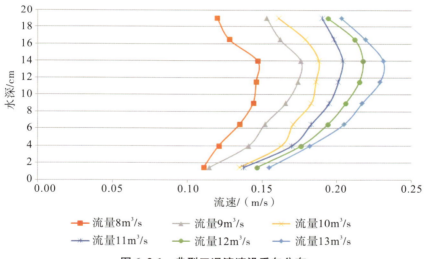

图 6.2-1　典型工况流速沿垂向分布

表 6.2-1　　　　　　　　　　各输水条件垂线流速分布特征值

工况	表面测点流速/(m/s)	最大测点流速/(m/s)	底部测点流速/(m/s)
$Fr=0.059$	0.075	0.092	0.059
$Fr=0.074$	0.102	0.117	0.074
$Fr=0.085$	0.113	0.132	0.085
$Fr=0.096$	0.138	0.148	0.096
$Fr=0.104$	0.146	0.163	0.104
$Fr=0.113$	0.156	0.178	0.113

（2）流冰块运动发展规律

通过开展 7 个闸门开度下不同流量下的系列模型试验，共 50 组实验，探索流冰块运动发展规律。

通过试验，各工况中流冰块下潜形态见图 6.2-2。在试验中，流冰块随水流运动，运动流速与水体流速接近，在闸前，水流表面流速降低，流冰块容易停止运动，前后挤压堆积，形成堆积体，呈三角形状。堆积体发展受水流条件和吃水深度的影响，在流速相对小时，流冰块可继续在堆积体前堆积，平铺上溯，形成初始冰盖，上游持续来冰基本堆积在初始冰盖前缘，少量流冰块在堆积体下表面运动，运动方式多为翻滚，一般不容易翻过阻碍物。随着流速条件的增加，部分流冰块堆积在堆积体前缘，促使堆积体长度增加，部分流冰块随水流下潜，流冰块在堆积体下表面翻滚移动，流冰块开始翻过阻碍物，继续增加流速，堆积体长度增加，速度减缓，流冰块更容易下潜，且下潜流冰量逐渐增多，在堆积体下表面，流冰块运动方式多为翻转运动，少数出现团状输移，翻过阻碍物的流冰量越来越多，直至达到上游流冰量和下游输冰量的平衡。

(a) $H_i = 8\text{cm}, Q = 8.52\text{m}^3/\text{s}$

(b) $H_i = 8\text{cm}, Q = 8.15\text{m}^3/\text{s}$

(c) $H_i = 8\text{cm}, Q = 8.20\text{m}^3/\text{s}$

(d) $H_i = 8\text{cm}, Q = 8.30\text{m}^3/\text{s}$

(e) $H_i = 6\text{cm}, Q = 8.30\text{m}^3/\text{s}$

(f) $H_i = 6\text{cm}, Q = 8.50\text{m}^3/\text{s}$

(g) $H_i=5\text{cm}, Q=7.45\text{m}^3/\text{s}$

(h) $H_i=5\text{cm}, Q=8.00\text{m}^3/\text{s}$

(i) $H_i=5\text{cm}, Q=8.20\text{m}^3/\text{s}$

(j) $H_i=5\text{cm}, Q=8.43\text{m}^3/\text{s}$

(k) $H_i=4\text{cm}, Q=8.15\text{m}^3/\text{s}$

(l) $H_i=4\text{cm}, Q=8.20\text{m}^3/\text{s}$

(m) $H_i=4\text{cm}, Q=8.30\text{m}^3/\text{s}$

(n) $H_i=4\text{cm}, Q=8.50\text{m}^3/\text{s}$

(o) $H_i=3\text{cm}, Q=7.70\text{m}^3/\text{s}$

(p) $H_i=3\text{cm}, Q=7.80\text{m}^3/\text{s}$

(q) $H_i=2\text{cm}, Q=7.52\text{m}^3/\text{s}$

(r) $H_i=2\text{cm}, Q=7.92\text{m}^3/\text{s}$

(s) $H_i=2\text{cm}, Q=8.00\text{m}^3/\text{s}$

(t) $H_i=2\text{cm}, Q=8.30\text{m}^3/\text{s}$

图 6.2-2　各工况中流冰块下潜形态(H_i 为吃水深度,Q 为流量)

通过观测,在试验工况的水流范围内,流冰块的运动方式为沿水流方向顺时针翻转滚动,水流速度越大,流冰块翻转速度越大。

不同吃水深度流冰块试验情况见表 6.2-2。由表 6.2-2 可知,流冰块运动与水流条件和吃水深度关系密切,固定吃水深度不变,水体流速低时,流冰块堆积在阻碍物上游,形成平铺上溯冰盖;随着流速逐渐增加,堆积体加厚,同时堆积体下表面的流冰逐渐启动,翻过阻碍物,渠道流速达到流冰块下潜临界条件。以吃水深度 5.0cm 为例,流冰块不能翻越阻碍物的水力临界条件为 $Fr=0.085$;以吃水深度 8cm 为例,流冰块不能翻越阻碍物的水力临界条件增加至 $Fr=0.093$。固定水流条件,阻碍物吃水深度小,堆积体厚度相对小,流冰块容易翻过阻碍物;逐渐增加吃水深度,堆积体厚度逐渐增加,流冰块翻越阻碍物难度逐渐加大,翻过阻碍物的流冰量减少。

表 6.2-2　　　　　　　　　　　　不同试验工况下流冰下潜运动统计

吃水深度 H_i/cm	流量 Q/(m^3/s)	流冰下潜描述
12	7.60	浮冰下潜,不过闸,闸前堆积体厚度为 2.5~3cm
	8.00	浮冰下潜,不过闸,闸前堆积体厚度为 3~4cm
	8.20	浮冰下潜,连续过闸,闸前堆积体厚度为 3~5cm
	8.30	浮冰下潜,连续过闸,闸前堆积体厚度为 3~5cm
	8.50	浮冰下潜,连续过闸,闸前堆积体厚度为 4cm
	8.52	浮冰下潜,连续过闸,闸前堆积体厚度为 5~7cm

续表

吃水深度 H_i/cm	流量 Q/(m³/s)	流冰下潜描述
13	7.70	浮冰下潜,不过闸,闸前堆积体厚度为 2cm
	8.00	浮冰下潜,不过闸,闸前堆积体厚度为 2.5cm
	8.20	浮冰下潜,连续过闸,闸前堆积体厚度为 2.5~3cm
	8.50	浮冰下潜,连续过闸,闸前堆积体厚度为 2.5~3cm
14	7.00	浮冰下潜,不过闸,闸前堆积体厚度为 2cm
	7.50	浮冰下潜,不过闸,闸前堆积体厚度为 3.5cm
	7.70	浮冰下潜,不过闸,闸前堆积体厚度为 3.5cm
	8.00	浮冰下潜,不连续过闸,闸前堆积体厚度为 4.5cm
	8.15	浮冰下潜,连续过闸,闸前堆积体厚度为 4~7cm
	8.30	浮冰下潜,连续过闸,闸前堆积体厚度为 4~6cm
	8.47	浮冰下潜,连续过闸,闸前堆积体厚度为 4~6cm
	8.50	浮冰下潜,连续过闸,闸前堆积体厚度为 4~6cm
	8.50	浮冰下潜,连续过闸,闸前堆积体厚度为 3~8cm
	8.52	浮冰下潜,连续过闸,闸前堆积体厚度为 5~7cm
15	7.00	浮冰下潜,不过闸,闸前堆积体厚度为 1cm
	7.18	浮冰下潜,不过闸,闸前堆积体厚度为 1.5~2cm
	7.45	浮冰下潜,不连续过闸,闸前堆积体厚度为 3.5cm
	7.93	浮冰下潜,不连续过闸,闸前堆积体厚度为 4cm
	8.00	浮冰下潜,不连续过闸,闸前堆积体厚度为 4cm
	8.18	浮冰下潜,不连续过闸,闸前堆积体厚度为 5.3cm
	8.43	浮冰下潜,连续过闸,闸前堆积体厚度为 4~5cm
	10.00	浮冰下潜,连续过闸
16	6.81	浮冰下潜,不过闸,闸前堆积体厚度为 0.6~0.9cm
	7.15	浮冰下潜,不连续过闸,闸前堆积体厚度为 1.5~2cm
	8.00	浮冰下潜,不连续过闸,闸前堆积体厚度为 2~3cm
	8.20	浮冰下潜,连续过闸,闸前堆积体厚度为 3~7cm
	8.15	浮冰下潜,连续过闸,闸前堆积体厚度为 3~5cm
	8.50	浮冰下潜,连续过闸,闸前堆积体厚度为 5~6cm
	8.50	浮冰下潜,连续过闸,闸前堆积体厚度为 3~7cm
	8.80	浮冰下潜,连续过闸
	9.00	浮冰下潜,连续过闸

吃水深度 H_i/cm	流量 Q/(m³/s)	流冰下潜描述
17	7.00	浮冰下潜,不过闸
	7.00	浮冰下潜,不过闸,闸前堆积体厚度为0.6cm
	7.40	浮冰下潜,不连续过闸
	7.80	浮冰下潜,不连续过闸
	8.50	浮冰下潜,连续过闸
18	6.00	浮冰下潜,不过闸
	6.40	浮冰下潜,不连续过闸,闸前堆积体厚度为0.3~0.6cm
	6.60	浮冰下潜,不连续过闸
	7.50	浮冰下潜,不连续过闸
	8.00	浮冰下潜,不连续过闸
	7.90	浮冰下潜,不连续过闸,闸前堆积体厚度为2~5cm
	8.10	浮冰下潜,连续过闸,闸前堆积体厚度为3~5.5cm
	8.40	浮冰下潜,连续过闸

根据试验观测数据分析,流冰块运动与 Fr 和相对淹没水深(H_i/H,H 为渠道水深)存在密切的函数关系。本研究采用支撑向量机方法,分析流冰块下潜与水流条件和吃水深度的关系,建立了流冰块下潜的 Fr—H_1/H 关系(图 6.2-3),对于同一吃水深度,曲线以上的区域为流冰块下潜的样本,以下区域为流冰块未下潜样本,该曲线可较好地分割样本点。

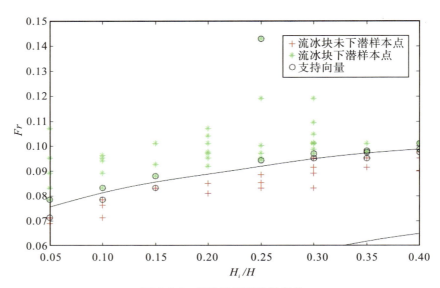

图 6.2-3 流冰块下潜临界条件

根据以上研究成果,在渠道水深为 4m,吃水深度为 0.6m 的条件下,相对淹没深度为 0.15,上游来水 $Fr>0.06$,则流冰块容易下潜;$Fr\leqslant0.06$,则流冰块在阻碍物前停止堆积,上溯平铺形成平封冰盖。在计算拦冰索有效拦冰的吃水深度时,已知一定 Fr,可以计算出流冰块下潜水深,吃水深度大于该水深时,拦冰索可有效拦截流冰块。

6.2.3 颗粒冰试验

开展系列水力条件下颗粒冰运动试验,研究颗粒冰运动(下潜、输移等)规律,分析水流条件对颗粒冰运动方式的影响。颗粒冰试验分为渡槽内颗粒冰试验和石渠段颗粒冰试验,渡槽内颗粒冰试验研究颗粒冰的水下堆积形态与水动力的关系,石渠段颗粒冰试验研究颗粒冰形成堆积体对渠道水力条件及输水能力的影响。

(1)渡槽内颗粒冰试验

在渡槽内颗粒冰试验中,保持阻碍物前水位不变,控制流量逐次增加,改变水力条件,观测颗粒冰下潜堆积体和流冰输移并分析其规律。单槽试验流量分别为 8L/s、9L/s、10L/s、11L/s、12L/s、12.5L/s,控制水深为 0.25m,对应水流 Fr 为 0.07~0.13。渡槽内颗粒冰试验见图 6.2-4。

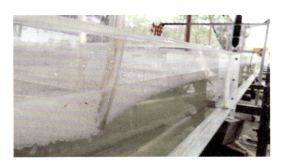
(a)阻碍物附近颗粒冰堆积体头部

(b)槽身内波浪状颗粒冰堆积体

(c)颗粒冰堆积体尾部

(d)下表面颗粒冰输移

图 6.2-4 渡槽内颗粒冰运动试验

在颗粒冰运动试验中,加冰设备在渠道上游进口持续均匀向渠道水面抛洒颗粒冰,颗粒冰在渡槽阻碍物上游布满,随水流不断向阻碍物运动,遇到阻碍物后,大部分颗粒冰下潜堆积在阻碍物上游面,部分颗粒冰挤压在水面,还有一部分颗粒冰通过堆积体下表面穿过阻碍物,其中颗粒冰下潜堆积运动和水面运动促使了颗粒冰堆积体发展。

不同水力条件颗粒冰运动和堆积体运动方式不同,各工况试验成果见表6.2-3。经分析,随着渠道流速加快,颗粒冰堆积体厚度呈先增加后减小的趋势。当流速为0.13m/s时,堆积体厚度为1.5cm;当流速为0.18m/s时,冰盖厚度达到3～5cm;当流速为0.2m/s时,堆积体厚度为2～4cm;当流速为0.21m/s,上游来冰基本通过闸门输移至下游渠段,很难在阻碍物前堆积。

表6.2-3 渡槽内颗粒冰运动试验成果

序号	流量/(m³/s)	平均流速/(m/s)	Fr	堆积体厚度/cm	波浪长度/m	体型描述
1	8	0.13	0.10	1.50		无波浪结构
2	9	0.15	0.11	2.15		无波浪结构
3	10	0.17	0.12	1.90～3.50	0.90	颗粒冰堆积体下面呈波浪状
4	11	0.18	0.13	3.00～5.00	0.65	颗粒冰堆积体下面呈波浪状
5	12	0.20	0.14	2.00～4.00	0.50	颗粒冰堆积体下面呈波浪状
6	12.5	0.21	0.15			颗粒冰无波浪结构

不同水力条件下,颗粒冰堆积体下表面形状结构不同。当流速小于0.15m/s时,下表面呈平缓状;当流速为0.17～0.20m/s时,颗粒冰堆积体下表面呈波浪状,波浪长为0.5～0.9m,长度随着流速增加呈单减趋势,波峰波谷高度差呈波峰趋势,先增加后减少,波峰波谷高度差为1.5～2cm;当流速为0.17m/s时,高度差为0.15cm,流速为0.18时,高度差为0.2cm;当流速为0.20m/s时,颗粒冰在渠道水面形成1～5cm的堆积体,影响了水力运动边界条件。不同流量工况下颗粒冰堆积体下流速分布见图6.2-5。由图6.2-5可知,流速沿垂向呈对称分布,最大流速测点位于垂线中间位置,上下测点呈对称分布。上游来流条件越强,冰盖厚度越大,垂向上流速分布曲线越弯曲。当流量为10m³/s时,堆积体厚度为1.9～3.5cm,水面测点流速为0.16m/s,中间测点流速为0.2m/s;当流量为11m³/s时,堆积体厚度为3～5cm,水面测点流速为0.17m/s,中间测点流速为0.23m/s。此外,随着上游槽身内颗粒冰堆积体长度和厚度变化,渠道输水阻力变化,渡槽内水位也发生相应变化。

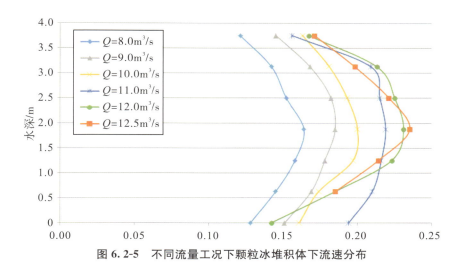

图 6.2-5　不同流量工况下颗粒冰堆积体下流速分布

（2）石渠段颗粒冰试验

开展了漕河渡槽至岗头隧洞进口石渠段颗粒冰运动试验，分析颗粒冰运动对渠道水力条件的影响。试验流量分别为 27m³/s、30m³/s、33m³/s、36m³/s，石渠段流速分别为 0.09～0.12m/s，对应 Fr 分别为 0.06～0.081。石渠段颗粒冰试验见图 6.2-6。

（a）岗头隧洞进口　　　　　　　　　　　　（b）漕河渡槽出口

图 6.2-6　石渠段颗粒冰试验

在各组次试验中，加冰设备在渡槽进口持续均匀向渠道水面抛洒颗粒冰，加冰密度占水面宽度的 60%～80%，颗粒冰经渡槽、石渠段运动至隧洞进口节制闸闸前，在闸前水流拖曳力的作用下，大部分颗粒冰下潜堆积在节制闸上游，部分颗粒冰挤压在水面上，还有一部分颗粒冰通过堆积体下表面穿过节制闸，其中颗粒冰下潜堆积和水面运动促使了颗粒冰堆积体逐渐由隧洞进口向上游渡槽出口增加。

颗粒冰堆积体稳定后,观测堆积体对渠道水位的影响,各工况颗粒冰堆积体厚度和特征水位,经分析,流量分别为27L/s、30L/s、33L/s、36L/s,堆积体平均厚度分别为2.3cm、2.6cm、3cm、3.2cm,石渠段上游断面水位呈增加趋势,上游检测断面水位为66.01～66.04m。利用以下公式计算渠道综合糙率和冰盖糙率系数:

渠道综合糙率可采用式(6.2)计算[16]:

$$n = \frac{AR^{\frac{2}{3}}}{Q}\sqrt{\frac{h_f}{l}} = \frac{AR^{\frac{2}{3}}}{Q}\sqrt{\frac{(z_1 - z_2) + (\frac{v_1^2 - v_2^2}{2g})}{l}} \tag{6.2}$$

式中,A——过流面积,m^2;

$\quad\quad Q$——过流断面平均流量,m^3/s;

$\quad\quad R$——过流半径,m;

$\quad\quad h_f$——沿程水头损失,m;

$\quad\quad z_1, z_2$——上、下断面的水位,m;

$\quad\quad l$——上、下游断面的距离,m;

$\quad\quad v_1, v_2$——上、下游断面的平均流速,m/s;

$\quad\quad g$——重力加速度,取$9.8m/s^2$。

综合糙率n由过流渠壁糙率n_b和冰盖糙率n_i两部分组成。其中,根据工程设计和运行,过流渠壁糙率取0.015为宜。

根据综合糙率n同过流渠壁糙率和冰盖糙率之间的关系,计算冰盖糙率。

$$n_i = \sqrt{((1+a)n^2 - n_b^2)/a} = \sqrt{2n^2 - n_b^2} \tag{6.3}$$

式中,a——冰盖宽度占总湿周的比例。

经过计算分析,各工况石渠段综合糙率和冰盖糙率见表6.2-4,综合糙率为0.0194～0.0220,冰盖糙率为0.0230～0.0264,与2020—2021年冬季冰盖糙率原型观测值接近。

表6.2-4　　　　　　　　　　漕河渡槽石渠段颗粒冰试验

序号	流量/(m³/s)	闸前控制水位/m	上游水位/m	冰盖平均厚度/m	综合糙率	冰盖糙率
1	47.20	65.99	66.01	0.44	0.0194	0.0230
2	52.44	65.99	66.02	0.52	0.2000	0.2430
3	57.68	65.99	66.04	0.60	0.0210	0.0253
4	62.93	65.99	66.05	0.64	0.0220	0.0264

6.3　工程措施

为保障极端寒冷冬季输水安全,渠道工程需要布设防治冰冻和冰塞灾害的工程措施,下面分别介绍拦冰索、排冰闸等防灾减灾措施。

6.3.1　拦冰索

拦冰索起拦冰作用,可以对建筑物起到一定的保护作用[17]。一方面,防止流冰撞击闸门、渡槽,避免流冰进入倒虹吸;另一方面,可以拦截流冰,促使初始冰盖尽快形成,将渠道流冰逐段连接,控制流冰堆积位置和堆积体大小,进而控制总干渠冰害。因此,提高冬季冰期输水流量后,应对极端寒冷气候出现严重冰情,应重视拦冰索的作用,防止冰塞等危害发生。

（1）中线现有拦冰索效果调研

目前,总干渠倒虹吸、隧洞、渡槽、节制闸等交叉建筑物和重点弯道位置均布置了拦冰索,拦截上游渠道流冰,防止流冰在建筑物前堆积,促使初始冰盖形成。根据拦冰索型式和吃水深度,可分为圆筒式拦冰索、方箱式拦冰索和方木式拦冰索（图 6.3-1 至图 6.3-3）。

图 6.3-1　圆筒式拦冰索

图 6.3-2　方箱式拦冰索

图 6.3-3　方木式拦冰索

通过调研,掌握了总干渠拦冰索拦冰效果及存在问题,以 2015—2016 年冬季为例(表 6.3-1),经分析:

①在 2015—2016 年冬季,拦冰索在冰塞防治中起到了积极作用。

②岗头隧洞节制闸进口拦冰索前流冰堆积,形成冰塞,阻力增加,导致拦冰索断裂。

③拦冰索对结冰期冰厚小于 0.5cm 的新生流冰拦截效果差,对开河期厚度不小于 5cm 的流冰拦截效果较好。

④西黑山取水口和北拒马河暗渠进口前的圆筒式、方箱式拦冰索吃水深,拦冰效果好,方木式拦冰索拦冰效果较差,尤其是在结冰期,大量新形成流冰穿越方木式拦冰索。

因此,总干渠拦冰索能有效防治渠道冰塞,布置拦冰索是必要的。拦冰索拦冰作用受结冰期、开河期流冰特征和拦冰索自身的型式影响。

表 6.3-1　　　　　　　　　　2015—2016 年冬季拦冰索运行状况

序号	拦冰索布置位置	拦冰效果	事故类型	事故后果
1	滹沱河倒虹吸进口	结冰期:少量流冰可穿过; 融冰期:可拦截开河融冰	无	
2	蒲阳河进口	结冰期:少量流冰可穿过; 融冰期:可拦截开河融冰	无	
3	岗头隧洞进口	结冰期:大量流冰可穿过; 融冰期:可拦截开河融冰	拦冰索断裂	上游冰塞体下游移动撞击闸门边墙

序号	拦冰索布置位置	拦冰效果	事故类型	事故后果
4	西黑山取水口前	结冰期:少数流冰可穿过; 融冰期:可拦截开河融冰	无	
5	瀑河倒虹吸进口	结冰期:大量流冰可穿过; 融冰期:可拦截开河融冰	无	
6	北易水倒虹吸前	结冰期:流冰可大量穿过; 融冰期:可拦截开河融冰	无	
7	坟庄河倒虹吸前	结冰期:大量流冰可穿过; 融冰期:可拦截开河融冰	无	
8	北拒马河暗渠前	结冰期:少数流冰可穿过; 融冰期:可拦截开河融冰	无	

（2）理论成果

讨论拦冰索的拦冰能力就是研究流冰在阻碍物前下潜运动机理,Ashton[18]根据对孔口或闸门前流冰下潜问题研究,提出了以下研究成果:

当 $H_1/H < 0.15$ 时,流冰容易下潜。

当 $0.15 \leqslant H_1/H < 0.33$ 时,流冰下潜的临界水流条件为:

$$Fr = \frac{V}{\sqrt{gH}} = 0.28 \left(\frac{H_1}{H} \right)^{0.85} \tag{6.4}$$

当 $H_1/H \geqslant 0.33$ 时,流冰冰块下潜判别条件:

$$Fr = \frac{V}{\sqrt{g \left(1 - \dfrac{\rho_i}{\rho} \right) t_i}} > 3.7 \tag{6.5}$$

式中,H_1——孔口或闸门的淹没水深,m;

H——孔口的进口水深,m;

ρ_i——冰的密度,kg/m³;

ρ_w——水的密度,kg/m³;

t_i——冰块厚度,m。

（3）拦冰索的吃水深度

总干渠冬季提高输水流量,渠道水流条件增加,需要布设拦冰索措施。根据 Ashton 的研究成果,节制闸和倒虹吸等建筑物前拦冰索布置深度是拦冰索措施的重要指标,拦冰索深度小于临界下潜深度,流冰可穿过拦冰索;拦冰索大于临界下潜深度,拦冰索可有效拦截流冰。以水流 $Fr=0.08$ 为例,计算了蒲阳河倒虹吸下游各建筑物进口拦冰索的吃水深度(表 6.3-2),各建筑物进口前拦冰索吃水深度为 $0.68\sim$ 1.42m,其中,漕河渡槽进口吃水深度为 1.01m,岗头隧洞进口吃水深度为 1.03m,北拒马河进口吃水深度为 0.81m。

表 6.3-2　　　蒲阳河倒虹吸下游各建筑物进口拦冰索的吃水深度($Fr=0.08$)

节制闸名称	水深/m	流速/(m/s)	拦冰索吃水深度/m
蒲阳河倒虹吸节制闸	4.50	0.60	1.19
雾山(一)隧洞节制闸	3.05	0.80	1.42
雾山(二)隧洞节制闸	3.17	0.76	1.36
吴庄隧洞节制闸	3.61	0.62	1.12
漕河渡槽节制闸	3.94	0.55	1.01
岗头隧洞节制闸	4.50	0.53	1.03
西黑山节制闸	4.47	0.46	0.87
釜山隧洞节制闸	3.69	0.40	0.68
瀑河倒虹吸节制闸	4.20	0.48	0.89
中易水倒虹吸节制闸	3.64	0.51	0.89
西市隧洞节制闸	3.94	0.47	0.85
北易水倒虹吸节制闸	4.19	0.41	0.73
厂城倒虹吸节制闸	3.72	0.49	0.87
七里河倒虹吸节制闸	3.83	0.47	0.83
马头沟倒虹吸节制闸	4.08	0.44	0.78
坟庄河倒虹吸节制闸	4.21	0.41	0.75
下车亭隧洞节制闸	3.40	0.60	1.05
水北沟渡槽节制闸	3.63	0.52	0.93
南拒马河倒虹吸节制闸	3.81	0.53	0.96
北拒马河倒虹吸节制闸	4.05	0.43	0.77
北拒马河暗渠节制闸	3.80	0.46	0.81

(4)拦冰索跨河布置优化

根据现场调研和理论分析研究,结合总干渠渠道断面多为梯形的特点,中间水深,两岸水浅,岸边水流条件低,可采取拦冰索左右斜跨的方式(图 6.3-4)。一方面,拦冰索起到一定的导冰作用,将水流条件高的渠道中间流冰导向低流速岸冰;另一方面,同样形状的流冰更容易在岸冰堆积,促使初始冰盖形成。

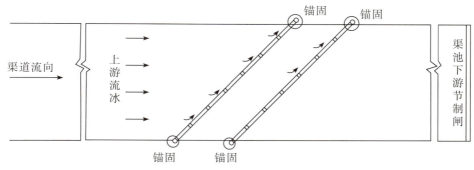

图 6.3-4　拦冰索斜跨式布置

因此,提高输水流量,需要增加拦冰索的入水深度,需要考虑布设拦冰索对总干渠输水能力的影响。

6.3.2　排冰闸

在冰期输水期间,排冰闸的功能为渠道应急排冰,控制冰塞、冰坝等冰害发展。

(1)总干渠排冰闸布置存在的问题

1)空间分布不合理

京石段从石家庄古运河暗渠至北拒马河暗渠约 230km 的渠段,为总干渠的主要结冰段,共 13 个渠池,但仅布置了 2 座排冰闸,大部分结冰段没有排冰闸,需要在结冰渠段重要渠池增加排冰闸,在冬季冰期输水期间,保证应急情况下能及时排冰,减少下游流冰量,控制流冰堆积规模。

2)排冰闸布置不合理

排冰闸功能发挥主要依靠渠道水动力将流冰拖曳至门口,然后排出渠道。总干渠现有排冰闸与渠道主流方向交角比较大,少部分通过排冰闸前排出,大部分流冰随渠道主流水体向下游渠道输移,限制了排冰闸功能的发挥。在现有条件下,应该在排冰闸附近增加导冰设施,或者采取人工耙冰措施。

(2)退水闸新增排冰闸功能研究

针对总干渠石家庄下游渠段排冰闸较少这一不足,可在退水闸基础上,研究新增排水闸功能。比如漕河渡槽至岗头隧洞渠段为总干渠冰情严重段,工程布置多样,水流条件复杂,2015—2016 年冬季出现严重冰情,可考虑漕河退水闸新增排冰功能,通过规划闸门布置,设计合理的闸门型式,增加退水闸的排冰措施。同时以导冰措施辅助,将出漕河渡槽右侧流冰导向退水闸,增强排冰效果。

6.4　小结

选取了两种尺寸的仿冰材料(流冰块和颗粒冰),开展了不同尺寸流冰的系列模型试验,掌握了流冰块和颗粒冰运行规律。

开展了流冰块和颗粒冰模型试验,总结了流冰运行及其在阻碍物前下潜堆积的规律,模拟了颗粒冰下潜堆积、输移示范,掌握了颗粒堆积体下表面波浪形态结构,提出了堆积体结构与水动力条件的关系,提出了形成堆积体后,总干渠综合糙率为 0.0194~0.022,冰盖糙率为 0.023~0.0264。

开展了冰塞防控措施研究,优化了拦冰索的跨渠布置和吃水深度,分析了排冰运行存在的问题,提出了改进措施。

第7章　中线冰期输水动态调控转化模式

南水北调中线干线工程目前的运行状态可以分为非冰期输水流量状态、冰期输水流量状态和中间过渡状态,前后两个状态的输水目标流量一般不变,实践表明,此方式运行安全可靠。而渠系水位流量波动较大的阶段主要是过渡过程和冰期流量的封冻过程。因此,本研究也基于此运行模式,结合短期气象预报特点,提出过渡期和封冻期的实时调控模式,打破过渡期开始的固定时间限制和降低封冻期水力响应影响,重点探索过渡期动态调度的安全和效率协同发展。

7.1　总干渠沿线冬季短期气温特征分析

以涉及冰情的安阳以北段的安阳、邢台、石家庄和保定气象站 1968—2017 年(50年)长系列日均气温资料为基础进行分析,以 7 日气温作为分析对象进行短期气温分析。

7.1.1　7 日气温数据整理

(1)整理原则

在进行 7 日最低气温筛选时,首先在整个冬季找到 1 日最低气温,再分别向两边辐射出3 日最低、5 日最低和 7 日最低气温(图 7.1-1),所筛选出的不同时段气温具有包含关系。

(2)整理结果

经整理南阳、宝丰、郑州、新乡、安阳、邢台、石家庄和保定等 8 个气象站 1968—2017年各冬季 1 日最低气温和 7 日最低气温逐年变化情况见表 7.1-1。

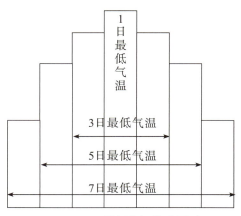

图 7.1-1　7 日最低气温筛选原则

表 7.1-1　1 日最低气温和 7 日最低气温逐年变化情况

（单位：℃）

冬季年份	南阳站 1日最低气温	南阳站 7日最低气温	宝丰站 1日最低气温	宝丰站 7日最低气温	郑州站 1日最低气温	郑州站 7日最低气温	新乡站 1日最低气温	新乡站 7日最低气温	安阳站 1日最低气温	安阳站 7日最低气温	邢台站 1日最低气温	邢台站 7日最低气温	石家庄站 1日最低气温	石家庄站 7日最低气温	保定站 1日最低气温	保定站 7日最低气温
1968—1969	−9.40	−7.01	−12.2	−8.06	−7.70	−6.16	−8.00	−5.44	−9.50	−6.80	−12.3	−9.37	−13.40	−9.96	−12.10	−9.71
1969—1970	−6.90	−2.56	−6.20	−2.01	−7.60	−3.29	−8.20	−4.11	−9.70	−5.21	−11.10	−7.07	−10.80	−6.14	−12.90	−8.84
1970—1971	−2.30	−0.40	−4.10	0.71	−4.80	−2.17	−4.40	−2.59	−5.50	−3.29	−7.70	−3.99	−9.60	−4.84	−9.80	−5.69
1971—1972	−5.50	−3.81	−5.80	−3.49	−9.40	−4.99	−9.70	−5.57	−10.30	−6.17	−13.00	−8.17	−11.30	−9.09	−12.10	−8.57
1972—1973	−2.10	−0.01	−2.70	−0.60	−3.00	−0.23	−3.40	−0.54	−3.90	−1.86	−4.80	−2.90	−6.70	−4.39	−10.60	−7.29
1973—1974	−4.20	−1.39	−5.90	−2.37	−6.40	−0.60	−5.40	−1.81	−5.40	−1.93	−6.90	−2.80	−7.90	−5.64	−7.80	−4.49
1974—1975	−0.80	0.44	−1.80	−0.59	−5.50	−3.54	−7.20	−3.60	−7.90	−4.83	−4.40	−2.40	−5.00	−3.20	−5.70	−3.89
1975—1976	−2.60	−1.61	−6.00	−3.16	−6.20	−3.94	−4.40	−2.36	−6.30	−3.19	−6.70	−4.10	−7.40	−4.70	−7.90	−5.96
1976—1977	−7.70	−4.54	−5.40	−3.54	−6.90	−5.21	−7.10	−5.50	−9.00	−6.67	−11.30	−8.53	−12.90	−9.74	−11.90	−9.04
1977—1978	−4.20	−1.00	−4.90	−1.26	−5.10	−2.01	−4.80	−2.80	−6.50	−3.63	−5.70	−4.31	−9.20	−2.03	−8.10	−7.06
1978—1979	−4.70	−2.57	−7.50	−3.86	−6.70	−3.81	−6.90	−4.46	−8.30	−5.41	−9.60	−6.50	−8.90	−6.87	−10.80	−8.23
1979—1980	−5.10	−2.10	−6.10	−3.37	−7.00	−3.43	−7.90	−3.76	−8.50	−4.74	−9.00	−5.37	−8.60	−6.96	−9.90	−6.69
1980—1981	−4.20	−2.59	−5.80	−3.16	−6.30	−4.20	−6.50	−4.14	−7.70	−5.24	−9.30	−6.50	−8.00	−6.01	−8.60	−5.71
1981—1982	−3.70	−0.94	−4.30	−1.13	−5.30	−2.27	−4.90	−2.46	−5.50	−2.63	−5.60	−4.60	−6.60	−5.41	−8.40	−6.63
1982—1983	−4.20	−1.17	−4.80	−1.66	−5.70	−1.41	−5.60	−2.17	−6.40	−1.89	−6.30	−2.63	−7.40	−4.46	−8.90	−5.39
1983—1984	−4.70	−2.20	−4.40	−1.86	−4.80	−3.09	−4.40	−2.60	−5.50	−3.23	−6.30	−5.00	−7.90	−5.76	−8.30	−6.63
1984—1985	−6.70	−2.24	−8.90	−3.27	−7.40	−3.89	−6.40	−4.24	−7.80	−4.97	−7.80	−5.44	−8.00	−5.97	−8.40	−5.50
1985—1986	−4.70	−1.71	−5.80	−2.79	−6.50	−4.21	−7.30	−4.90	−8.20	−5.63	−9.00	−6.43	−11.90	−8.61	−11.60	−9.27
1986—1987	−6.00	−2.76	−3.50	−0.21	−5.70	−2.50	−5.70	−2.63	−7.20	−4.16	−9.10	−5.57	−10.30	−7.44	−9.70	−7.37

续表

冬季年份	南阳站 1日最低气温	南阳站 7日最低气温	宝丰站 1日最低气温	宝丰站 7日最低气温	郑州站 1日最低气温	郑州站 7日最低气温	新乡站 1日最低气温	新乡站 7日最低气温	安阳站 1日最低气温	安阳站 7日最低气温	邢台站 1日最低气温	邢台站 7日最低气温	石家庄站 1日最低气温	石家庄站 7日最低气温	保定站 1日最低气温	保定站 7日最低气温
1987—1988	-1.40	1.30	-3.40	-0.11	-4.10	-0.31	-4.20	-0.71	-5.00	-1.69	-6.00	-2.63	-7.50	-3.91	-7.60	-4.19
1988—1989	-4.10	-0.70	-5.10	-0.97	-6.30	-3.70	-3.90	-1.93	-4.90	-3.01	-5.00	-3.33	-5.80	-4.07	-6.00	-4.41
1989—1990	-8.10	-3.96	-8.50	-4.99	-8.90	-5.31	-9.10	-5.23	-9.40	-5.94	-9.10	-6.77	-9.50	-7.51	-9.80	-7.76
1990—1991	-1.40	1.41	-3.80	0.06	-4.60	-2.77	-4.00	-2.70	-4.30	-3.03	-4.60	-3.57	-6.40	-2.83	-5.60	-2.93
1991—1992	-10.30	-6.57	-6.20	-4.49	-6.10	-4.41	-5.10	-3.79	-5.30	-3.64	-5.80	-3.77	-6.90	-4.10	-6.70	-4.86
1992—1993	-5.00	-3.33	-4.60	-3.93	-9.60	-6.06	-5.40	-4.76	-7.60	-6.59	-6.90	-5.96	-8.50	-7.69	-9.80	-8.33
1993—1994	-3.10	-0.34	-2.10	0.40	-2.40	0.26	-3.00	-0.57	-3.50	-1.26	-4.20	-2.17	-6.10	-1.60	-6.90	-3.61
1994—1995	-1.40	0.13	-3.20	-1.06	-3.80	-1.61	-2.70	-1.26	-2.80	-1.11	-4.90	-3.20	-7.40	-4.71	-7.90	-5.04
1995—1996	-2.40	-0.51	-5.40	-2.13	-5.20	-2.76	-3.60	-2.14	-3.60	-1.69	-4.00	-2.16	-4.70	-3.09	-5.50	-3.84
1996—1997	-3.30	-0.96	-5.30	-0.93	-5.10	-3.16	-5.00	-3.54	-6.10	-4.24	-6.60	-4.94	-8.10	-6.01	-9.80	-7.56
1997—1998	-4.80	-2.76	-5.20	-3.77	-5.50	-4.04	-5.20	-4.01	-6.60	-4.99	-7.70	-5.73	-8.40	-5.66	-8.70	-6.34
1998—1999	-1.90	1.40	-2.50	0.90	-3.30	0.11	-3.10	-0.46	-4.40	-1.66	-4.10	-3.17	-4.90	-3.94	-5.50	-4.30
1999—2000	-3.90	-2.04	-4.30	-3.09	-5.60	-2.63	-6.20	-4.47	-7.10	-6.07	-6.90	-5.87	-8.80	-6.49	-9.50	-7.63
2000—2001	-2.20	0.00	-6.50	-2.21	-5.10	-3.57	-5.90	-4.44	-7.50	-6.17	-8.30	-6.53	-9.60	-8.33	-12.5	-9.71
2001—2002	-2.60	-0.50	-4.10	-1.34	-3.80	-1.13	-2.90	-1.80	-3.60	-2.14	-3.10	-2.00	-3.40	-2.17	-4.30	-3.13
2002—2003	-3.90	-1.13	-5.10	-2.26	-5.10	-2.74	-7.40	-3.44	-10.30	-7.07	-8.70	-6.11	-8.10	-6.36	-9.10	-7.36
2003—2004	-2.10	0.06	-3.30	-1.60	-3.10	-1.47	-4.70	-2.66	-7.00	-4.51	-5.70	-2.67	-6.30	-3.70	-8.40	-4.47
2004—2005	-6.00	-3.21	-4.70	-3.31	-6.00	-3.70	-5.70	-3.74	-9.90	-7.04	-7.30	-5.56	-7.80	-6.33	-7.30	-6.47
2005—2006	-2.50	-0.89	-3.10	-0.09	-3.60	-0.87	-4.20	-1.86	-5.30	-3.16	-6.00	-2.03	-6.80	-2.64	-9.00	-4.59

续表

冬季年份	南阳站		宝丰站		郑州站		新乡站		安阳站		邢台站		石家庄站		保定站	
	1日最低气温	7日最低气温	1日最低气温	7日最低气温	1日最低气温	7日最低气温	1日最低气温	7日最低气温	1日最低气温	7日最低气温	1日最低气温	7日最低气温	1日最低气温	7日最低气温	1日最低气温	7日最低气温
2006—2007	−1.50	0.69	−1.10	−0.37	−1.00	−0.13	−2.20	−0.97	−4.70	−2.39	−3.70	−2.53	−5.10	−3.47	−7.30	−4.70
2007—2008	−4.30	−3.10	−5.20	−3.17	−4.20	−2.97	−4.10	−2.90	−7.10	−5.17	−5.70	−4.61	−5.80	−4.64	−5.40	−4.64
2008—2009	−3.50	1.01	−4.90	−0.06	−5.10	−0.01	−5.20	0.33	−8.40	−3.06	−6.60	−0.30	−7.20	−1.10	−10.30	−6.46
2009—2010	−2.70	−1.37	−4.90	−3.34	−5.10	−3.69	−6.10	−4.96	−8.70	−6.69	−8.20	−6.61	−8.40	−7.26	−11.20	−8.89
2010—2011	−2.30	−0.91	−5.80	−2.57	−4.20	−2.10	−6.10	−3.76	−7.30	−5.40	−4.70	−4.23	−5.70	−4.93	−9.80	−8.23
2011—2012	−3.50	−1.09	−3.60	−1.44	−3.50	−1.23	−3.90	−1.87	−5.90	−3.63	−5.90	−2.79	−5.80	−2.93	−10.30	−6.46
2012—2013	−3.90	−1.31	−5.50	−2.70	−4.40	−2.67	−5.60	−3.46	−8.00	−5.16	−6.80	−5.36	−8.10	−6.17	−11.50	−9.59
2013—2014	−3.70	−1.94	−5.30	−2.71	−4.10	−1.85	−4.70	−2.56	−6.60	−3.79	−5.20	−2.67	−4.60	−2.94	−6.50	−4.14
2014—2015	−3.90	−1.20	−2.80	−0.64	−1.90	−0.26	−1.30	0.04	−1.90	1.07	−2.80	−1.70	−2.80	−0.10	−5.30	−0.94
2015—2016	−4.50	−1.84	−5.30	−2.07	−5.70	−1.99	−6.10	−2.87	−9.50	−4.47	−10.00	−5.90	−9.40	−5.81	−12.40	−7.37
2016—2017	−1.20	1.09	−1.60	0.74	−0.90	1.46	−1.70	0.86	−2.80	0.49	−3.80	−2.63	−4.30	−2.63	−6.40	−2.93
最低气温	−10.30	−7.01	−12.2	−8.06	−9.60	−6.16	−9.70	−5.57	−10.30	−7.07	−13.00	−9.37	−13.40	−9.96	−12.90	−9.71
最高气温	−0.80	1.41	−1.10	0.90	−0.90	1.46	−1.30	0.86	−1.90	1.07	−2.80	−0.30	−2.80	−0.10	−4.30	−0.94
平均气温	−3.98	−1.48	−4.87	−2.02	−5.21	−2.58	−5.23	−2.88	−6.62	−3.97	−6.82	−4.47	−7.63	−5.11	−8.77	−6.18

7.1.2　短期气温分析

（1）趋势分析

各站点 M-K 趋势检验结果与 Hurst 指数见表7.1-2,8 个站点冬季平均气温及低温周气温由南至北逐渐降低,且各个站点均呈现:最低气温＜3 日最低气温＜5 日最低气温＜7 日最低气温＜冬季平均气温。这表明各个站点内气温在逐渐升高。

多时间尺度上,各站点气温几乎呈上升趋势,但趋势和大小存在区域差异。从工程整体看,各个站点冬季平均气温都呈现显著上升趋势,并且 Hurst 指数均明显高于0.5,表明未来工程沿线冬季平均气温将呈现显著上升状态。除安阳站外,各站点最低气温均呈显著上升状态,也从一定程度上反映工程全线冬季气温的上升趋势。安阳站和宝丰站在低温周气温均呈现不同程度的不显著上升趋势,宝丰站 5 日最低气温与 7 日最低气温均未通过显著性检验,且除最低气温外,Hurst 指数均略低于0.5;而安阳站低温周波动幅度较大,气温均呈现不显著上升趋势,但 Hurst 指数均高于0.5,表明安阳站未来低温周气温将呈现上升趋势,但并不显著。除安阳站与宝丰站外,其余站点平均气温与低温周均通过了 90% 的升温显著性,且除新乡站 5 日最低气温外,其余各站点 Hurst 指数均高于0.5,表明以上 6 站点未来存在明显的升温趋势。其中,郑州站与石家庄站升温趋势最为显著,平均气温与低温周均通过了 99% 的升温显著性。

表 7.1-2　　　　　　　　　各站点 M-K 趋势检验结果与 Hurst 指数

站点	参数	冬季平均气温	最低气温	3 日最低气温	5 日最低气温	7 日最低气温
南阳站	平均气温/℃	3.05	−3.98	−2.84	−2.09	−1.49
	线性增幅	0.356	0.451	0.042	0.406	0.371
	M-K 显著性/%	▲,99	▲,95	▲,95	▲,95	▲,90
	Hurst 指数	0.8719	0.6	0.603	0.5815	0.596
宝丰站	平均气温/℃	2.30	−4.87	−3.56	−2.68	−2.02
	线性增幅	0.264	0.454	0.356	0.271	0.254
	M-K 显著性/%	▲,99	▲,95	▲,90	△	△
	Hurst 指数	0.7957	0.5717	0.4993	0.4589	0.446
郑州站	平均气温/℃	1.98	−5.21	−3.99	−3.17	−2.58
	线性增幅	0.568	0.728	0.583	0.504	0.5
	M-K 显著性/%	▲,99	▲,99	▲,99	▲,99	▲,99
	Hurst 指数	0.8647	0.8395	0.6095	0.5987	0.6425

站点	参数	冬季平均气温	最低气温	3日最低气温	5日最低气温	7日最低气温
新乡站	平均气温/℃	1.52	−5.23	−4.20	−3.41	−2.88
	线性增幅	0.428	0.561	0.466	0.324	0.371
	M-K 显著性/%	▲,95	▲,99	▲,99	▲,90	▲,95
	Hurst 指数	0.8529	0.7789	0.6388	0.4737	0.5288
安阳站	平均气温/℃	0.63	−6.62	−5.41	−4.54	−3.97
	线性增幅	0.252	0.27	0.227	0.218	0.187
	M-K 显著性/%	▲,95	△	△	△	△
	Hurst 指数	0.8618	0.7379	0.6335	0.5469	0.591
邢台站	平均气温/℃	0.27	−6.82	−5.82	−4.99	−4.47
	线性增幅	0.573	0.73	0.671	0.566	0.495
	M-K 显著性/%	▲,99	▲,99	▲,99	▲,99	▲,95
	Hurst 指数	0.8939	0.7362	0.7218	0.6355	0.586
石家庄站	平均气温/℃	−0.31	−7.63	−6.51	−5.63	−5.11
	线性增幅	0.546	0.839	0.776	0.705	0.614
	M-K 显著性/%	▲,99	▲,99	▲,99	▲,99	▲,99
	Hurst 指数	0.8906	0.7145	0.7066	0.6563	0.6605
保定站	平均气温/℃	−1.49	−8.77	−7.65	−6.67	−6.18
	线性增幅	0.362	0.347	0.354	0.312	0.352
	M-K 显著性/%	▲,99	▲,90	▲,95	▲,90	▲,90
	Hurst 指数	0.9352	0.7152	0.6602	0.6301	0.6386

注：三角形的正与反分别表示升温与降温趋势，实心与空心分别表示趋势显著与不显著；实心三角形后的百分比表示显著性。

(2)典型过程选取

采用工程冰情范围内的安阳、邢台、石家庄和保定4个站的逐年7日最低气温的绝对值进行频率分析，结果见图7.1-2，从中依据频率筛选7日最低气温变化典型过程年份（表7.1-3），并分别绘制各年份的4站气温过程对比图（图7.1-3）。

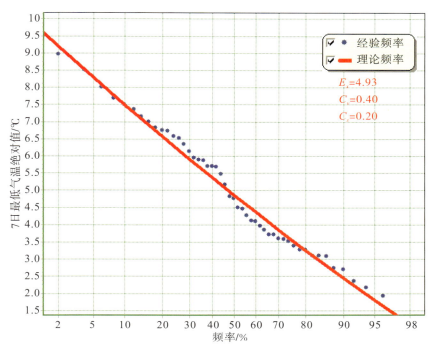

图 7.1-2　频率曲线

表 7.1-3　　　　　　　　　　　　典型 7 日最低气温选取

序号	7 日最低气温/℃	频率/%	冬季时间
1	−8.96	2	1968—1969 年
2	−7.48	10	1985—1986 年
3	−4.77	50	2007—2008 年
4	−3.59	70	1982—1983 年
5	−0.47	98	2014—2015 年

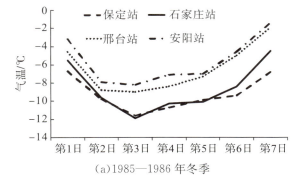

(a)1985—1986 年冬季

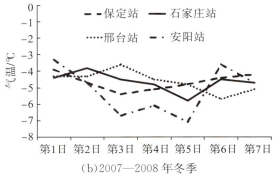

(b)2007—2008 年冬季

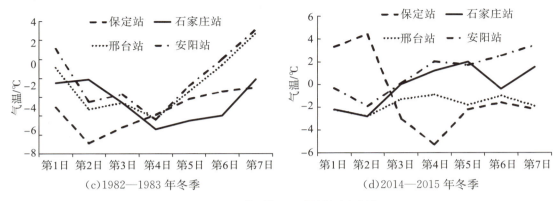

(c)1982—1983 年冬季　　　　　(d)2014—2015 年冬季

图 7.1-3　典型年 7 日最低气温过程

7.1.3　2016—2017 年冬季遭遇 7 日寒潮分析

2016—2017 年冬季 7 日寒潮频率为 95％,现将该冬季 7 日寒潮分别替换为 2％ 频率寒潮、10％频率寒潮和 50％频率寒潮(图 7.1-4)。

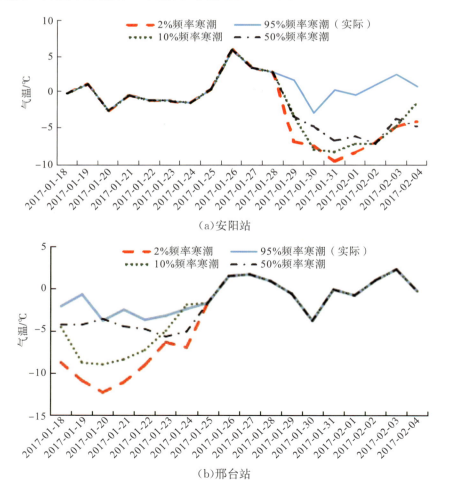

(a)安阳站

(b)邢台站

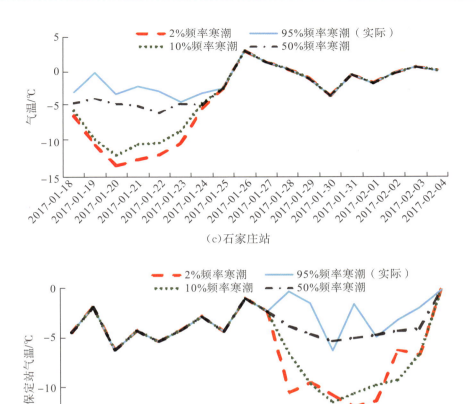

（c）石家庄站

（d）保定站

图 7.1-4　2016—2017 年冬季 7 日寒潮对比

经模拟，得到 2016—2017 年冬季渠系封冻特性，见图 7.1-5 和图 7.1-6。

图 7.1-5　2016—2017 年冬季水温对比

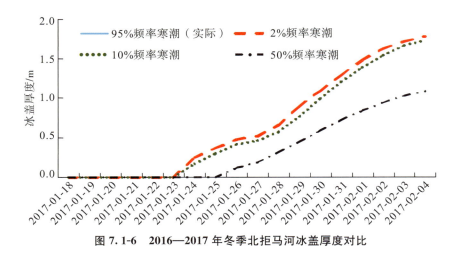

图 7.1-6　2016—2017 年冬季北拒马河冰盖厚度对比

工程全线冰情影响分析见表 7.1-4。

表 7.1-4　　　　　　　　　　　　　　　全线冰情对比

寒潮频率/％	2	10	50	95 (2016—2017 年实际)
封冻范围	古运河节制闸 下游渠池	磁河节制闸 下游渠池	北易水节制闸 下游渠池	坟庄河节制闸 下游渠池
封冻时间/天	4～12	3～12	3～10	3～10
封冻特点	第 7 天同步封冻	第 7 天同步封冻	第 7 天同步封冻	第 7 天同步封冻

以 7 日作为短期气象特点,采用 7.1.2 节分析得到的不同频率 7 日最低寒潮,分析渠系封冻特性,提出寒潮可能造成的封冻范围、封冻冰厚和不封冻条件。

7.1.4　短期冰情可能性分析

（1）平封流量模拟结果

随着寒潮频率增大,上述渠池间封冻时刻差异性逐渐明显,封冻范围与初始水温的关系见表 7.1-5。全表反映了初始水温与寒潮频率作用下的渠系封冻范围特性:若渠系在初始水温为 2℃时遭遇 98％频率寒潮,则全线均无封冻;若在初始水温大于 4℃时遭遇 50 和 70％频率寒潮,则全线无封冻;极端情况,在遭遇频率小于 10％的寒潮时,即使初始水温达到 7℃,坟庄河节制闸下游渠段也会封冻。

表 7.1-5　　　　　　　　　　　初始水温与寒潮遭遇作用下的封冻范围

初始水温/℃	2%频率寒潮	10%频率寒潮	50%频率寒潮	70%频率寒潮	98%频率寒潮
1	漳河节制闸下游渠段	漳河节制闸下游渠段	牤牛河节制闸下游渠段	沁河节制闸下游渠段	放水河节制闸
2	沁河节制闸下游渠段	沁河节制闸下游渠段	南沙河节制闸下游渠段	浤河节制闸下游渠段	全线无封冻
3	七里河节制闸下游渠段	泜河节制闸下游渠段	瀑河节制闸下游渠段	坟庄河下游节制闸	全线无封冻
4	潴龙河节制闸下游渠段	滹沱河节制闸下游渠段	全线无封冻	全线无封冻	全线无封冻
5	古运河节制闸下游渠段	唐河节制闸下游渠段	全线无封冻	全线无封冻	全线无封冻
6	漠道沟节制闸下游渠段	西黑山节制闸下游渠段	全线无封冻	全线无封冻	全线无封冻
7	坟庄河节制闸下游渠段	坟庄河节制闸下游渠段	全线无封冻	全线无封冻	全线无封冻

对于 2%频率下的 7 日寒潮,初始水温越高,封冻渠段范围越小,封冻开始得越迟,且封冻渠段间的封冻时长差异较小,初始水温每增加 1℃,全部封冻渠段的封冻开始时间整体推迟约 1 天;在冰盖厚度方面,因为封冻时长相近,各地气温也相近,所有渠段间的最大冰盖厚度差异性也较小,且初始水温每降低 1℃,封冻渠段最大冰盖厚度约减小 2cm,7 日寒潮能造成的可能冰盖厚度为 1~14cm。

(2)输水流量为 70%设计流量模拟结果

以干渠 70%设计流量为较大冬季输水流量进行模拟分析,得到初始水温与寒潮遭遇作用下的工程可能封冻范围见表 7.1-6。应用时,采用最上游封冻渠段的初始水温代表初始水温进行查表。

表 7.1-6　初始水温与寒潮遭遇作用下的工程可能封冻范围(输水流量为 70%设计流量)

初始水温/℃	2%频率寒潮	10%频率寒潮	50%频率寒潮	70%频率寒潮	98%频率寒潮
1	洺河节制闸下游渠段	洺河节制闸下游渠段	白马河节制闸下游渠段	午河节制闸下游渠段	西黑山节制闸下游渠段
2	午河节制闸下游渠段	潴龙河节制闸下游渠段	唐河节制闸下游渠段	唐河节制闸下游渠段	全线无封冻
3	滹沱河节制闸下游渠段	沙河(北)节制闸下游渠段	全线无封冻	全线无封冻	全线无封冻

初始水温/℃	2%频率寒潮	10%频率寒潮	50%频率寒潮	70%频率寒潮	98%频率寒潮
4	唐河节制闸下游渠段	蒲阳河节制闸下游渠段	全线无封冻	全线无封冻	全线无封冻
5	瀑河节制闸下游渠段	坟庄河节制闸下游渠段	全线无封冻	全线无封冻	全线无封冻
6	全线无封冻	全线无封冻	全线无封冻	全线无封冻	全线无封冻
7	全线无封冻	全线无封冻	全线无封冻	全线无封冻	全线无封冻

7.2 基于短期气象预报的冰期输水模式

本书从渠系运行调度角度探讨提高冰期输水安全与效益的可行性和实施可能路径,主要提出基于短期气象预报的冰期输水模式。

对于工程运行而言,渠系冰期输水效益主要体现在输水流量和运行安全两个方面,研究以平封冰盖的形成为基本原则,控制危害性冰害发生,同时以短期冰情预报的形式预先研判渠系是否会进入冰期,动态调整进入冰期输水阶段的时间,减小固定12月1日进入冰期输水状态的限制,并配合高性能的渠系流量状态切换控制器,确保短期气象预报作用下的渠系流量状态尽可能快速、平稳地进行切换。基于短期气象预报的冰期输水模式框架见图7.2-1。

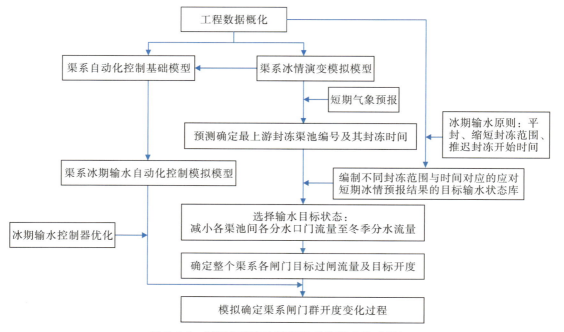

图 7.2-1　基于短期气象预报的冰期输水模式框架

研究主要包括建立冰期输水流量状态库、实现冰情演变模拟和开发符合冰期输水特性的自动化控制器等三个方面的内容,其中冰情演变模拟在第 4 章已有介绍,本章要介绍其余两个内容的研究。

7.3　冰期输水流量状态库

以下游分水口优先满足分水需求为前提,确定汤河节制闸至北拒马河节制闸渠道的分水口流量计划,得到干渠 70%设计流量条件下的输水方案,并进一步在下游常水位运行控制调节下,以渠池内最大断面平均流速不超过 0.4m/s 作为限制条件,依次从下游至上游推算出渠段冰期输水流量,结果见表 7.3-1。此冰期输水流量占干渠设计流量的 20%~30%。

表 7.3-1　分水口流量分配

序号	分水口名称	分水口特征指标			分水口上游侧干渠特征指标			
		设计分水流量 /(m³/s)	干渠70%设计流量条件下的输水方案分水流量/(m³/s)	冰期输水流量 /(m³/s)	设计流量 /(m³/s)	干渠70%设计流量条件下的输水方案 /(m³/s)	冰期输水流量 /(m³/s)	冰期输水流量占比/%
1	牛房分水口	8.0	0.0	0.0	245	171.5	73.0	29.8
2	南流寺分水口	7.0	7.0	4.5	245	171.5	73.0	29.8
3	于家店分水口	2.0	0.0	0.0	235	164.5	68.5	29.1
4	白村分水口	6.0	0.0	0.0	235	164.5	68.5	29.1
5	下庄分水口	5.0	0.0	0.0	235	164.5	68.5	29.1
6	郭河分水口	8.0	3.5	6.5	235	164.5	68.5	29.1
7	三陵分水口	0.5	0.0	0.0	230	161.0	62.0	27.0
8	五庄分水口	2.0	0.0	0.0	230	161.0	62.0	27.0
9	赞善分水口	10.0	0.0	0.0	230	161.0	62.0	27.0
10	邓家庄分水口	2.0	0.0	0.0	230	161.0	62.0	27.0
11	南大郭分水口	8.0	7.0	6.5	230	161.0	62.0	27.0
12	刘家庄分水口	1.0	0.0	0.0	220	154.0	55.5	25.2
13	黑沙村泵站	1.0	0.0	0.0	220	154.0	55.5	25.2
14	黑沙村分水口	2.0	0.0	0.0	220	154.0	55.5	25.2
15	姊河分水口	1.0	0.0	0.0	220	154.0	55.5	25.2

续表

序号	分水口名称	分水口特征指标			分水口上游侧干渠特征指标			
		设计分水流量/(m³/s)	干渠70%设计流量条件下的输水方案分水流量/(m³/s)	冰期输水流量/(m³/s)	设计流量/(m³/s)	干渠70%设计流量条件下的输水方案/(m³/s)	冰期输水流量/(m³/s)	冰期输水流量占比/%
16	北马分水口	0.5	0.0	0.0	220	154.0	55.5	25.2
17	赵同分水口	3.0	0.0	0.0	220	154.0	55.5	25.2
18	万年分水口	2.0	0.0	0.0	220	154.0	55.5	25.2
19	上庄分水口	5.0	0.0	0.0	220	154.0	55.5	25.2
20	南新城分水口	1.5	0.0	0.0	220	154.0	55.5	25.2
21	田庄分水口	65.0	35.0	20.5	220	154.0	55.5	25.2
22	永安分水口	5.0	3.5	1.6	170	119.0	35.0	20.6
23	西名村分水口	2.0	0.0	0.0	165	115.5	33.5	20.3
24	留营分水口	2.0	2.0	0.7	165	115.5	33.5	20.3
25	中管头分水口	20.0	19.0	6.3	155	113.5	32.8	21.2
26	大寺城涧分水口	2.0	0.0	0.0	135	94.5	26.5	19.6
27	高昌分水口	3.0	0.0	0.0	135	94.5	26.5	19.6
28	塔坡分水口	1.0	0.0	0.0	135	94.5	26.5	19.6
29	郑佳佐分水口	12.0	7.0	1.0	135	94.5	26.5	19.6
30	刘庄公分水口	0.5	0.0	0.0	125	87.5	25.5	20.4
31	西黑山分水口	60.0	17.5	4.9	125	87.5	25.5	20.4
32	瀑河分水口	40.0	28.0	3.3	100	70.0	20.7	20.7
33	荆轲山分水口	2.0	0.0	0.0	60	42.0	17.4	29.0
34	下车亭分水口	3.0	0.0	0.0	60	42.0	17.4	29.0
35	三岔沟分水口	11.0	7.0	1.4	60	42.0	17.4	29.0
36	渠系末端		35.0	16.0				

　　依据上述分水口的冰期输水取水流量建议,推算出在短期气象预报内可能造成的冰情范围对应的汤河节制闸与北拒马河节制闸之间各节制闸的目标过闸流量,将采用的冬季分水口作为确定条件,综合得到8种目标输水流量状态(表7.3-2),查找输水状态时以预测的封冻范围最上游节制闸名称为参考,若封冻范围在表7.3-2中的两个节制闸之间,则取表中其上游端的输水流量状态。

表 7.3-2

节制闸过水流量目标状态库

节制闸名称	最上游节制闸下的封冻范围/m								70%设计流量/(m³/s)	设计流量/(m³/s)
	瀑河节制闸	西黑山节制闸	岗头节制闸	漠道沟节制闸	磁河节制闸	古运河节制闸	沁河节制闸	汤河节制闸		
汤河节制闸	146.90	122.20	109.50	103.50	89.50	82.50	72.50	73.00	171.5	245
安阳河节制闸	139.90	115.20	102.50	96.50	82.50	82.50	65.50	68.50	164.5	235
漳河节制闸	139.90	115.20	102.50	96.50	82.50	82.50	65.50	68.50	164.5	235
忙牛河节制闸	139.90	115.20	102.50	96.50	82.50	79.00	65.50	68.50	164.5	235
沁河节制闸	136.40	111.70	99.00	93.00	79.00	79.00	62.00	62.00	161.0	230
洛河节制闸	136.40	111.70	99.00	93.00	79.00	79.00	62.00	62.00	161.0	230
南沙河(一)节制闸	136.40	111.70	99.00	93.00	79.00	79.00	62.00	62.00	161.0	230
七里河节制闸	136.40	111.70	99.00	93.00	79.00	72.00	62.00	62.00	161.0	230
白马河节制闸	129.40	104.70	92.00	86.00	72.00	72.00	55.00	55.00	154.0	220
低河节制闸	129.40	104.70	92.00	86.00	72.00	72.00	55.00	55.00	154.0	220
午河节制闸	129.40	104.70	92.00	86.00	72.00	72.00	55.00	55.00	154.0	220
潴龙河节制闸	129.40	104.70	92.00	86.00	72.00	72.00	55.00	55.00	154.0	220
浟河节制闸	129.40	104.70	92.00	86.00	72.00	72.00	55.00	55.00	154.0	220
台头沟节制闸	129.40	104.70	92.00	86.00	72.00	70.00	55.00	55.00	154.0	220
古运河节制闸	94.40	69.70	57.00	51.00	37.00	35.00	35.00	35.00	119.0	170
滹沱河节制闸	94.40	69.70	57.00	51.00	37.00	35.00	35.00	35.00	119.0	170
磁河节制闸	90.90	66.20	53.50	47.50	33.50	33.50	33.50	33.50	115.5	165

续表

最上游节制闸下的封冻范围/m

节制闸名称	漭河节制闸	西黑山节制闸	岗头节制闸	漠道沟节制闸	磁河节制闸	古运河节制闸	沁河节制闸	汤河节制闸	70% 设计流量/(m³/s)	设计流量/(m³/s)
沙河（北）节制闸	90.90	66.20	53.50	47.50	33.50	33.50	33.50	33.50	115.5	155
漠道沟节制闸	69.90	45.20	32.50	26.50	26.50	26.50	26.50	26.50	94.5	135
唐河节制闸	69.90	45.20	32.50	26.50	26.50	26.50	26.50	26.50	94.5	135
放水河节制闸	69.90	45.20	32.50	26.50	26.50	26.50	26.50	26.50	94.5	135
蒲阳河节制闸	69.90	45.20	32.50	26.50	26.50	26.50	26.50	26.50	94.5	135
岗头节制闸	62.90	38.20	25.50	25.50	25.50	25.50	25.50	25.50	87.5	125
西黑山节制闸进口	45.40	20.70	20.70	20.70	20.70	20.70	20.70	20.70	70.0	100
瀑河节制闸	17.40	17.40	17.40	17.40	17.40	17.40	17.40	17.40	42.0	60
北易水节制闸	17.40	17.40	17.40	17.40	17.40	17.40	17.40	17.40	42.0	60
坎庄河节制闸	17.40	17.40	17.40	17.40	17.40	17.40	17.40	17.40	42.0	60
北拒马河节制闸	16.00	16.00	16.00	16.00	16.00	16.00	16.00	16.00	35.0	50

7.4　渠系自动化控制模型

7.4.1　模型概化

　　将工程概化成连接水库、下游末端及沿程用水户的渠系,一个渠系是由闸门群分隔而成的串联渠池系统,通过闸门群的联合调度实现渠系适时适量供水(图 7.4-1),其中,Q_{out} 为区间分水流量,Q_{down} 为渠系下游末端需水流量,二者均为已知的取水流量计划。对于恒定流状态的渠系,相关变量存在下列关系:

$$Q_u(i) = Q_d(i) + Q_{out}(i) \tag{7.1}$$

$$Q_d(i) = Q_u(i+1) \tag{7.2}$$

式中,$Q_d(i)$、$Q_u(i)$、$Q_{out}(i)$——第 i 个渠池的下游闸过闸流量、上游闸过闸流量和区间分水流量;

　　i——渠池编号,$i = 1, 2, 3, \cdots, n$。

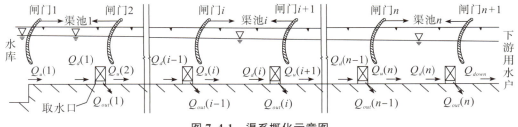

图 7.4-1　渠系概化示意图

7.4.2　自动化控制模型框架

　　渠系自动化控制模型框架流程见图 7.4-2,渠系因冰情变化导致水位和流量变化,进而偏离控制目标,需要通过控制器引导闸门群调整开度,最后使渠系恢复至控制目标下的稳定运行状态[19]。

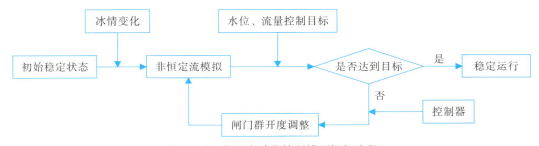

图 7.4-2　渠系自动化控制模型框架流程

其中,模型采用明渠非恒定流方程模拟渠系在形成浮动冰盖和明渠流状态下的水力响应,其控制方程包括连续方程和动量方程。

连续方程:

$$B\frac{\partial Z}{\partial t} + \frac{\partial Q}{\partial x} = q \tag{7.3}$$

动量方程:

$$\frac{\partial Q}{\partial t} + \frac{2Q}{A}\frac{\partial Q}{\partial x} + \left(gA - \frac{BQ^2}{A^2}\right)\frac{\partial Z}{\partial x} = q(v_{qs} - u) + \frac{BQ^2}{A^2}\left(S + \frac{1}{B}\frac{\partial A}{\partial x}\big|_h\right) - \frac{gQ^2}{AC^2R} \tag{7.4}$$

式中,Z——水位,m;

    h——水深,m;

    Q——流量,m³/s;

    B——水面宽,m;

    A——过水断面面积,m²;

    C——谢才系数;

    t——时间变量;

    x——空间变量;

    q——区间入流量,m³/s;

    v_{qs}——侧向入流在水流方向的平均流速(常忽略不计),m/s;

    u——水流沿轴线方向的流速,m/s;

    S——渠道底坡;

    g——重力加速度,m/s²;

    R——水力半径。

当渠道内形成浮动冰盖时,有冰盖部分的渠道湿周和糙率均受到冰盖的影响,求解时以每个渠池上游闸和下游闸的过闸流量为双边界条件,采用 Preissmann 四点隐式差分求解。

7.5 控制器设计

研究基于常用的 PI 控制器,引入寻优控制器,优化闸门群调度过程,实现有效抑制封冻过渡期水力响应过大目标。

7.5.1 反馈控制器

渠系自动化控制模型在应对渠系封冻时,若渠系水位偏离控制目标较小,则采用增量式 PI 控制器,由控制断面处的实时水位波动,通过反馈环节产生该渠池上游闸的闸门流量调节时段增量,促使控制目标的实现与稳定:

$$\Delta Q = K_P(Y_T - Y_F) + K_i \int_0^t (Y_T - Y_F)\mathrm{d}t \tag{7.5}$$

式中,Y_F——实时水位,m;

Y_T——目标水位,m;

K_P——比例系数;

K_i——积分系数。

根据闸门过流公式反算求出闸门开度,该渠池上游闸的闸门开度调节时段增量为:

$$\Delta G = f(\Delta Q, \Delta h, G) \tag{7.6}$$

式中,Δh——闸门前后水头差,m;

G——闸门现状开度,m。

7.5.2 寻优控制器

渠系自动化控制模型在应对渠系封冻时,若渠系任一渠池的水位偏离控制目标较大,则全部闸门同步调整控制器为寻优控制器,通过联合调度减小水位偏差。

(1)目标函数

模型以渠池下游末端水位波动的最大值 E 最小为目标,建立数学模型,目标函数见式(7.7)。

$$E = \min(\max|L_{it} - L_{0it}|) \tag{7.7}$$

式中,E——渠系各渠池下游末端水位波动的最大值;

i——渠池编号;

L_{it}——第 i 个渠池下游末端 t 时刻实时模拟水位;

L_{0it}——第 i 个渠池下游末端目标水位。

(2)约束条件

模型主要考虑流量约束、闸门开度约束和闸门调节速率约束。

①流量约束一:

$$Q_i \leqslant Q_{设i} \tag{7.8}$$

②流量约束二:

$$Q_i \geqslant Q_{i+1} \tag{7.9}$$

式中,n——渠池个数;

Q_i——第 i 个渠池上游端在第 t 时段的流量,m^3/s;

Q_{i+1}——第 $i+1$ 个渠池上游端在第 t 时段的流量，$\mathrm{m^3/s}$；

$Q_{设i}$——第 i 个渠池上游端在第 t 时段的设计流量，$\mathrm{m^3/s}$。

③闸门开度约束：

$$G_i \leqslant G_{\max i} \tag{7.10}$$

式中，G_i 和 $G_{\max i}$——第 i 个渠池上游闸的实时闸门开度和设计最大闸门开度，假设闸门操作死区为 0。

④闸门调节速率约束：

$$v_i < v_{\max i} \tag{7.11}$$

式中，v_i 和 $v_{\max i}$——第 i 个渠池上游闸的实时闸门调节速率及其上限。

（3）模型求解

寻优控制器采用遗传算法求解，求解流程涉及基因编码、初始化种群、目标函数计算、子代种群生成等内容的循环，将允许误差作为群体进化终止条件，最终得到符合约束条件的求解域内目标函数最优值，作为下一时刻闸门群开度调度目标，具体见图7.5-1。

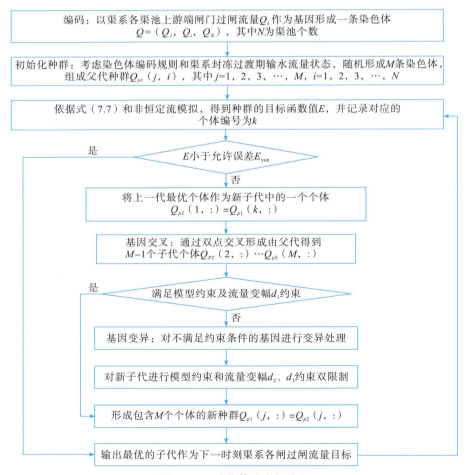

图 7.5-1　遗传算法求解流程

子代种群生成时涉及基因交叉、基因变异和子代约束等 3 项内容。

1）基因交叉

模型设定基因交叉作为子代形成的基本形式。采用双点交叉方式,在随机杂交概率 P_c 下($0 \leqslant P_c \leqslant 1$),新得到的 2 个个体与原相互配对的个体之间具有以下关系:

$$Q_{P2}(j,:) = a_1 Q_{P1}(j,:) + a_2 Q_{P1}(j+1,:) \tag{7.12}$$

$$Q_{P2}(j+1,:) = a_2 Q_{P1}(j,:) + a_1 Q_{P1}(j+1,:) \tag{7.13}$$

式中,$Q_{P1}(j,:)$、$Q_{P1}(j+1,:)$——父代第 j 个和 $j+1$ 个个体,$j=1,2,3,\cdots,M$;

$Q_{P2}(j,:)$、$Q_{P2}(j+1,:)$——子代第 j 个和 $j+1$ 个个体;

a_1、a_2——相互交叉的原个体在新个体中所占比例,$0 \leqslant a_1 \leqslant 1$,$0 \leqslant a_2 \leqslant 1$,且 $a_1 + a_2 = 1$。

2）基因变异

基因变异是针对基因交叉后不满足约束条件的个体进行的子代筛选操作。针对子代个体中不符合约束条件的基因 $Q_{P2}(j,i)$,作以 $Q_{P2}(j,i+1)$ 为基点的小幅度 q 的随机扰动,并依据渠池封冻情况限定波动方向,得到新的基因 $Q_{P2}(j,i)$,即

$$Q_{P2}(j,i) = Q_{P2}(j,i+1) - q \tag{7.14}$$

式中,$Q_{P2}(j,i)$、$Q_{P2}(j,i+1)$——子代中第 j 个个体中的第 i 个和第 $i+1$ 个基因,$i=1,2,3,\cdots,N$;

q——变异运算中的流量突变值。

3）子代约束

在基因变异生成子代的过程中,需要对新生成子代进行满足约束判断与限制,约束包括模型约束和流量变幅约束。流量变幅约束是针对遗传算法求解特性,避免产生闸门调度大幅突变而设置的约束。流量变幅约束又分为基因交叉阶段约束和基因变异阶段约束。只有通过所有约束检验的子代才为合格子代。

基因交叉阶段流量变幅约束是对所有子代的检验阶段,其将流量变幅约束幅度 d 作为子代某个体是否进行基因变异的条件。

基因变异阶段流量变幅约束是对变异基因进行限制的阶段,若经变异后的子代基因满足:

$$Q_{P2}(j,i) > Q_{P0}(i)(1+d\%) \text{ 或 } Q_{P2}(j,i) < Q_{P0}(j,i)(1-d\%) \tag{7.15}$$

则限制该子代基因为:

$$Q_{P2}(j,i) = Q_{P0}(i)(1+d\%) \text{ 或 } Q_{P2}(j,i) = Q_{P0}(j,i)(1-d\%) \tag{7.16}$$

式中,$Q_{P0}(i)$——上一时刻各渠池上游端处过闸流量,m^3/s;

d——流量变幅约束幅度。

7.6 过渡期调度与分析

本研究所指的过渡期是指渠系流量状态由较大的非冰期输水流量状态过渡至较小的冰期输水流量状态。在本节研究案例中，过渡期的初始流量状态如 7.3 节所示，过渡过程为整个渠系整体过渡，过渡期分别取 7 日、5 日和 3 日，通过对比，总结调度期对渠系过渡期调度的影响规律，框定基本过渡期。基于显示问题和冰情主要发生在后半段，本节主要展示汤河节制闸至北拒马河节制闸的结果。

7.6.1 7 日过渡期

各节制闸过闸流量变化过程见图 7.6-1。过渡期的目标流量变化率设定为 3.5～14.1m³/(s•d)，各节制闸过闸流量自上游至下游依次减小。

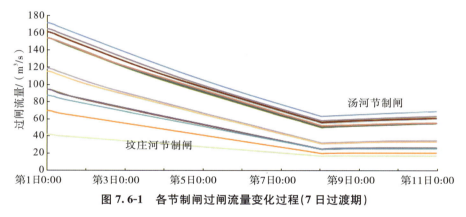

图 7.6-1 各节制闸过闸流量变化过程(7 日过渡期)

注：自上至下分别为汤河节制闸至坟庄河节制闸，或反序，后同。

调度过程中因节制闸开度调整、渠系水波串联耦合等因素造成的各节制闸过闸流量 24h 滚动变幅见图 7.6-2，流量变幅为－18～－4m³/s，第 9 日开始后逐渐趋于稳定。

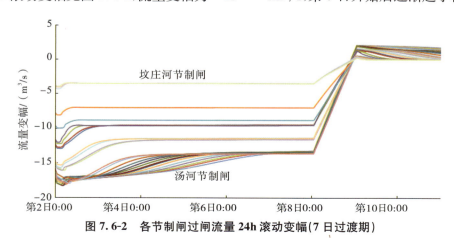

图 7.6-2 各节制闸过闸流量 24h 滚动变幅(7 日过渡期)

　　调度过程中各节制闸闸后断面水位偏差过程见图 7.6-3,图中负值代表调度造成的水位降低,在下游常水位运行方式下,流量降低造成上游水位降低属于正常现象,过渡期结束后水位相对快速地逐渐稳定,没有突变。

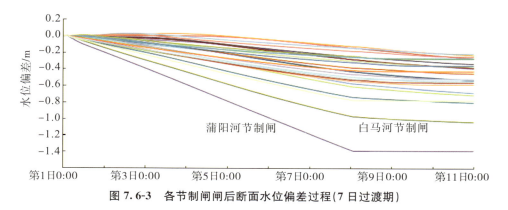

图 7.6-3　各节制闸闸后断面水位偏差过程(7 日过渡期)

　　各节制闸闸后断面 24h 水位变幅和 1h 水位变幅分别见图 7.6-4 和图 7.6-5,二者分别为 $-0.21\sim0.03$(m/24h)和 $-0.012\sim0.03$m/h,水位变幅不会造成渠道衬砌破坏,蒲阳河节制闸闸后水位波动最大。

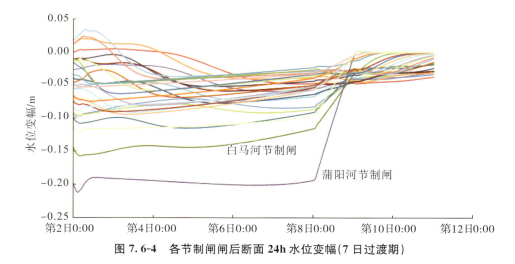

图 7.6-4　各节制闸闸后断面 24h 水位变幅(7 日过渡期)

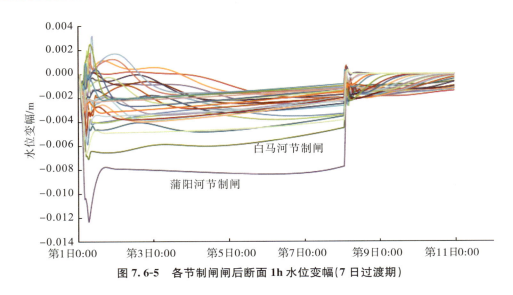

图 7.6-5　各节制闸闸后断面 1h 水位变幅(7 日过渡期)

各节制闸闸前断面水位偏差(取绝对值)过程见图 7.6-6,水位偏差呈现先增后降的趋势,最大偏差约 0.25m,自下游向上游依次逐渐回到控制水位。

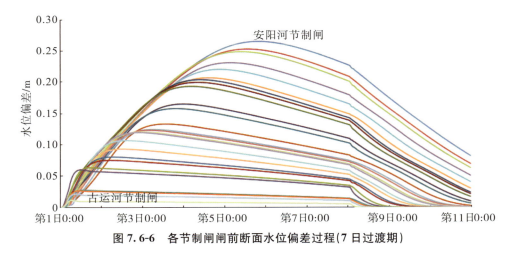

图 7.6-6　各节制闸闸前断面水位偏差过程(7 日过渡期)

各节制闸闸前断面 24h 水位变幅见图 7.6-7,其范围为 $-0.06 \sim 0.10$m/24h,波动幅度不会造成渠道衬砌破坏。此外,各渠池首末断面水位变幅均不会造成衬砌破坏,可认为 7 日过渡期为渠道安全过渡期。

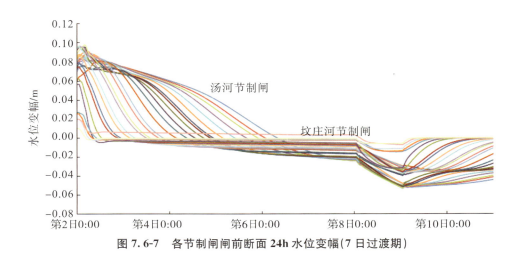

图 7.6-7　各节制闸闸前断面 24h 水位变幅(7 日过渡期)

7.6.2　5 日过渡期

当设定全渠系过渡期为 5 天时,相当于各节制闸目标流量每天要下降 $5\sim20\mathrm{m^3/s}$,即目标流量变化率为 $5\sim20\mathrm{m^3/(s\cdot d)}$,各节制闸过闸流量变化过程见图 7.6-8。

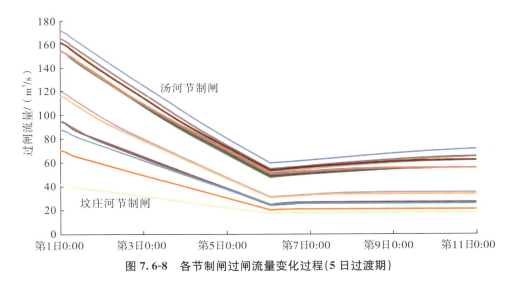

图 7.6-8　各节制闸过闸流量变化过程(5 日过渡期)

非恒定流过程造成的各节制闸过闸流量 24h 滚动变幅见图 7.6-9,流量变幅为 $-25\sim1\mathrm{m^3/s}$,过渡期结束后,流量变化源自闸门上下游水位波动。

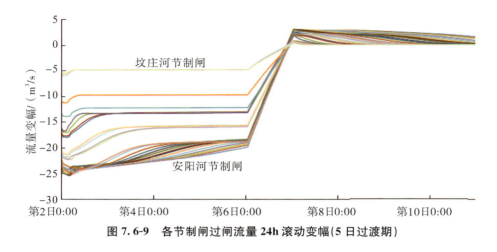

图 7.6-9　各节制闸过闸流量 24h 滚动变幅(5 日过渡期)

各节制闸闸后断面水位偏差(取绝对值)过程见图 7.6-10,同样受下游常水位运行方式影响,渠池上游水位普遍因为流量减小而降低,趋于稳定时的水位偏差为 $-1.4\sim0.2\mathrm{m}$。渠池上游水位降幅为本渠池内的最大值。

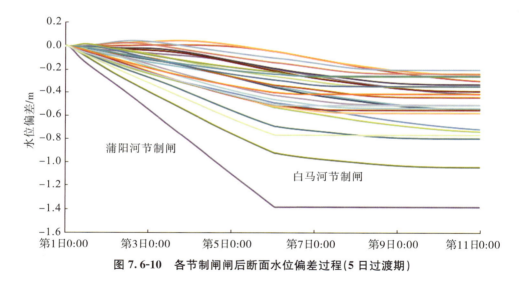

图 7.6-10　各节制闸闸后断面水位偏差过程(5 日过渡期)

各节制闸闸后断面 24h 水位变幅和 1h 水位变幅分别见图 7.6-11 和图 7.6-12,二者分别为 $-0.3\sim0.05(\mathrm{m/24h})$ 和 $-0.017\sim0.005\mathrm{m/h}$,仅蒲阳河节制闸闸后断面短时接近 $0.3(\mathrm{m/24h})$ 的允许限度,可以认为不会引起渠池衬砌破坏。

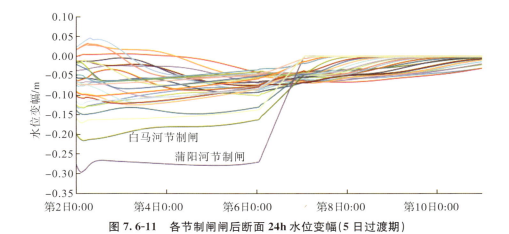

图 7.6-11 各节制闸闸后断面 24h 水位变幅(5 日过渡期)

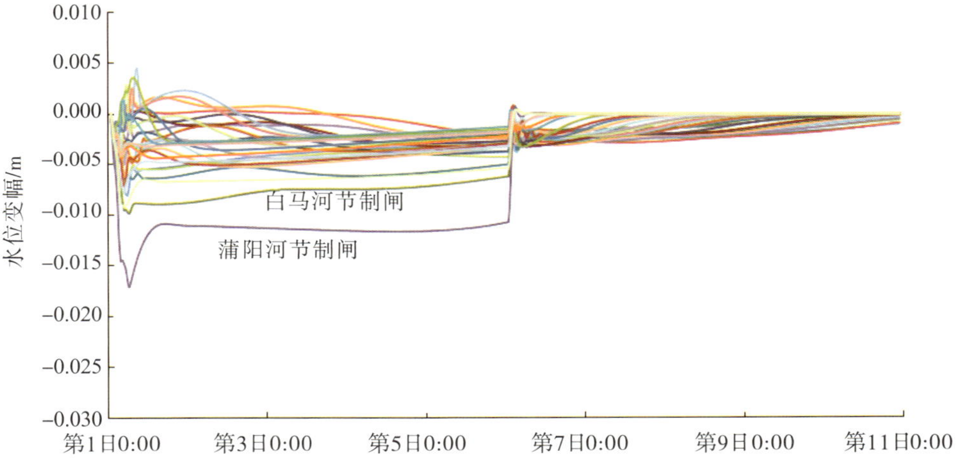

图 7.6-12 各节制闸闸后断面 1h 水位变幅(5 日过渡期)

各节制闸闸前断面水位偏差(取绝对值)过程见图 7.6-13,水位偏差仍然呈先升后降的趋势,最大偏差达 0.32m。

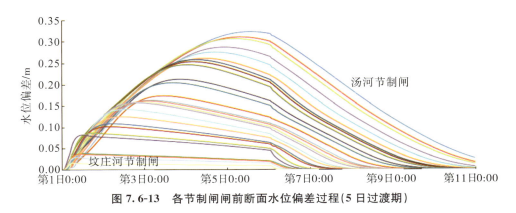

图 7.6-13 各节制闸闸前断面水位偏差过程(5 日过渡期)

各节制闸闸前 24h 水位变幅见图 7.6-14,水位变幅为$-0.08\sim0.13(\mathrm{m/24h})$,不会造成渠池衬砌破坏。

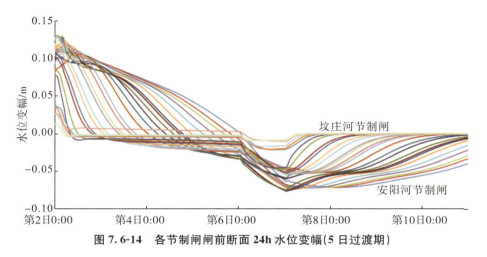

图 7.6-14 各节制闸闸前断面 24h 水位变幅(5 日过渡期)

7.6.3 3 日过渡期

当整个渠系的过渡期设定为 3 天时,各节制闸过闸流量变化过程见图 7.6-15,目标流量变化率为 $8\sim33\mathrm{m}^3/(\mathrm{s}\cdot\mathrm{d})$。

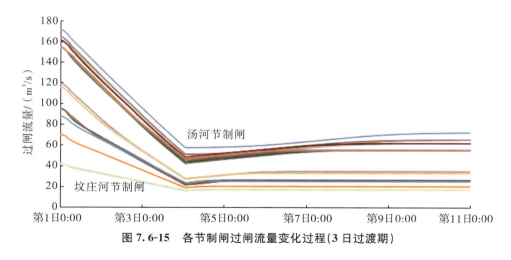

图 7.6-15 各节制闸过闸流量变化过程(3 日过渡期)

受渠系非恒定流过程影响,各节制闸过闸流量 24h 滚动变幅见图 7.6-16,流量变幅为 $-40\sim2\mathrm{m}^3/\mathrm{s}$。部分渠池的上下游水位变化过程见图 7.6-17。

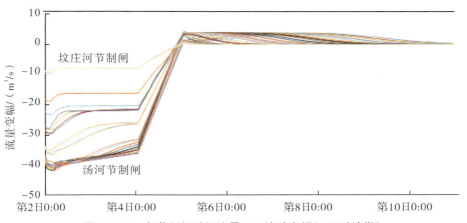

图 7.6-16　各节制闸过闸流量 24h 滚动变幅(3 日过渡期)

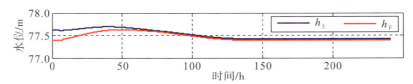

(a)浚河节制闸至台头沟节制闸渠池

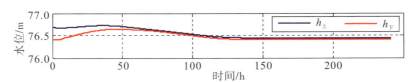

(b)台头沟节制闸至古运河节制闸渠池

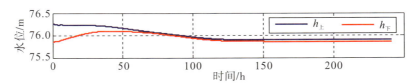

(c)古运河节制闸至滹沱河节制闸渠池

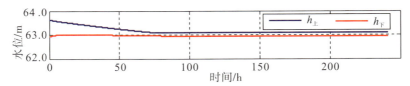

(d)瀑河节制闸至北易水节制闸渠池

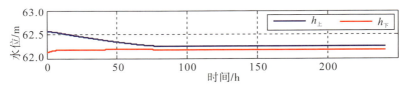

(e)北易水节制闸至坟庄河节制闸渠池

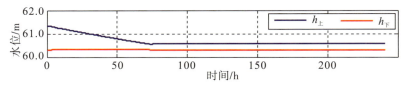

（f）坟庄河节制闸至北拒马河节制闸渠池

图 7.6-17　部分渠池的上下游水位变化过程（3 日过渡期）

各节制闸闸后水位偏差过程见图 7.6-18，水位逐日降低，趋于稳定时的水位偏差为 $-1.4 \sim -0.2$ m，这也是各渠池的最大水位降低断面。

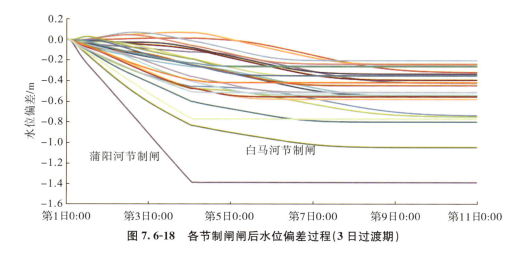

图 7.6-18　各节制闸闸后水位偏差过程（3 日过渡期）

各节制闸闸后断面 24h 水位变幅和 1h 水位变幅分别见图 7.6-19 和图 7.6-20，二者分别为 $-0.5 \sim 0.08$（m/24h）和 $-0.28 \sim 0.007$ m/h。蒲阳河节制闸闸后断面出现 24h 水位变幅超限有约 3 天，白马河节制闸闸后断面出现 24h 水位变幅超限有约 2 天，给渠道运行造成安全隐患。

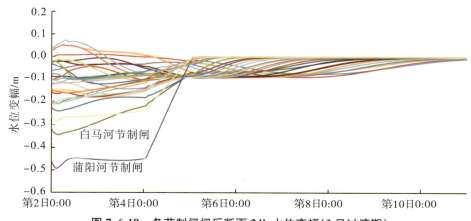

图 7.6-19　各节制闸闸后断面 24h 水位变幅（3 日过渡期）

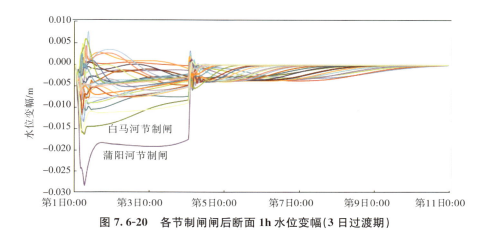

图 7.6-20　各节制闸闸后断面 1h 水位变幅(3 日过渡期)

各节制闸闸前断面水位偏差(取绝对值)过程见图 7.6-21,最大偏差约为 0.38m。

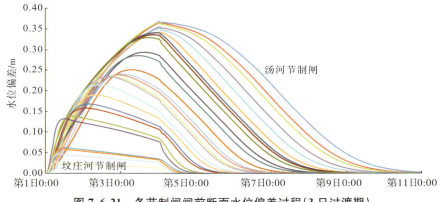

图 7.6-21　各节制闸闸前断面水位偏差过程(3 日过渡期)

各节制闸闸前断面 24h 水位变幅见图 7.6-22,水位变幅为−0.1~0.2m。可见,上游水位变幅超限的渠池,其下游水位变幅未超限,此类渠池水位变幅的风险部位仅为上半渠池。

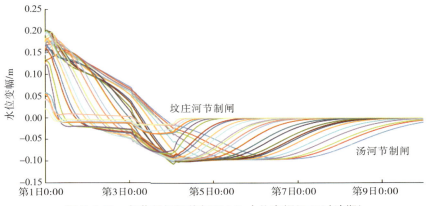

图 7.6-22　各节制闸闸前断面 24h 水位变幅(3 日过渡期)

7.7 封冻期调度与分析

依据近年来该工程实际运行情况,以古运河节制闸至北拒马河节制闸的渠段为例(包括 13 个渠池,并按顺序依次编号,编号见表 7.7-1),概化取末端分水流量为 20m³/s,天津分水流量 10m³/s,中管头分水 20m³/s,设定渠系以下游常水位方式运行,选择渠池闸前设计水位高度作为优化目标,在优化进程中同时保障各分水口满足用水户的正常用水,施加以恒定分水口流量约束。

进一步,为验证寻优控制器的使用效能和模拟极端工况的性能,具体工况描述为:渠系末端 3 个渠池(11、12、13 号)在模拟开始 2h 后短时间内结成覆盖整个渠池的冰盖,设定冰盖厚度为 20cm,糙率为 0.015。

优化模型详细参数设置:PI 控制器中 $K_i = 0.4$,$K_p = 0$;OF 控制器中 $d_1 = 7$,$d_2 = 4$,$d_3 = 10$,$M = 10$,$Pc = 0.5$,$q = [0, 0.01]$,$G = 500$,$E_{yun} = 0.14$;闸门动作时序步长为 5min,非恒定流时序步长为 1min。经模拟分析得到以下结果:

7.7.1 控制器作用下水力响应特性对比

分别采用 PI 控制器与 PI+寻优控制器进行封冻期闸门群调度模拟,得到采用不同控制器条件下的渠系典型渠池水力响应偏差过程(图 7.7-1 和图 7.7-2),其中,水位偏差指模拟实时水位偏离初始稳定水位程度,正值表示水位抬升,负值表示水位下降。

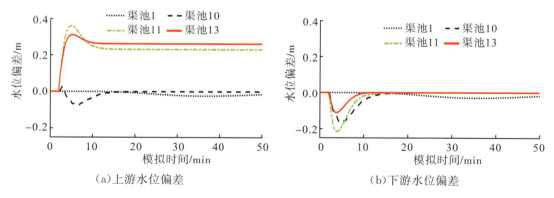

（a）上游水位偏差　　　　　　（b）下游水位偏差

图 7.7-1　PI 控制器作用下的水力响应

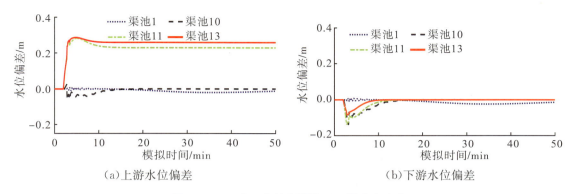

（a）上游水位偏差　　　　　　　（b）下游水位偏差

图 7.7-2　PI＋寻优控制器作用下的水力响应

由于渠池短时间内形成封冻，过流能力减少，在下游常水位运行方式下，为了维持原有的目标输水流量，必然会造成渠池上游闸后水位大幅抬升，必须执行开闸指令，增大渠池蓄量，使水力坡度增大到能在当前糙率和过水断面下通过目标输水流量的状态，然后再通过回调闸门使整个渠系稳定，下游控制断面处的水位回到控制目标位置。其余未封冻渠池的目标状态蓄量不增加，为了更好地满足下游渠池对蓄量的要求，这些渠池消耗自身的蓄量需满足下游水量需求，水位处于下降状态。因此，出现部分渠池闸后水位抬升，而部分渠池闸后水位下降的现象。

PI 控制器调控下，渠池 11 水位波动最大，上游最大水位偏差约为 0.36m，下游最大水位偏差约为 −0.22m，越靠近上游的渠池，其水力响应所受影响越小。PI＋寻优控制器调控下，渠池 11 最大水位偏差约为 0.28m，与仅有 PI 控制器调控相比，降低约 22％，下游最大水位偏差约 −0.14m，偏差减小约 36％，其他渠池的最大水位偏差也均有不同幅度的减小，统计见表 7.7-1。结果显示，PI＋寻优控制器调控时与仅 PI 控制器调控时相比，非封冻渠池上下游水位偏差分别至少减小了 11％和 14％，封冻渠池的上下游水位偏差也分别减小了 3.5％和 7％；同时，对于渠系水位恢复稳定耗时，除渠池 10 上游水位恢复耗时增加外，其余渠池均表现为提前，模拟工况下的耗时缩减了 0.3～2.6h。综合表明，PI＋寻优控制器具有抑制水位波动过大和尽早稳定水位的效果。

表7.7-1　PI+寻优控制器调控效果

渠池编号	渠池上游闸	渠池上游端						渠池下游端					
		PI控制器调控		PI+寻优控制器调控		PI+寻优控制器调控效果变化率		PI控制器调控		PI+寻优控制器调控		PI+寻优控制器调控效果变化率	
		水位偏差/m	稳定耗时/h	水位偏差/m	稳定耗时/h	水位偏差/%	稳定耗时/%	水位偏差/m	稳定耗时/h	水位偏差/m	稳定耗时/h	水位偏差/%	稳定耗时/%
1	古运河节制闸	-0.02	80.17	-0.02	77.5	-16.67	-2.59	-0.03	81.85	-0.02	79.00	-17.2	-2.85
2	滹沱河节制闸	-0.02	77.50	-0.02	74.9	-18.18	-2.58	-0.03	79.25	-0.02	76.67	-16.6	-2.58
3	磁河节制闸	-0.03	68.58	-0.02	66.1	-15.38	-2.41	-0.03	69.92	-0.03	67.50	-17.6	-2.42
4	沙河（北）节制闸	-0.03	63.33	-0.02	61.0	19.23	-2.33	-0.03	65.00	-0.03	62.58	-18.9	-2.42
5	漠道沟节制闸	-0.04	56.75	-0.03	54.5	-18.42	-2.25	-0.04	57.42	-0.03	55.08	-18.6	-2.34
6	唐河节制闸	-0.03	53.25	-0.02	51.0	-18.75	-2.25	-0.04	54.58	-0.37	52.33	-17.7	-2.25
7	放水河节制闸	-0.06	39.92	-0.04	38.1	-17.54	-1.75	-0.06	40.25	-0.05	38.50	-18.7	-1.75
8	蒲阳河节制闸	0.03	19.00	0.02	17.8	-20.69	-1.17	-0.08	34.08	-0.06	32.42	-20.7	-1.66
9	岗头节制闸	-0.10	23.83	-0.09	23.0	-11.00	-0.83	-0.11	24.08	-0.10	22.83	-13.7	-1.25
10	西黑山节制闸进口	-0.07	18.33	-0.06	19.0	-14.86	0.67	-0.16	18.92	-0.13	18.42	-15.7	-0.50
11	瀑河节制闸	0.36	15.08	0.28	14.4	-21.32	-0.66	-0.21	15.67	-0.13	15.17	-36.2	-0.52
12	北易水节制闸	0.17	13.17	0.16	11.8	-3.53	-1.34	-0.12	14.67	-0.11	13.83	-7.14	-0.84
13	坟庄河节制闸	0.31	11.75	0.29	11.0	-7.10	-0.67	-0.11	11.08	-0.08	10.75	-23.4	-0.33

注：渠池1为古运河节制闸至滹沱河节制闸渠池，渠池2为滹沱河节制闸至磁河节制闸渠池，依此类推，渠池13为坟庄河节制闸至北拒马河节制闸渠池，其下游未在本表中列出。

两种控制器作用下的各渠池进出口流量差对比见图 7.7-3。结果显示,两种控制器造成的渠池进出口流量差变化趋势类似,幅度和时间不同,流量差变化过程可分为两类:第一类,封冻渠池表现为进口流量大;第二类,未封冻渠池的进出口流量差表现为先负后正,且随着与封冻渠池距离的增大,其正负两个方向的波动幅度也逐渐减小。可见,PI+寻优控制器可通过优化各渠池进出口流量调整过程,减小进出口流量差的调整幅度与时间,达到快速逼近目标蓄量的目的,进而减小水位波动幅度,但PI+寻优控制器加大了封冻边界渠池进出口流量差调整的波动性,与工程布置、封冻与未封冻渠池流量差调整需求相反等因素有关。

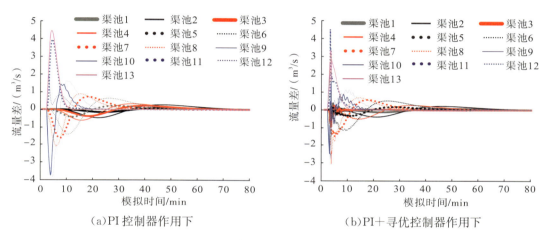

（a）PI 控制器作用下　　　　　　　（b）PI+寻优控制器作用下

图 7.7-3　各渠池进出口流量差对比

7.7.2　控制器作用下闸门群调度过程对比

两种控制器作用下的渠系典型闸门联合调度过程对比见图 7.4-4。在水位偏差过大时,切换 PI+寻优控制器进行闸门群联合调度,闸门群操作会较 PI 控制器作用下频繁,且单次操作幅度较大,但闸门最大开度较 PI 控制器明显减小。这体现了 PI+寻优控制器在模型方面设定闸门相关约束和在求解方面设定流量调节幅度限制的必要性和可行性。

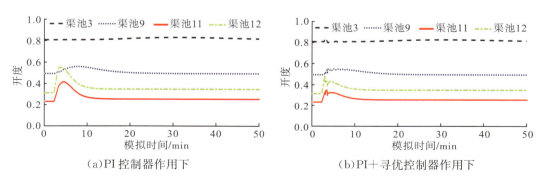

（a）PI 控制器作用下　　　　　　　（b）PI+寻优控制器作用下

图 7.7-4　渠系典型闸门联合调度过程对比

7.8 模型应用

以古运河节制闸至北拒马河节制闸渠段为例进行冰情模拟,模拟工况设定河北末端输水流量为20m³/s,天津分水流量为10m³/s,渠池1入渠水温过程为2016年1—2月古运河节制闸实测数据,冰盖糙率 $n_i = 0.015 + 0.005e^{-0.0025(t-t_0)}$,其中,$t_0$ 为封冻时刻,t 为模拟时刻。根据气温条件进行2种工况模拟,工况1为全部模拟渠段采用2016年1—2月正定县气象站气温过程;工况2为渠池1~6采用2016年1—2月气温过程,渠池7~13采用2016年1—2月保定市气象站气温过程,两个站点的气温对比见表7.8-1,正定县气象站气温较保定市气象站气温高,且负气温持续时间短。

表 7.8-1 　　　　　　2016 年 1—2 月正定县气象站和保定市气象站日均气温对比

气象站点	平均气温/℃			最低气温		最高气温		气温首次转换日期	
	1月	2月	1月和2月	数值/℃	出现日期	数值/℃	出现日期	转负	转正
正定	−1.9	3.8	0.8	−9.8	1月23日	8.2	2月8日	1月3日	1月28日
保定	−4.9	0.9	−2.1	−12.4	1月24日	5.4	2月18日	1月1日	2月8日

经模型模拟,得到2016年1—2月京石段冰情演变、水力响应和闸门群调节过程。

(1)冰情模拟结果

2016年1—2月不同模拟工况下冰盖范围变化见表7.8-2,2种工况下,渠池1~6的冰盖封冻日期和解冻日期一致,而工况2条件下的渠池7~13因采用保定气温过程而封冻提前和解封推迟,表明气温值及其作用渠道长度范围对封冻和解冻的影响较大。

工况1条件下的最大冰盖厚度约为15cm;工况2条件下渠系典型时刻的冰盖范围和厚度分布见图7.8-1,除个别断面冰盖厚度高达40cm外,渠池9~13的大部分断面最大冰盖厚度在25cm。书中指出的模拟时段最大冰盖厚度为28cm,与工况2冰盖厚度相近。

表 7.8-2 　　　　　　2016 年 1—2 月不同模拟工况下冰盖范围变化

模拟工况 1		模拟工况 2	
冰盖前缘位置	出现日期	冰盖前缘位置	出现日期
无冰盖	1月1—12日	无冰盖	1月1—7日
渠池13	1月13—14日	第13渠池	1月8—11日
无冰盖	1月15—17日	第8渠池	1月12—18日

续表

模拟工况 1		模拟工况 2	
冰盖前缘位置	出现日期	冰盖前缘位置	出现日期
渠池 13	1 月 18 日	渠池 7	1 月 19—20 日
渠池 9	1 月 19 日	渠池 3	1 月 21—22 日
渠池 6	1 月 20 日	渠池 1	1 月 23 日—2 月 3 日
渠池 3	1 月 21—22 日	渠池 2	2.4 日
渠池 1	1 月 23 日—2 月 3 日	渠池 3	2.5 日
渠池 2	2 月 4 日	渠池 4	2.6 日
渠池 3	2 月 5 日	渠池 7	2 月 7—10 日
渠池 4	2 月 6 日	渠池 8	2 月 11—12 日
渠池 10	2 月 7 日	渠池 10	2 月 13 日
无冰盖	2 月 8 日	渠池 11	2 月 14—15 日
		渠池 13	2 月 16 日
		无冰盖	2 月 17 日

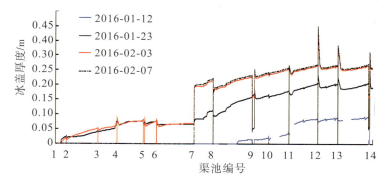

图 7.8-1　2016 年 1—2 月古运河节制闸至北拒马河节制闸渠段冰盖分布(工况 2)

(2)水力响应模拟结果分析

工况 2 条件下,因渠系冰情演变,在控制器作用下的渠系水力响应过程及闸门操作过程见图 7.8-2。

封冻和解冻过程中的渠系水力响应相对剧烈,闸门操作频繁。在下游常水位运行方式下,一般渠池上游水力响应较下游大,各渠池间水力响应具有非线性串联耦合特性,下游任一渠池冰情变化均会导致其上游渠池水力响应与闸门调节,因此上游渠池恢复稳定时间滞后于下游渠池。

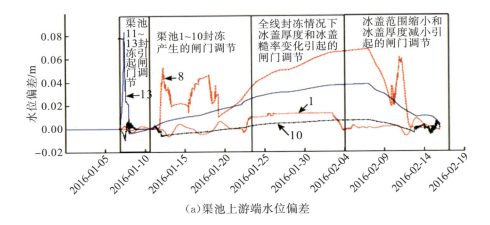

(a)渠池上游端水位偏差

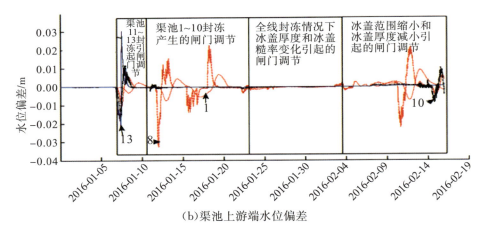

(b)渠池上游端水位偏差

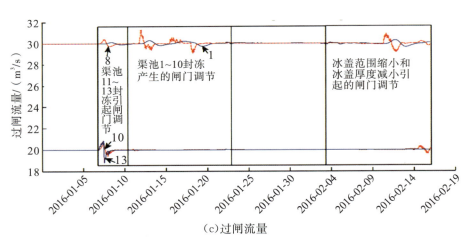

(c)过闸流量

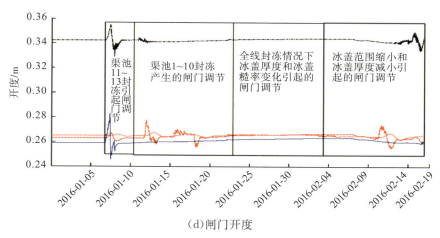

（d）闸门开度

图 7.8-2　渠系水力响应及闸门操作过程（工况 2）

在模拟工况下，模拟段全部封冻，冰情范围大，冰盖厚度较厚，渠系各渠池上游控制点最大水位壅高为 8cm，发生在渠池 13；各渠池下游控制点最大水位壅高为 3cm，发生在渠池 13。各渠池水位波幅大小不具备明显变化趋势，影响渠系水力响应过程的主要因素包括渠池输水流量占设计流量比、冰盖范围变化、冰盖厚度变化、冰盖糙率变化、控制器参数和渠池水力耦合和冰盖厚度等。

模型中控制器具有通过闸门系列操作减小冰情变化造成的水位波幅，并尽快恢复控制水位的作用，抑制了冰情演变造成的渠系水力过度响应，且维持了原有的运行方式。渠系冰期输水的水力响应具有一定的可控性，通过适当调节，可在一定程度上提高冰期输水安全性和高效性。

7.9　小结

分析了 7 日寒潮特性，筛选出典型 7 日寒潮过程，预测了 7 日寒潮造成的干渠冰情规律。寒潮易造成封冻段渠池在非常相近的时段内同时封冻，使渠系形成复杂的水力响应；经试算得到了渠系初始水温与封冻范围的查询表。例如，在 5℃水温条件下，遭遇 2% 频率 7 日寒潮情况下的最上游封冻断面为古运河节制闸断面；而遭遇 10% 频率 7 日寒潮情况下的最上游封冻断面为唐河节制闸断面。后期研究中，可根据实际情况对查询表进行修订。

建立了南水北调中线工程总干渠冰期输水实时调控模拟模型，针对过渡期和封冻期提出了控制调度建议，提出了基于短期气象预报的渠系冰期运行模式，并认为全线调节的过渡期不应小于 5 天；认为寻优＋PI 控制器能更好地适应封冻期的渠系水力响应特性，更能促进封冻期的输水安全。研究对增强闸门群运行调度的灵活性和适当提高输水能力具有支撑作用。

第8章　调蓄水库对总干渠水温与冰情的调节作用

水温是影响冰情发展的重要指标，利用总干渠沿线水库或拟建在线调蓄水库中的高温水，采用调度手段，改变渠道水体水温时空分布，缓解总干渠冬季结冰危害。

8.1　雄安调蓄水库工程概况

拟建雄安调蓄水库的主要任务是优化配置北调水量，满足雄安新区正常稳定供水要求，保障雄安新区在总干渠停水检修、突发事故停水期间的应急供水，相机提高下游中线用水户应急供水能力，为提高总干渠冰期输水能力创造条件；建设抽水蓄能电站，保障河北电网供电安全；兼顾开挖骨料利用、矿山修复等综合效益，并为新能源利用、大数据中心建设创造条件。

雄安调蓄水库位于南水北调中线总干渠西黑山节制闸上游约 1km 处，紧邻总干渠，工程主要包括调蓄上库、调蓄下库、抽水蓄能电站和其与总干渠之间的连通工程等。工程总库容为 2.56 亿 m^3、总兴利库容为 2.25 亿 m^3，其中，抽水蓄能发电库容为 0.11 万 m^3，供水调节库容为 1.63 亿 m^3，备用应急库容为 0.61 亿 m^3。

调蓄上库校核洪水位为 235.28m，设计洪水位为 234.92m，正常蓄水位为 234m，死水位为 155m，校核洪水位对应库容为 1.76 亿 m^3，设计洪水位对应库容为 1.75 亿 m^3，兴利库容为 1.57 亿 m^3，死库容为 1464 万 m^3。调蓄下库校核洪水位为 76.36m，设计洪水位为 75.98m，正常蓄水位为 75m，死水位为 20m，校核洪水位对应库容为 0.8 亿 m^3，设计洪水位对应库容为 0.79 亿 m^3，兴利库容为 0.77 亿 m^3，死库容为 63 万 m^3。

抽水蓄能电站装机容量为 600MW，安装 4 台 150MW 蓄能机组，调蓄上库蓄能电站运行水位为 205～234m，调蓄下库蓄能电站运行水位为 60～75m，电站发电最大净水头为 170.9m，最小净水头为 123.2m，额定水头为 148m，连续满发小时数为 6h（含 1h 备用），额定满发流量为 466m^3/s。另安装一台 30MW 的小机组，额定流量为 30m^3/s，以实现调蓄上库水位在 155～205m 时调蓄上库与下库间的抽水和放水功能，最大毛水头为 145m，最小毛水头为 80m。

根据工程总体布置,雄安调蓄库上库与下库之间通过抽水蓄能系统连通,调蓄下库经沉藻池与总干渠连通。

连通工程推荐分散布置单池方案,即进出口闸室分别独立布置在总干渠左岸,沉藻池采用单池布置方案。进口闸布置在南水北调中线干渠左岸,下距西黑山节制闸约 2100m,流量与总干渠相同,设计流量为 125m³/s,加大流量为 150m³/s,设计水深为 4.5m,加大水深为 5.016m。出口闸也布置在南水北调中线干渠左岸,下距西黑山节制闸约 200m,流量与总干渠相同,设计流量为 125m³/s,加大流量为 150m³/s,设计水深为 4.5m,加大水深为 5.019m。大致呈椭圆形的沉藻池布置在进口闸与出口闸之间,池西南侧接进口闸,池东侧接出口闸,沉藻池尾端与调蓄下库之间设置双向提水泵站以满足二者之间水体交换。规划调蓄库与总干渠连通布置见图 8.1-1。

当调蓄上库水位降到 205m 以下时,抽水蓄能机组停机不运行,启动 30MW 小机组发电运行由上库向下库放水,放水规模根据雄安新区缺水规模确定,最大放水规模为 30m³/s;同时,蓄能电站的大机组还可以空载放水,放水能力约为额定流量的 10%,4 台机组合计流量为 46m³/s,上库向下库的最大放水能力约为 76m³/s。调蓄上库放水进入调蓄下库后,调蓄下池水位高于沉藻池时,利用多功能连通闸自流进入沉藻池向总干渠补水,最大输水流量为 30m³/s;调蓄下池水位低于沉藻池时,利用多功能连通泵站抽提至沉藻池向总干渠补水,最大输水流量为 15m³/s。

8.2　水库冬季水温分布分析

在线调蓄水库水温调节措施的可行性及成效与冬季水库水温分布关系密切,为掌握水库冬季水温分布特点,分析了黄壁庄水库、安格庄水库、丰满水库等多座水库冬季水温分布规律,给出了拟建水库工程冬季水温分布。

8.2.1　黄壁庄水库和安格庄水库冬季水温

2012—2013 年冬季和 2013—2014 年冬季京石段采用黄壁庄水库和安格庄水库向北京供水,其中,黄壁庄水库水源在上游石家庄石津暗渠入总干渠,安格庄水库水源在下游中易水倒虹吸上游面入总干渠,一南一北,两个入水口南北相距 140km,下游安格庄水库水流对上游黄壁庄水库水流可形成水温调节作用。

两个冬季两个水源供水方式分别为:2012—2013 年冬季京石段总调水流量为 10.8~12.6m³/s,其中,黄壁庄水库调水流量为 5.3~5.6m³/s,安格庄水库调水流量为 5.5~7.0m³/s;2013—2014 年冬季京石段总调水流量为 10.0~12.0m³/s,其中,黄壁庄水库调水流量为 5.0~6.5m³/s,安格庄水库调水流量为 5.0~5.5m³/s(表 8.2-1)。

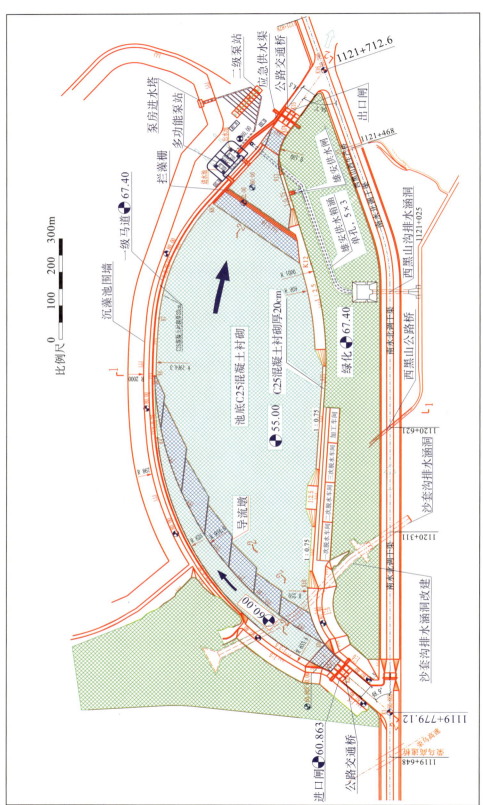

图8.1-1 规划调蓄库与总干渠连通布置（单位：m）

表 8.2-1　　　　　　　　　　　　京石段两个水源调度

冬季年份	黄壁庄水库调水流量/(m³/s)	安格庄水库调水流量/(m³/s)	总调水流量/(m³/s)
2012—2013	5.3～5.6	5.5～7.0	10.8～12.6
2013—2014	5.0～6.5	5.0～5.5	10.0～12.0

（1）冬季水温变化

黄壁庄水库位于滹沱河主流石家庄市黄壁庄镇，为太行山前水库，水库规模为大（1）型，总库容为 12.1 亿 m³，水库水深大于 15m，京石段应急通水期间，黄壁庄水库水源经石津干渠，在总干渠石津暗渠入渠。经两个冬季测量分析，黄壁庄水库水温为 1.5～3.5℃。

安格庄水库位于易水河主流易县安格庄镇，为太行山区水库，水库规模为大（2）型，总库容为 3.08 亿 m³，水库水深大于 35m，京石段应急通水期间，安格庄水库水源经易水河，在总干渠中易水倒虹吸进口前入渠，入渠口距黄壁庄水库水源入渠口约 140km，对上游渠道来水进行水温调节。经两个冬季测量，安格庄水库水温为 1.7～4.3℃。

（2）安格庄水库入渠水流对渠道水温的影响

2012—2013 年冬季和 2013—2014 年冬季冰期输水期间，安格庄水库对总干渠上游水温的影响明显（表 8.2-2 和图 8.2-1）。经分析，总干渠渠道下游水温回升日期提前 27～48 天。

表 8.2-2　　　　　　　　　安格庄水库水源对渠道的水温影响

冬季年份	入渠口上游水温调节日期	入渠口下游水温调节日期	水温回升提前天数
2012—2013	2013-02-28	2013-01-11	48
2013—2014	2013-01-28	2014-01-24	27

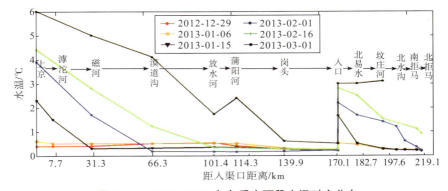

图 8.2-1　2012—2103 年冬季京石段水温时空分布

（3）安格庄水库入渠水流对冰情的影响

2012—2013 年冬季和 2013—2014 年冬季冰期输水期间，安格庄水库对总干渠上游冰情发展影响明显。经分析,安格庄水库水源促使入渠口下游渠段开河日期提前20～51天,并且暖冬气候条件时影响最为明显,2013—2014年开河日期提前51天(表8.2-3)。

表 8.2-3 安格庄水库水源对冰情影响

冬季年份	安格庄水库入渠口下游开河日期	京石段开河日期	提前开河天数
2012—2013	2013-02-16	2013-03-08	20
2013—2014	2014-01-02	2014-02-04	51

因此,通过在线调蓄水库调节总干渠水流水温是可行的,在线水库水温调节作用的大小与水库冬季水温和可调节流量有关,在选择或建设调蓄水库时,应论证水库的地理位置、规模、深度对水温的影响,以及水温调蓄的调度措施。

8.2.2 丰满水库冬季水温

丰满水库距吉林省吉林市东南部14km,蓄水112亿m³以上,正常蓄水位为263.5m,水库大坝高为95m,回水线长度为180km,回水线平均宽度为3km,水库狭长。根据2014—2017年冬季水温测量值(表8.2-4),2月水库坝前水温垂向分布曲线见图8.2-2,各冬季下泄水温为1.3～2.7℃。

表 8.2-4 丰满水库 2014—2017 年 2 月水温测量值

测量时间	设计水位/m	水位/m	下泄水温/℃
2014 年 2 月	263.5	252.5	2.7
2015 年 2 月	263.5	242.2	2.2
2016 年 2 月	263.5	249.3	2.5
2017 年 2 月	263.5	242.2	1.3

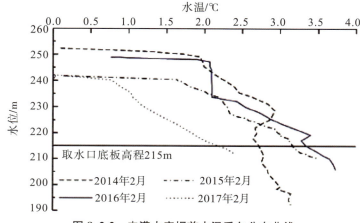

图 8.2-2 丰满水库坝前水温垂向分布曲线

8.2.3　抽水蓄能水库冬季水温

收集了北京十三陵水库、河北张家湾水库、山西西龙池水库、辽宁蒲石河水库、内蒙古呼和浩特水库等 5 座水库 2014—2015 年冬季水温数据，5 个抽水蓄能工程上库库容为 445 万～1256 万 m^3，下库库容为 494 万～8330 万 m^3，下库库容大于上库库容。下面以下库为例，说明各抽水蓄能水库冬季水温发展过程，张河湾水库下库库容最大，为 8330 万 m^3；十三陵水库下库库容为 7977 万 m^3；西龙池水库下库库容最小，为 494 万 m^3。各工程下水库水深为 12.5～53m，十三陵水库、张家湾水库、蒲石河水库下库类型为河道型，其他工程下库类型为库盆型。

各水库 2014—2015 年冬季气温特征值见表 8.2-5，累积负气温为 −968～−109.7℃，最低气温为 −21.8～−10.5℃。水库周围气温受地理位置、地形地貌影响差异明显。各水库 2014—2015 年冬季水温特征值见表 8.2-6，冬季水库水温经历了三个阶段：下降、持续低温和上升。2014 年水库 11 月测次水温高于 8℃，2014 年 12 月、2015 年 1 月、2015 年 2 月出现最低水温，2015 年 2 月、2015 年 3 月开始水温回升。各水库水温过程差异较大，张河湾水库 2014 年 11 月水温为 12℃、2014 年 12 月水温为 8.5℃、2015 年 1 月水温为 3～4℃、2015 年 2 月水温为 2.7℃、2015 年 3 月水温为 4.5℃，最低水温出现在 2015 年 2 月；呼和浩特水库 2014 年 11 月水温为 8℃、2014 年 12 月水温为 0.8℃、2015 年 1 月水温为 0.9～1.8℃、2015 年 2 月水温为 2.1℃、2015 年 3 月水温为 2.3℃，最低水温出现在 2014 年 12 月。同时，每座水库冬季最低水温不同，十三陵水库最低水温为 1.75℃，张河湾水库最低水温为 2.7℃，蒲石河水库最低水温为 1℃，呼和浩特水库最低水温为 0.8℃。

表 8.2-5　　　　　　　　各水库 2014—2015 年冬季气温特征值

水库名称	多年平均气温/℃	最冷月最低气温/℃	累积负气温/℃	最低气温/℃	2014 年 12 月平均气温/℃	2015 年 1 月平均气温/℃	2015 年 2 月平均气温/℃
十三陵	9.9	−5.7	−109.7	−13.1		−1.9	1.0
张河湾	9.4	−6.0	−149.8	−10.5	−1.2	−0.8	0.5
西龙池	4.7	−18.4	−222.5	−12.7	−3.3	−2.2	−0.5
蒲石河	−12.8	−38.5	−590.5	−21.8	−9.0	−8.1	−4.6
呼和浩特		−15.7	−968.0	−20.3		−19.5	−9.8

表 8.2-6   各水库 2014—2015 年冬季水温特征值

水库名称	2014 年 11 月 测次水温/℃	2014 年 12 月 测次水温/℃	2015 年 1 月 测次水温/℃	2015 年 2 月 测次水温/℃	2015 年 3 月 测次水温/℃
十三陵	9.3	1.85	1.75		2.5
张河湾	12.0	8.50	3.00～4.00	2.7	4.5
西龙池			6.80	6.8	7.7
蒲石河	13.0	6.20	1.00	1.0	1.0～3.0
呼和浩特	8.0	0.80	0.90～1.80	2.1	2.3

十三陵、张河湾、西龙池、蒲石河水库下库进水口水温垂向分布曲线见图 8.2-3 至图 8.2-6,呼和浩特水库上库进水口水温垂向分布曲线见图 8.2-7。

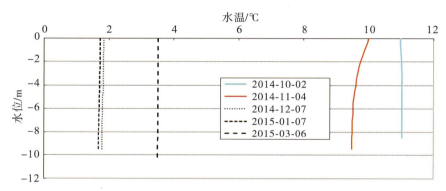

图 8.2-3   十三陵水库下库进水口水温垂向分布曲线

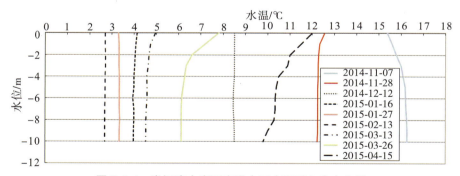

图 8.2-4   张河湾水库下库进水口水温垂向分布曲线

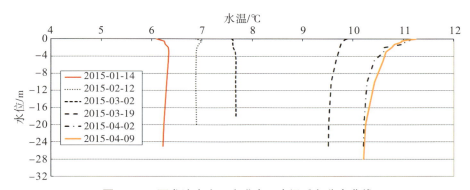

图 8.2-5　西龙池水库下库进水口水温垂向分布曲线

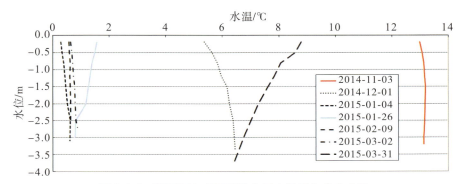

图 8.2-6　蒲石河水库下库进水口水温垂向分布曲线

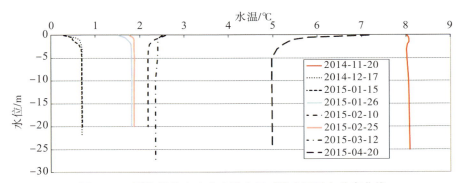

图 8.2-7　呼和浩特水库上库进水口对岸水温垂向分布曲线

8.2.4　水库冬季水温调研成果

根据多座水库的调研,取得以下成果:

①可以初步判断,雄安调蓄库上库冬季 1～2m 表层范围可能存在变温层,2m 以下绝大部分区域水温分层现象不明显。

②水库冬季水温变化与地理位置、气候条件关系紧密,丹江口水库以南水库冬季水温为 6～13℃。

③每年11月至次年3月水库水温变化经历下降、低温持续和上升三个阶段，一般11月至12月上旬水温较高，最低温度出现在1月或2月，2月下旬至3月水温开始回升。

根据上述分析，天然情况下拟建雄安调蓄库1月和2月水温为2~4℃。

8.3 雄安调蓄库典型冬季水温预测

根据雄安调蓄库上库水深、库容和所在地理位置冬季气象条件，其可能存在水温低于4℃情况，考虑到上库水温垂向掺混和风生流对水温的影响，采用水库三维水温模型进行水温预测分析。

8.3.1 模型建立与验证

根据雄安调蓄库可参考水库的情况，选择张河湾水库建立三维水温模型（图8.3-1）进行参数率定。针对张河湾水库，选择2014年11月—2015年4月水温进行模拟验证，结果见图8.3-2。模拟结果表明：模拟水温过程与实测水温过程吻合，各时间点计算水温误差较小，在水温下降期间和最低温期间，计算水温误差在0.1~0.4℃，本模型选择的参数可为雄安调蓄库三维水温模型提供参考。

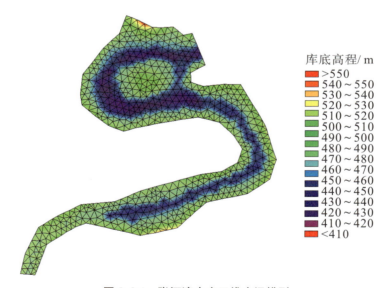

库底高程/ m
- >550
- 540~550
- 530~540
- 520~530
- 510~520
- 500~510
- 490~500
- 480~490
- 470~480
- 460~470
- 450~460
- 440~450
- 430~440
- 420~430
- 410~420
- <410

图 8.3-1　张河湾水库三维水温模型

图 8.3-2　张河湾水库水温模拟结果

8.3.2　雄安调蓄库上库水温计算

在参考张河湾水库三维模型参数的基础上,建立了雄安调蓄库上库三维水温模型(图 8.3-3)。模型考虑了不同水温下水密度变化和风生流产生的库区水流、水温对流扩散运动,暂未考虑水库抽水蓄能发电、蓄水和补水出流等情况。选择 1968—1969 年典型冬季进行水温模拟,选用保定气象站数据。为避免初始水温影响,从 1968 年 1 月开始模拟。水库模拟范围为雄安调蓄库上库,水位取常水位 234m。

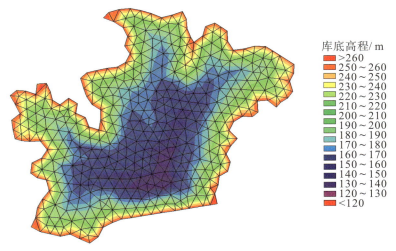

图 8.3-3　雄安调蓄库上库三维水温模型

针对雄安调蓄库计算了 4 个典型气象年冬季水温变化过程,得到了调蓄库不同水深水温平面分布和不同日期水库水温垂向分布等代表性模拟结果,从不同水深平面和不同日期水库水温垂向分布规律分析,结果表明,模拟结果与水库水温分布在理论上吻合较好。

雄安调蓄库上库模拟水温变化过程可为总干渠水温调节提供详细的水温变化过程。雄安调蓄库典型气象年冬季水温变化过程预测结果见图 8.3-4，根据计算结果得到各典型气象年冬季雄安调蓄库不同月份平均水温（表 8.3-1）。从水库水温变化过程来看：冬季水温在 1.42～8.48℃变化，其中 1968—1969 年（强冷冬）1 月和 2 月平均水温分别为 3.84℃和 1.42℃。雄安调蓄库对总干渠具备一定调节水温的作用。

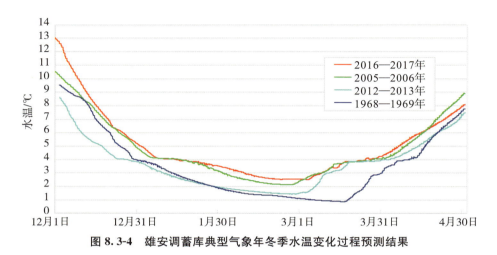

图 8.3-4　雄安调蓄库典型气象年冬季水温变化过程预测结果

表 8.3-1　　　　　　　　各典型气象年冬季雄安调蓄库不同月份平均水温

时间	典型冬季平均水温/℃			
	1968—1969 年（强冷冬）	2012—2013 年（冷冬）	2005—2006 年（平冬）	2016—2017 年（暖冬）
12 月	7.05	6.12	7.72	8.48
1 月	3.84	3.69	4.75	5.17
2 月	1.42	1.73	2.42	2.83
12 月至次年 2 月	2.86	3.04	3.92	4.03

8.4　调蓄库保温措施研究

8.4.1　加盖保温措施

（1）思路与方案

针对雄安调蓄库上库，从库水面热交换情况分析，水库热量损失的主要有库区水面水分蒸发热损失和水气对流热损失，风速是这两项热交换的关键影响因素，降低风速既可以减少蒸发热损失，又可以减少水气对流热损失。因此，从降低风速减少蒸发和对流热损失的角度考虑,在水库水面铺满透光塑料球,既可以避免水面风速影响,又可以吸收太阳短波辐射热量,达到水库水面加盖保温措施的目的。

针对该加盖保温措施,在水库三维水温数学模型中通过改变水库表面风速来表征。本研究中,采取加盖措施后,考虑水库表面风速为 0m/s,对 1968—1969 年冬季气象条件下雄安调蓄库上库水温过程进行模拟预测。

(2)效果分析

通过对比分析 1968—1969 年气象条件下雄安调蓄库上库加盖前后水温变化过程模拟预测结果,得到雄安调蓄库加盖前后水温变化过程(图 8.4-1)。计算结果表明:加盖后 12 月至次年 2 月冬季水温可提高 0.32~1.80℃,平均可提高 1.12℃。

图 8.4-1　1968—1969 年气象条件下雄安调蓄库上库加盖前后水温变化过程

8.4.2　提前蓄水保温措施

(1)思路与方案

针对雄安调蓄库上库冬季水温下降情况,相比总干渠输水渠道水温与气象条件响应速度,水库水温对气象条件的响应相对滞后。基于该原理,本研究主要探讨通过提前利用总干渠较高水温对调蓄库上库进行蓄水,利用水库三维水温数学模型对调蓄库上库提前蓄水效果进行模拟分析。

具体方案为:7—11 月,调蓄库上库每月 1 日分别从总干渠岗头隧洞至西黑山渠段取水蓄满,以每月 1 日岗头隧洞节制闸水温[参考 2019—2020 年冬季岗头隧洞节制闸水温过程(图 8.4-2)]作为调蓄库上库初始水温,7—11 月,各月对应的初始水温分别为 28℃、30℃、27℃、23℃ 和 17℃,模拟分析不同初始水温和 1968—1969 年气象条件下调蓄库上库水温变化过程,共 5 个计算工况。

图 8.4-2　雄安调蓄库与总干渠岗头隧洞节制闸水温过程

(2)效果分析

1968—1969 年冬季气象条件下,雄安调蓄库上库 7—11 月提前蓄水水库水温变化过程见图 8.4-3。从图 8.4-3 中可以看出,以总干渠岗头隧洞节制闸各月水温作为调蓄库上库初始水温,提前蓄水后,在 1968—1969 年冬季气象条件作用下,经过 10～20 天后,各提前蓄水工况的调蓄库上库水温变化过程趋于相同,由此说明提前蓄水对雄安调蓄库上库水温影响有限。

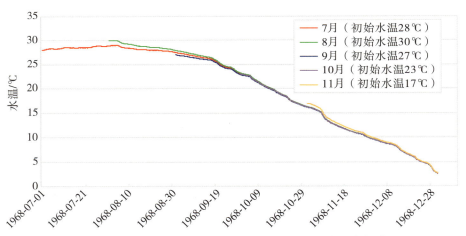

图 8.4-3　雄安调蓄库上库 7—11 月提前蓄水水库水温变化过程

8.5　渠—库联合调度下的水温分布

根据各典型气象年和总干渠输水方案组合的典型计算工况水温模拟预测结果,选择岗头隧洞节制闸以北渠段水温低于 0.5℃的情况,将雄安调蓄库上库水温较高的水与总干渠的水进行混合,以达到提高总干渠水温,避免出现结冰的效果。根据总干渠典型计算工况水温模拟预测结果分析,选择强冷冬(1968—1969 年冬季)气象与 $150m^3/s$、$210m^3/s$ 和 $280m^3/s$ 三种输水流量方案组合情况下总干渠岗头隧洞节制闸至北拒马河暗渠节制闸渠段水温作为初始水温。

根据雄安调蓄库工程初步设计,调蓄库在总干渠的出水口上距西黑山节制闸、西黑山分水口分别为 200m、100m。本研究设置雄安调蓄库在总干渠的配水点位于雄安调蓄库设计出水口(方案一)和西黑山节制闸下游 100m(方案二)的两种方案。

针对雄安调蓄库上库无保温措施和采取加盖保温措施两种调蓄库水温条件与两种配水点方案,通过总干渠一维水温模型模拟,分析雄安调蓄库上库对总干渠水温的调节效果。

8.5.1　雄安调蓄库设计出水口配水点方案(方案一)计算分析

模拟范围为岗头隧洞节制闸至北拒马河暗渠节制闸渠段,配水点位于调蓄库工程在总干渠出水口处,西黑山节制闸上游约 200m,来水水温取总干渠岗头隧洞节制闸水温计算结果。雄安调蓄库设计出水口配水点方案计算工况见表 8.5-1。

表 8.5-1　　　　　　　　雄安调蓄库设计出水口配水点方案计算工况

工况编号	各断面流量/(m³/s)					备注
	渠首	岗头隧洞节制闸	调蓄库置换量	西黑山进水闸	西黑山节制闸	
1-150-48.97-33.97+15	150	48.97	15	25	23.97	
2-150-48.97-18.97+30	150	48.97	30	25	23.97	
3-150-48.97-0+48.97	150	48.97	48.97	25	23.97	全部置换
4-210-55-30+25	210	55	25	27	28	
5-210-55-15+40	210	55	40	27	28	
6-210-55-0+55	210	55	55	27	28	全部置换
7-280-75-40+35	280	75	35	40	35	
8-280-75-20+55	280	75	55	40	35	
9-280-75-0+75	280	75	75	40	35	全部置换

雄安调蓄库上库无保温措施和采取加盖保温措施下岗头隧洞节制闸至北拒马河暗渠节制闸段水温调节计算结果分别见表 8.5-2 和表 8.5-3。雄安调蓄库调节后总干渠水温变化过程见图 8.5-1 至图 8.5-3。计算结果表明:

表 8.5-2　　雄安调蓄库上库无保温措施下岗头隧洞节制闸至北拒马河暗渠节制闸段水温调节计算结果

工况编号	流量配比（渠＋库）	配水点水温/℃		北拒马河暗渠节制闸最低水温/℃		
		调节前	调节后	调节前	调节后	增温
1-150-48.97-33.97＋15	33.97＋15	0.00	0.22	0.00	0.00	0.00
2-150-48.97-18.97＋30	18.97＋30	0.00	0.62	0.00	0.00	0.00
3-150-48.97-0＋48.97	0＋48.97	0.00	1.07	0.00	0.11	0.11
4-210-55-30＋25	30＋25	0.00	0.45	0.00	0.00	0.00
5-210-55-15＋40	15＋40	0.00	0.8	0.00	0.15	0.15
6-210-55-0＋55	0＋55	0.00	1.08	0.00	0.24	0.24
7-280-75-40＋35	40＋35	0.49	0.78	0.17	0.34	0.17
8-280-75-20＋55	20＋55	0.49	0.96	0.17	0.44	0.27
9-280-75-0＋75	0＋75	0.49	1.09	0.17	0.39	0.22

表 8.5-3　　雄安调蓄库上库采取加盖保温措施下岗头隧洞节制闸至北拒马河暗渠节制闸段水温调节计算结果

工况编号	流量配比（渠＋库）	配水点水温/℃		北拒马河暗渠节制闸最低水温/℃		
		调节前	调节后	调节前	调节后	增温
1-150-48.97-33.97＋15	33.97＋15	0.00	0.49	0.00	0.00	0.00
2-150-48.97-18.97＋30	18.97＋30	0.00	1.17	0.00	0.11	0.11
3-150-48.97-0＋48.97	0＋48.97	0.00	1.90	0.00	0.11	0.11
4-210-55-30＋25	30＋25	0.00	0.85	0.00	0.42	0.42
5-210-55-15＋40	15＋40	0.00	1.44	0.00	0.77	0.77
6-210-55-0＋55	0＋55	0.00	1.91	0.00	0.93	0.93
7-280-75-40＋35	40＋35	0.49	1.20	0.17	0.74	0.57
8-280-75-20＋55	20＋55	0.49	1.50	0.17	1.07	0.90
9-280-75-0＋75	0＋75	0.49	1.50	0.17	1.14	0.97

（a1）无保温措施下

（a2）加盖保温措施下

（a）1-150-48.97-33.97＋15

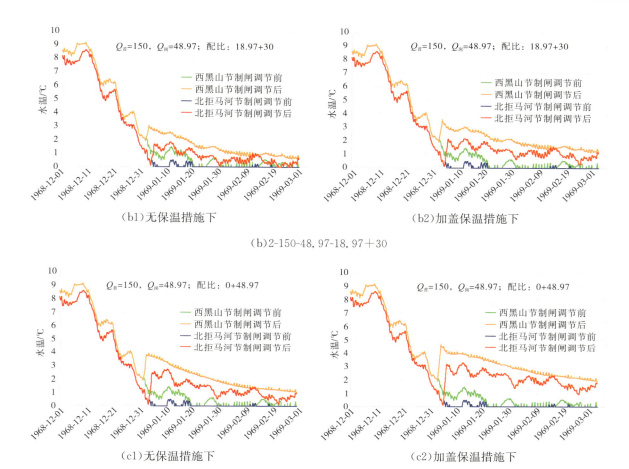

(b1)无保温措施下　　　　　　　　(b2)加盖保温措施下

(b)2-150-48.97-18.97+30

(c1)无保温措施下　　　　　　　　(c2)加盖保温措施下

(c)3-150-48.97-0+48.97

图 8.5-1　雄安调蓄库调节后总干渠水温变化(方案一,输水流量 150m³/s)

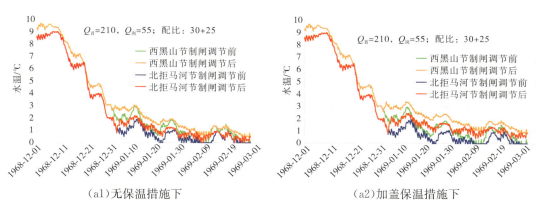

(a1)无保温措施下　　　　　　　　(a2)加盖保温措施下

(a)4-210-55-30+25

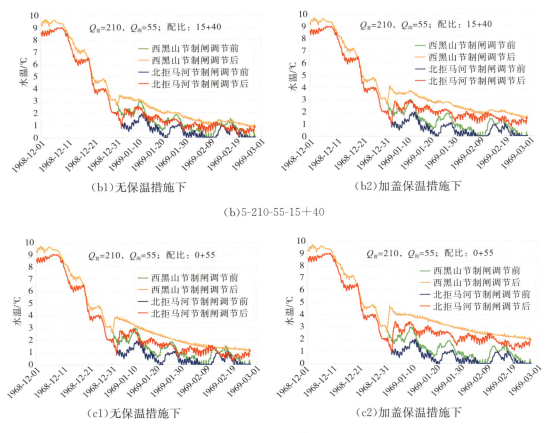

（b1）无保温措施下　　　　　（b2）加盖保温措施下

（b）5-210-55-15＋40

（c1）无保温措施下　　　　　（c2）加盖保温措施下

（c）6-210-55-0＋55

图 8.5-2　雄安调蓄库调节后总干渠水温变化（方案一，输水流量 210m³/s）

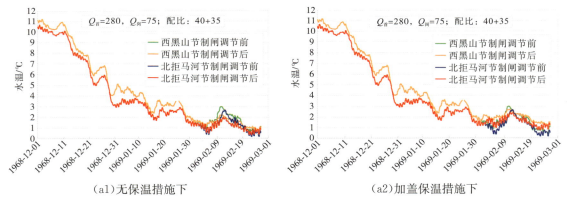

（a1）无保温措施下　　　　　（a2）加盖保温措施下

（a）7-280-75-40＋35

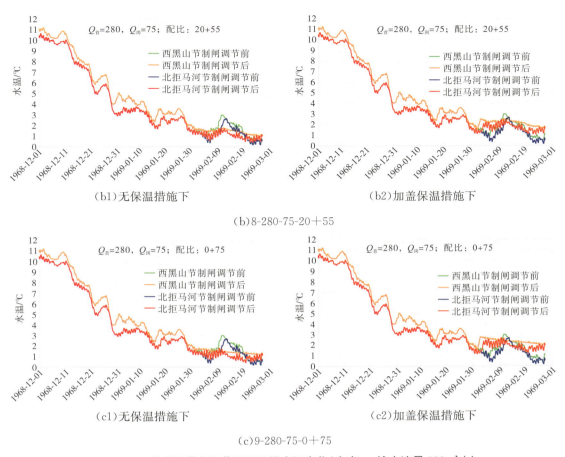

(b)8-280-75-20+55

(c)9-280-75-0+75

图 8.5-3　雄安调蓄库调节后总干渠水温变化(方案一,输水流量 280m³/s)

(1)调蓄库无保温措施下

总干渠输水流量为 150m³/s,配水量为(33.97+15)m³/s、(18.97+30)m³/s 时,北拒马河暗渠节制闸调节后最低水温均为 0℃,全用调蓄库输水,即配水量为(0+48.97)m³/s 时,北拒马河暗渠节制闸调节后最低水温仅为 0.11℃;总干渠输水流量为 210m³/s,配水量为(30+25)m³/s、(15+40)m³/s 时,北拒马河暗渠节制闸调节后最低水温分别为 0℃和 0.15℃,全用调蓄库输水,即配水量为(0+55)m³/s 时,北拒马河暗渠节制闸调节后最低水温也仅为 0.24℃;总干渠输水流量为 280m³/s,配水量为(40+35)m³/s、(20+55)m³/s 时,北拒马河暗渠节制闸调节后最低水温分别为 0.34℃和 0.44℃,全用调蓄库输水,即配水量为(0+75)m³/s 时,北拒马河暗渠节制闸调节后最低水温也仅为 0.39℃。

(2)调蓄库加盖保温措施下

总干渠输水流量为 150m³/s,配水量为(33.97+15)m³/s、(18.97+30)m³/s 时,北拒马河暗渠节制闸调节后最低水温分别为 0℃和 0.11℃,全用调蓄库输水(配水量与无保温措施时一致,下同),北拒马河暗渠节制闸调节后最低水温仅为0.11℃;总干渠输水流量为210m³/s,配水量为(30+25)m³/s、(15+40)m³/s时,北拒马河暗渠节制闸调节后最低水温分别为42℃和0.77℃,全用调蓄库输水,北拒马河暗渠节制闸调节后最低水温则为0.93℃;总干渠输水流量为280m³/s,配水量为(40+35)m³/s、(20+55)m³/s时,北拒马河暗渠节制闸调节后最低水温分别为0.74℃和1.07℃,全用调蓄库输水,北拒马河暗渠节制闸调节后最低水温则仅为1.14℃。

综上所述,1968—1969年冬季与150m³/s、210m³/s和280m³/s三种输水流量方案的各组合工况的来水流量和水温情况,在调蓄库无保温措施的情况下,调蓄库水温对北拒马河暗渠节制闸水温调节效果不够理想;在调蓄库加盖保温措施的情况下,针对210m³/s和280m³/s输水流量方案的来水和不同流量配比,调蓄库水温对北拒马河暗渠节制闸最低水温可提高至0.42~1.14℃。

8.5.2 西黑山节制闸下游100m配水点方案(方案二)计算分析

方案二的模拟范围为岗头隧洞节制闸至北拒马河暗渠节制闸渠段,相比方案一,配水位置下移至西黑山节制闸下游,来水水温取总干渠岗头隧洞节制闸水温计算结果。配水点方案水温调节计算工况见表8.5-4。

表8.5-4　　　　　　西黑山节制闸下游100m配水点方案水温调节计算工况

工况编号	各断面流量/(m³/s)						备注
	渠首	岗头隧洞节制闸	西黑山分水口	西黑山节制闸	调蓄库置换水量	北拒马河暗渠节制闸	
1-150-48.97-23.97-18.97+5	150	48.97	25	23.97	5.00	22.97	
2-150-48.97-23.97-8.97+15	150	48.97	25	23.97	15.00	22.97	
3-150-48.97-23.97-0+23.97	150	48.97	25	23.97	23.97	22.97	全部置换
4-210-55-28-18+10	210	55.00	27	28.00	10.00	22.97	
5-210-55-28-8+20	210	55.00	27	28.00	20.00	22.97	
6-210-55-28-0+28	210	55.00	27	28.00	28.00	22.97	全部置换
7-280-75-35-20+15	280	75.00	40	35.00	15.00	30.00	
8-280-75-35-10+25	280	75.00	40	35.00	25.00	30.00	
9-280-75-35-0+35	280	75.00	40	35.00	35.00	30.00	全部置换

雄安调蓄库上库无保温措施和采取加盖保温措施下西黑山节制闸至北拒马河暗

渠节制闸渠段水温调节计算结果分别见表 8.5-5 和表 8.5-6。雄安调蓄库调节后总干渠水温变化见图 8.5-4 至图 8.5-6。计算结果表明：

表 8.5-5　雄安调蓄库上库无保温措施下西黑山节制闸至北拒马河暗渠节制闸渠段水温调节计算结果

工况编号	流量配比（渠＋库）	配水点水温/℃		北拒马河暗渠节制闸最低水温/℃		
		调节前	调节后	调节前	调节后	增温
1-150-48.97-23.97-18.97＋5	18.97＋5	0.00	0.20	0.00	0.00	0.00
2-150-48.97-23.97-8.97＋15	8.97＋15	0.00	0.68	0.00	0.00	0.00
3-150-48.97-23.97-0＋23.97	0＋23.9	0.00	1.11	0.00	0.19	0.19
4-210-55-28-18＋10	18＋10	0.00	0.38	0.00	0.00	0.00
5-210-55-28-8＋20	8＋20	0.00	0.81	0.00	0.18	0.18
6-210-55-28-0＋28	0＋28	0.00	1.11	0.00	0.26	0.26
7-280-75-35-20＋15	20＋15	0.53	0.79	0.19	0.37	0.18
8-280-75-35-10＋25	10＋25	0.53	0.99	0.19	0.47	0.28
9-280-75-35-0＋35	0＋35	0.53	1.12	0.19	0.51	0.32

表 8.5-6　雄安调蓄库上库在加盖保温措施下西黑山节制闸至北拒马河暗渠节制闸渠段水温调节计算结果

工况编号	流量配比（渠＋库）	配水点水温/℃		北拒马河暗渠节制闸最低水温/℃		
		调节前	调节后	调节前	调节后	增温
1-150-48.97-23.97-18.97＋5	18.97＋5	0.00	0.36	0.00	0.00	0.00
2-150-48.97-23.97-8.97＋15	8.97＋15	0.00	1.20	0.00	0.19	0.19
3-150-48.97-23.97-0＋23.97	0＋23.9	0.00	1.96	0.00	0.20	0.20
4-210-55-28-18＋10	18＋10	0.00	0.66	0.00	0.18	0.18
5-210-55-28-8＋20	8＋20	0.00	1.40	0.00	0.81	0.81
6-210-55-28-0＋28	0＋28	0.00	1.96	0.00	1.01	1.01
7-280-75-35-20＋15	20＋15	0.53	1.13	0.19	0.75	0.56
8-280-75-35-10＋25	10＋25	0.53	1.52	0.19	1.10	0.91
9-280-75-35-0＋35	0＋35	0.53	1.52	0.19	1.18	0.99

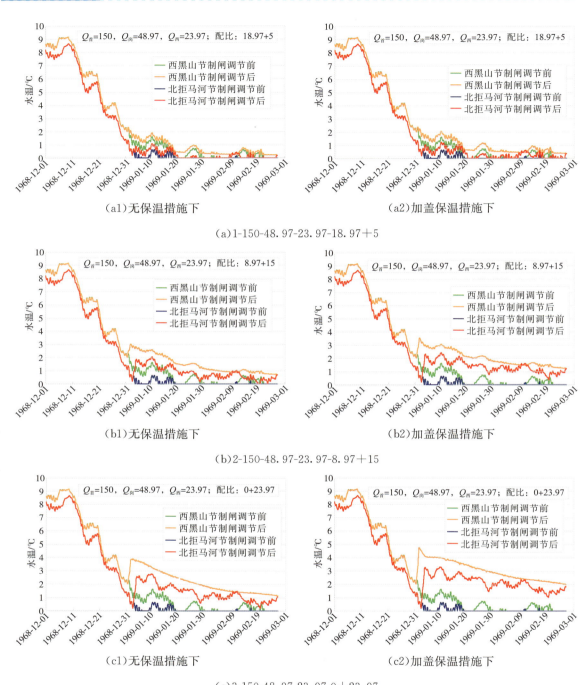

(a1)无保温措施下 (a2)加盖保温措施下

(a)1-150-48.97-23.97-18.97＋5

(b1)无保温措施下 (b2)加盖保温措施下

(b)2-150-48.97-23.97-8.97＋15

(c1)无保温措施下 (c2)加盖保温措施下

(c)3-150-48.97-23.97-0＋23.97

图 8.5-4　雄安调蓄库调节后总干渠水温变化（方案二，流量 150m³/s）

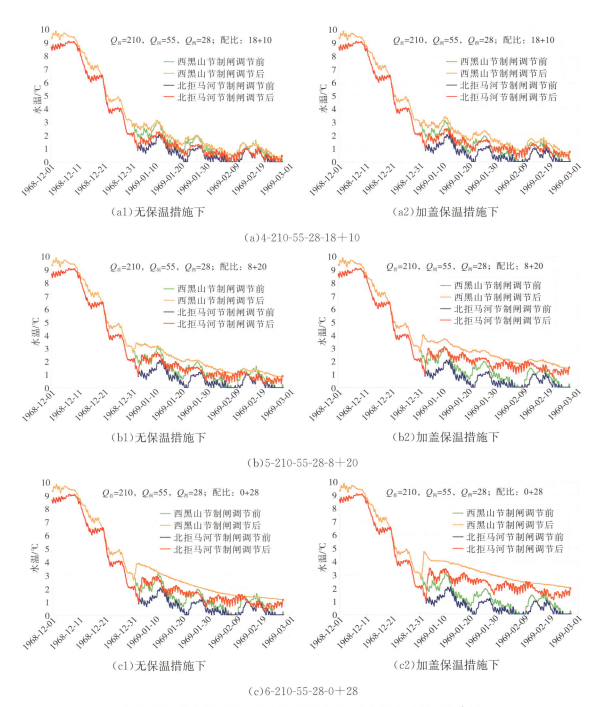

（a1）无保温措施下　　　　　　（a2）加盖保温措施下

（a）4-210-55-28-18+10

（b1）无保温措施下　　　　　　（b2）加盖保温措施下

（b）5-210-55-28-8+20

（c1）无保温措施下　　　　　　（c2）加盖保温措施下

（c）6-210-55-28-0+28

图 8.5-5　雄安调蓄库调节后总干渠水温变化(方案二,流量 210m³/s)

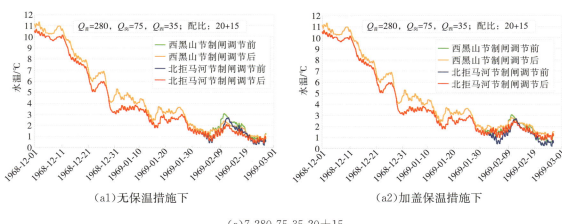

（a1）无保温措施下　　　　　　　　　　（a2）加盖保温措施下

（a）7-280-75-35-20＋15

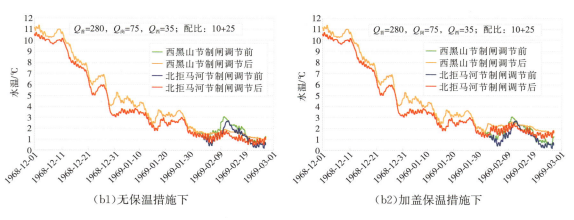

（b1）无保温措施下　　　　　　　　　　（b2）加盖保温措施下

（b）8-280-75-35-10＋25

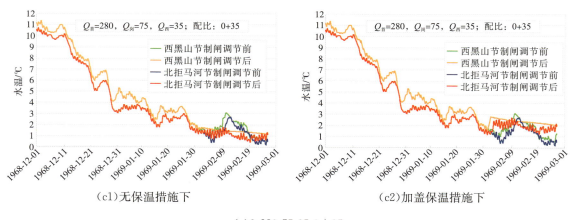

（c1）无保温措施下　　　　　　　　　　（c2）加盖保温措施下

（c）9-280-75-35-0＋35

图 8.5-6　雄安调蓄库调节后总干渠水温变化（方案二，流量 280m³/s）

（1）调蓄库无保温措施下

总干渠输水流量为 150m³/s，配水量为（18.97＋5）m³/s、（8.97＋15）m³/s 时，北

拒马河暗渠节制闸调节后最低水温均为 0℃,全用调蓄库输水,即配水量为(0+23.97)m³/s 时,北拒马河暗渠节制闸调节后最低水温仅为 0.19℃;总干渠输水流量为 210m³/s,配水量为(18+10)m³/s、(8+20)m³/s 时,北拒马河暗渠节制闸调节后最低水温分别为 0℃ 和 0.18℃,全用调蓄库输水,即配水量为(0+28)m³/s 时,北拒马河暗渠节制闸调节后最低水温也仅为 0.26℃;总干渠输水流量为 280m³/s,配水量为(20+15)m³/s、(10+25)m³/s 时,北拒马河暗渠节制闸调节后最低水温分别为 0.37℃ 和 0.47℃,全用调蓄库输水,即配水量为(0+35)m³/s 时,北拒马河暗渠节制闸调节后最低水温也仅为 0.51℃。

(2)调蓄库加盖保温措施下

总干渠输水流量为 150m³/s,配水量为(18.97+5)m³/s、(8.97+15)m³/s 时,北拒马河暗渠节制闸调节后最低水温分别为 0℃ 和 0.19℃,全用调蓄库输水(配水量与无保温措施时一致,下同),北拒马河暗渠节制闸调节后最低水温仅为 0.20℃;总干渠输水流量为 210m³/s,配水量为(18+10)m³/s、(8+20)m³/s 时,北拒马河暗渠节制闸调节后最低水温分别为 0.18℃ 和 0.81℃,全用调蓄库输水,北拒马河暗渠节制闸调节后最低水温则为 1.01℃;总干渠输水流量为 280m³/s,配水量为(20+15)m³/s、(10+25)m³/s 时,北拒马河暗渠节制闸调节后最低水温分别为 0.75℃ 和 1.10℃,全用调蓄库输水,即配水量为(0+35)m³/s 时,北拒马河暗渠节制闸调节后最低水温则仅为 1.18℃。

综上所述,针对 1968—1969 年冬季与 150m³/s、210m³/s 和 280m³/s 三种输水流量方案的各组合工况的来水流量和水温情况,在调蓄库无保温措施的情况下,调蓄库水温对北拒马河暗渠节制闸水温调节效果不够理想;在调蓄库加盖保温措施下,针对 210m³/s 和 280m³/s 输水流量方案的来水和不同流量配比,调蓄库水温对北拒马河暗渠节制闸最低水温可提高至 0.18~1.18℃。

8.5.3　不同配水点方案效果比较

针对方案一(雄安调蓄库设计出水口配水点方案)和方案二(西黑山节制闸下游 100m 配水点方案),对比分析调蓄库对总干渠水温调节效果可知,在相同总干渠来水的水量、水温相同且调蓄库水量配比相近的情况下,调蓄库对总干渠水温的调节效果基本不受配水点位置的影响。方案一下调蓄库配水后有部分混合升温后的水从西黑山分水口分流出去,而配水点下移(方案二)配水后升温水全部用于调节西黑山节制闸以北渠段水温。从调蓄库水量利用效率考虑,方案二对总干渠水温的调节效果优于方案一。

8.6 小结

通过调研和模拟预测分析,得出以下结论:

在代表强冷冬的 1968—1969 年典型冬季气象条件下,雄安调蓄库上库冬季水温的变化范围为 1.42～7.05℃,其中强冷冬 1968—1969 年冬季 1 月和 2 月平均水温分别为 3.84℃和 1.42℃,说明雄安调蓄库水温对总干渠具备一定的调节水温的条件;雄安调蓄库上库采取加盖保温措施后,12 月至次年 2 月冬季水温可提高 0.32～1.80℃,平均可提高 1.12℃;各提前蓄水工况的调蓄库上库水温变化过程趋于相同,说明提前蓄水对雄安调蓄库上库水温影响有限。

针对 1968—1969 年冬季与 150m³/s、210m³/s 和 280m³/s 三种输水流量方案的各组合工况的来水流量和水温情况,在无保温措施情况下,调蓄库水温对北拒马河暗渠节制闸水温的调节效果不够理想;在加盖保温措施情况下,针对 210m³/s 和 280m³/s 输水流量方案的各组合工况的不同来水流量和水温情况,调蓄库水温对北拒马河暗渠节制闸最低水温大多可提高至 1℃左右。

总体上,方案二对总干渠水温调节效果优于方案一。

第9章 岗头隧洞节制闸控冰技术

9.1 岗头隧洞节制闸闸前冰塞问题及解决思路

9.1.1 岗头隧洞节制闸闸前冰塞问题

选择岗头隧洞节制闸敞泄运行减缓冰塞主要基于以下3个方面的原因。一是特殊的地理位置。岗头隧洞节制闸"一闸卡双城（北京、天津）"，是冰期输水"瓶颈"和"梗阻"渠段。二是特殊的工程布置。渡槽下游745m紧邻节制闸，这在中线工程布置中几乎是绝无仅有的。渡槽产冰量大、流速大，不易形成冰盖；节制闸闸前流速低，输冰能力降低，容易形成冰盖。上游大量流冰在此短距离"卸货"聚集形成冰塞。三是特殊的水力条件。渡槽水力坡降较陡，节制闸闸前坡降较缓，水力坡降由陡变缓；明渠最大流速在水面，节制闸断面最大流速在底部，水流拖曳流冰下潜形成冰塞，且闸前弯道水流复杂，加剧了冰塞险情。

事实证明，总干渠冬季输水运行6年来，岗头隧洞节制闸闸前冰塞问题最为严重，为全线冰期输水的关键控制点。根据冰情资料分析，上游界河倒虹吸至漕河渡槽形成的流冰大部分堆积在岗头隧洞节制闸进口，2015—2016年最严重时，流冰堆积范围覆盖隧洞进口的全部石渠段。同时界河倒虹吸至岗头隧洞渠段分布界河倒虹吸、吴庄隧洞、漕河渡槽、岗头隧洞节制闸（图9.1-1），以及隧洞进口前745m的石渠段，结构布置多样，水流条件复杂，进一步加剧了岗头隧洞进口的冰害。经分析，岗头隧洞进口的冰害主要由该渠池上游大量流冰在隧洞进口前的石渠内堆积导致，该处流冰量大，距离有限，冰情问题突出。

图 9.1-1　蒲阳河倒虹吸至西黑山节制闸工程布置

9.1.2　研究思路与方案

针对岗头隧洞节制闸严重的闸前冰塞问题，提出在冬季输水期间将岗头隧洞节制闸敞泄运行以减缓冰塞。将原有的蒲阳河倒虹吸至岗头隧洞、岗头隧洞至西黑山两个输水渠池变成蒲阳河倒虹吸至西黑山一个渠池，其上下游节制闸保持常规调度，同时取消岗头隧洞节制闸闸前拦冰索，使岗头隧洞节制闸前石渠段内的流冰全部向下游渠道输移，然后探索将下移流冰在西黑山节制闸前近 7.9km 的梯形断面明渠内尽快形成初始冰盖。

针对岗头隧洞节制闸敞泄运行方案，通过建立一维水动力学数学模型，与正常调度方案相比较，计算蒲阳河倒虹吸出口渐变段至西黑山节制闸渠段水力学参数变化，重点分析岗头隧洞节制闸退出调度对界河倒虹吸节制闸进口淹没水位和岗头隧洞节制闸进口渠段、出口渠段流速的影响，在此基础上提出适用的边界条件。

9.2　节制闸控冰措施效果分析

9.2.1　水流条件改变效果分析

岗头隧洞节制闸退出调度渠段沿程水力学参数变化曲线见图 9.2-1，岗头隧洞节制闸退出调度前后主要控制断面水力学参数见表 9.2-1。

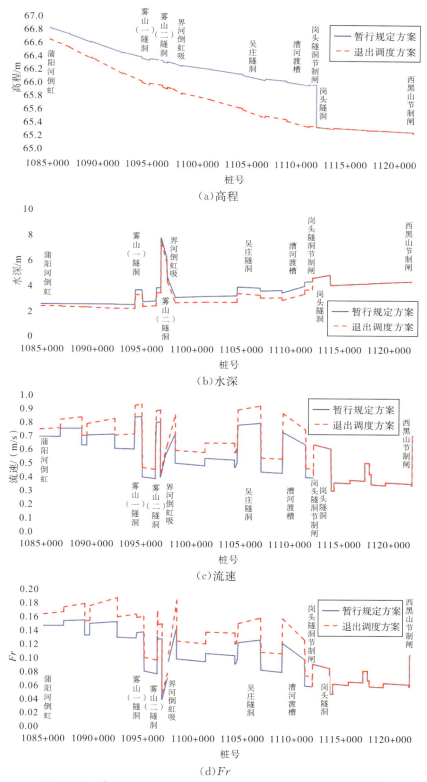

图 9.2-1　岗头隧洞节制闸退出调度渠段沿程水力学参数变化曲线

表9.2-1

岗头隧洞节制闸退出调度前后主要控制断面水力学参数

建筑物名称	主要控制断面	退出调度前水深 H_1/m	退出调度后水深 H_2/m	水深差 ΔH/m	退出调度前流速 V_1/(m/s)	退出调度后流速 V_2/(m/s)	流速差 ΔV/(m/s)	退出调度前 Fr_1	退出调度后 Fr_2	ΔFr
蒲阳河倒虹吸	出口渐变段末端	2.67	2.51	-0.17	0.69	0.75	0.06	0.15	0.17	0.02
雾山(一)隧洞	进口渐变段起始	2.67	2.31	-0.35	0.60	0.72	0.11	0.13	0.17	0.04
	隧洞	3.76	3.39	-0.37	0.84	0.94	0.09	0.14	0.16	0.02
	出口渐变段末端	2.86	2.50	-0.36	0.40	0.47	0.07	0.08	0.10	0.02
雾山(二)隧洞	进口渐变段起始	2.94	2.56	-0.38	0.39	0.46	0.07	0.08	0.10	0.02
	隧洞	3.95	3.56	-0.39	0.81	0.89	0.09	0.13	0.15	0.02
	出口渐变段末端	3.95	3.56	-0.39	0.81	0.89	0.09	0.13	0.15	0.02
界河倒虹吸	进口渐变段起始	7.87	7.49	-0.38	0.40	0.43	0.03	0.04	0.05	0.01
	倒虹吸	6.42	6.03	-0.38	0.57	0.61	0.04			
吴庄隧洞	出口渐变段末端	4.82	4.43	-0.38	0.58	0.63	0.05	0.10	0.11	0.01
	进口渐变段起始	3.37	2.87	-0.50	0.51	0.62	0.12	0.10	0.13	0.03
	隧洞	3.98	3.43	-0.55	0.80	0.93	0.13	0.13	0.16	0.03
漕河渡槽	出口渐变段末端	3.75	3.20	-0.55	0.44	0.54	0.10	0.08	0.11	0.03
	进口渐变段起始	3.81	3.24	-0.57	0.43	0.53	0.10	0.08	0.11	0.03
	渡槽	4.14	3.52	-0.61	0.64	0.75	0.11	0.10	0.13	0.03
岗头隧洞	出口渐变段末端	4.46	3.85	-0.61	0.59	0.69	0.10	0.09	0.11	0.02
	进口渐变段起始	4.50	3.89	-0.61	0.40	0.46	0.06	0.06	0.08	0.02
	节制闸	5.40	4.78	-0.62	0.56	0.64	0.08	0.09	0.09	0.00
西黑山节制闸	隧洞	5.01	5.01	0.00	0.61	0.61	0.00	0.09	0.09	0.00
	出口渐变段末端	4.21	4.21	0.00	0.30	0.30	0.00	0.05	0.05	0.00
	进口渐变段起始	4.51	4.51	0.00	0.34	0.34	0.00	0.06	0.06	0.00
	节制闸	4.50	4.50	0.00	0.71	0.71	0.00	0.11	0.11	0.00

计算结果表明，岗头隧洞节制闸退出调度后，从蒲阳河倒虹吸至岗头隧洞渠段水位沿程下降幅度逐渐增大，界河倒虹吸进口水位在其淹没水位以上，其中，岗头隧洞节制闸闸前控制断面（进口渐变段起始断面）水位降幅最大，为 0.62m，蒲阳河倒虹吸出口控制断面水位减小 0.17m；相应各渠段流速和 Fr 呈不同程度增大，其中，岗头隧洞节制闸闸前渠道断面流速由 0.40m/s 增大至 0.46m/s，Fr 由 0.06 增大至 0.08；漕河渡槽流速由 0.64m/s 增大至 0.75m/s，Fr 由 0.10 增大至 0.13；界河倒虹吸进口流速和 Fr 变化较小。

为分析岗头隧洞节制闸退出调度后局部区域流场变化，建立三维紊流数学模型，模拟了岗头隧洞节制闸现行冬季输水流量（48m³/s）条件下三维流场变化情况。岗头隧洞节制闸退出调度前后平剖面（水深 2m 处）和纵剖面（中心剖面）水流流线及流速分布分别见图 9.2-2 和图 9.2-3。

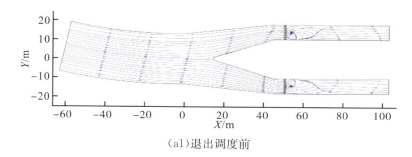

（a1）退出调度前

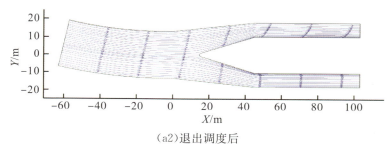

（a2）退出调度后

（a）流线分布

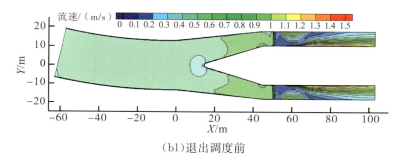

（b1）退出调度前

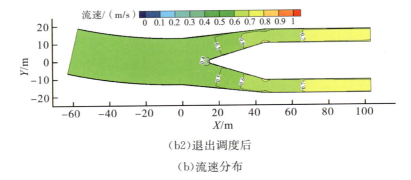

（b2）退出调度后

（b）流速分布

图 9.2-2　岗头隧洞节制闸退出调度前后平剖面水流变化情况

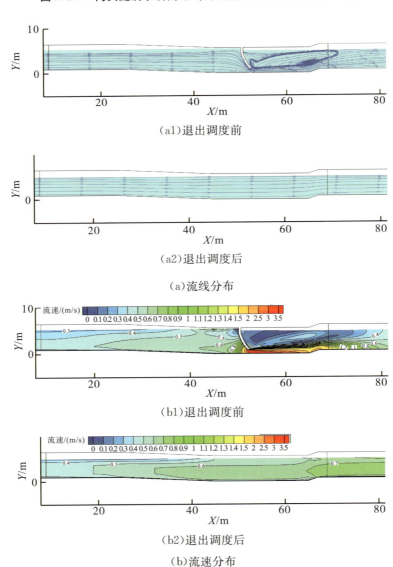

（a1）退出调度前

（a2）退出调度后

（a）流线分布

（b1）退出调度前

（b2）退出调度后

（b）流速分布

图 9.2-3　岗头隧洞节制闸退出调度前后纵剖面水流变化情况

由图 9.2-2 和图 9.2-3 可知：

①退出调度前，上游来流水流平顺，在节制闸前缘主流顺弧形闸门下潜，主流流速逐渐增大至 3.5～4.0m/s，弧形闸门前缘上半层则为低流速区，长约 8m，最大流速为 0.5m/s；经过闸门后，主流由底部逐渐向表层扩散，在闸后 20m 处接近扩散均匀，在主流扩散段上层为纵向回流区，平面也出现复杂的回流流态，此区域流速较低。从水流流线和流速分布判断，流冰容易在闸前上层低流速区聚集，当聚集到一定程度随主流下潜，然后在闸后逐渐上浮并在回流区聚集。

②退出调度后，从石渠到隧洞渠段水流流线平顺，流速断面分布均匀，主流流速由石渠段的 0.4m/s 逐渐增大至隧洞段的 0.7m/s。相比退出调度前，闸门段不控制，其水流流线和流速分布不易阻碍流冰漂流。

上述结果表明，在节制闸退出调度后，蒲阳河倒虹吸至岗头隧洞渠沿程水位、流速等水力学条件均符合运行要求，流速和 Fr 有一定增大，且石渠到隧洞渠段水流平顺，利于岗头隧洞节制闸前石渠段流冰向下游转移。

9.2.2　冰情改变效果分析

基于本研究提出的岗头隧洞节制闸退出冰期调度的冰期输水方案，利用第 4 章提出的冰情模拟模型对蒲阳河节制闸至西黑山节制闸渠池的冰情进行预测分析，考虑第 3 章研究的典型工况全线水温变化规律结论，选取 3 种工况进行冰情模拟预测，分别为 2015—2016 年冬季气象、1968—1969 年冬季气象＋150m³/s 输水流量方案和 1968—1969 年冬季气象＋210m³/s 输水流量方案。

(1)2015—2016 年冬季气象

2015—2016 年冬季气象下岗头隧洞节制闸退出调度前后冰情对比（2016 年 1 月 24 日）见图 9.2-4。对比发现，在本工况下，岗头隧洞节制闸退出冰期调度会造成漕河渡槽节制闸进口至岗头隧洞节制闸闸前不封冻，漕河渡槽节制闸进口作为冰盖起始断面向上游延伸形成冰盖，岗头隧洞节制闸至西黑山节制闸渠池封冻最上游断面位置不变，但岗头隧洞节制闸退出调度造成的漕河渡槽节制闸进口至岗头隧洞节制闸闸前流冰进入岗头节制闸至西黑山节制闸渠池，引起部分断面冰盖厚度增加。

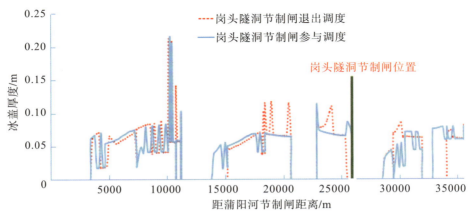

图 9.2-4　2015—2016 年冬季气象下岗头隧洞节制闸退出调度前后冰情对比(2016 年 1 月 24 日)

（2）1968—1969 年冬季气象＋150m³/s 输水流量方案

1968—1969 年冬季气象＋150m³/s 输水流量方案下岗头隧洞节制闸退出调度前后冰情对比见图 9.2-5。在本工况下,岗头隧洞节制闸退出调度造成闸前流冰流入岗头隧洞节制闸至西黑山节制闸渠池,造成该渠池漕河渡槽节制闸至西黑山节制闸整体封冻,岗头隧洞节制闸至西黑山节制闸渠池封冻范围增加约 2km。

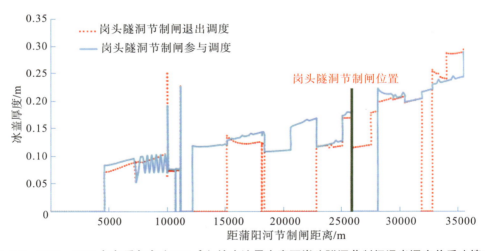

图 9.2-5　1968—1969 年冬季气象＋150m³/s 输水流量方案下岗头隧洞节制闸退出调度前后冰情对比

（3）1968—1969 年冬季气象＋210m³/s 输水流量方案

1968—1969 年冬季气象＋210m³/s 输水流量方案下岗头隧洞节制闸退出调度前后冰情对比见图 9.2-6。在本工况下,岗头隧洞节制闸会造成岗头隧洞节制闸至西黑山节制闸渠池封冻范围增加约 1km,漕河渡槽节制闸进口至岗头隧洞节制闸渠池不封冻。

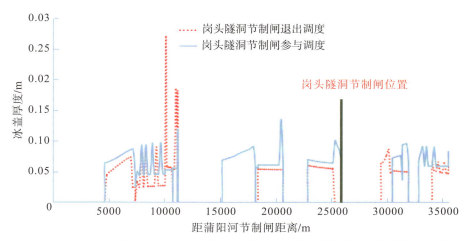

图 9.2-6　1968—1969 年冬季气象＋210m³/s 输水流量方案下岗头隧洞节制闸退出调度前后冰情对比

通过上述分析,岗头隧洞节制闸退出调度会减缓岗头隧洞节制闸前石渠段的冰情,甚至出现不封冻的现象,岗头隧洞节制闸至西黑山节制闸渠池封冻范围最多增加 2km。

9.3　控冰措施的启用条件

冬季小流量输水时,节制闸退出调度意义不大,流速低,即便形成冰盖,冰盖可平铺上溯至漕河渡槽节制闸,不会诱发冰塞险情。根据流冰下潜临界流速 0.35～0.4m/s,初步拟定岗头隧洞节制闸敞泄运行调度的流量为 45m³/s 以上。

调度措施启用原则:以漕河渡槽节制闸至西黑山节制闸渠段总体冰塞险情减缓、岗头隧洞节制闸渠段水位升高不明显、不出现冰塞或冰塞厚度减小及下游渠段流冰堆积可控为评价标准。

极端气象年份下,渠道流冰量大,根据下游流冰堆积量、上游渡槽等建筑物水位,及时切换工况。

9.4　小结

经研究分析,现状最大输水能力条件下,岗头隧洞节制闸敞泄运行退出调度后,沿程水位、流速等水力学条件均满足冬季输水运行要求。岗头隧洞节制闸退出调度会减缓岗头隧洞节制闸前石渠段的冰情,甚至出现不封冻的现象,岗头隧洞节制闸至西黑山节制闸渠池封冻范围增加 1～2km。在上下游渠段闸前设计水位控制条件下,建议岗头隧洞节制闸退出调度的流量下限为 25～30m³/s,任何条件下岗头隧洞节制闸流速均大于其进口石渠段流速,表明流冰在隧洞中卡堵的可能性不大。建议在闸前渠段、上游倒虹吸进水口等流冰容易堆积处采取扰冰措施,清除拦冰索等影响流冰向下游转移的障碍。具体实施方案需通过深入研究分析石渠段流冰向下游转移的效果、岗头隧洞节制闸至西黑山节制闸流冰容纳能力来确定。

需要指出的是,西黑山节制闸闸前断面由于流速较小,容易形成冰盖,极端气象年(如2016年1月)也可能在此渠段形成冰塞。但该渠段长7.9km,远较上游石渠段(745m)长,水力坡度较缓,对冰塞的消纳能力较大,其产生的冰害远较上游石渠段小。

第 10 章　抬高水位提升输水能力技术

10.1　高水位运行思路分析

根据中线总干渠冬季冰期输水研究成果,总干渠冬季采用冰期输水控制方式,总干渠冬季冰期输水需要降低输水流量,节制闸闸前水流 Fr 不超过 0.06,闸前常水位采用设计水位控制。总干渠闸前水位见图 10.1-1。

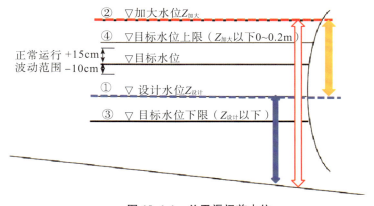

图 10.1-1　总干渠闸前水位

如何通过控制冬季渠道调度条件提升冬季输水能力?增加过水断面面积和加大渠道流速是提供冬季输水流量最基本的出发点。根据总干渠工程布置,设计流量和加大流量对应设计水位和加大水位,加大水位高于设计水位,加大水位至渠顶有安全超高,抬高运行水位就是充分利用设计水位与加大水位之间的断面空间,将渠道冬季运行水位从设计水位提高至某个安全水位,通过增加过流断面面积来提高冬季渠道的输水能力。在研究抬高水位控制条件的同时,本书进一步探索了增加渠道水动力条件对输水能力的影响,比如计算了水动力条件 $Fr=0.07$ 和 $Fr=0.08$ 时的渠道输水能力。

10.2　抬高水位时水流条件分析

抬高水位可以增加渠道过流面积,进而提升冬季冰期输水流量。根据统计,安阳河节制闸至北拒马河暗渠节制闸各渠段设计水位与加大水位之间的可调节幅度 ΔZ（$\Delta Z = Z_{加大} - Z_{设计}$）为 0.1～0.59m，多数在 0.3m 以上，为总干渠冬季抬高水位运行提供基础（图 10.2-1）。

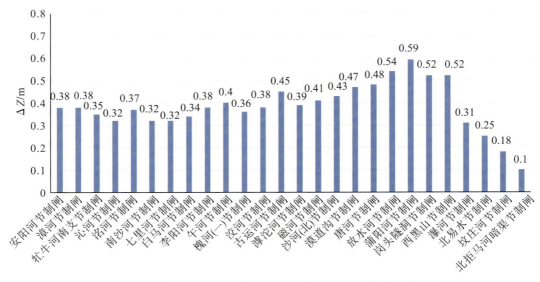

图 10.2-1　中线结冰渠段设计水位与加大水位之间的可调节幅度

增加渠道冬季输水水流条件，也是提高冬季输水能力的重要思路。为保证冰期输水安全，总干渠冬季采取形成平封冰盖的水力指标控制 $Fr = 0.06$，而现有的研究成果认为形成平封冰盖的临界 Fr 为 0.06～0.08，因此 Fr 有一定的上升空间，可以通过增加渠道水流条件来加大冬季输水能力。对于总干渠冰塞问题发展的复杂性，部分机理尚不明确，Fr 提高可能出现冰塞问题，应考虑冰塞防控措施。

根据以上分析，本节利用总干渠渠道设计水位与加大水位之间的可调节幅度，通过抬高运行水位增加过水断面面积，提高冬季输水能力，同时也考虑了适当加大渠道 Fr（Fr 仍然小于 0.08），分析提高总干渠冬季运行期输水能力效果。

10.3　工况计算成果

本措施以安阳河倒虹吸至北拒马河暗渠段为研究对象，岗头隧洞节制闸和北拒马河暗渠节制闸为研究重点，研究了水位在设计水位基础上分别抬升 $1/2\Delta Z$、$2/3\Delta Z$、ΔZ 等情况，抬高水位情况下岗头隧洞节制闸、北拒马河暗渠节制闸输水流量分别见表 10.3-1 和表 10.3-2；并相应放宽 Fr 至 0.07 和 0.08，分析沿程渠道输水流量，计算成果见表 10.3-3 至表 10.3-5。

表 10.3-1　抬高水位情况下岗头隧洞节制闸输水能力变化统计

Fr	设计水位 $Z_{设计}$ (65.99m)			$Z_{设计}+1/2\Delta Z$ (65.25m)			$Z_{设计}+2/3\Delta Z$ (66.34m)			$Z_{加大}=Z_{设计}+\Delta Z$ (66.51m)		
	流量 $Q/(\mathrm{m^3/s})$	流量增大量 $\Delta Q/(\mathrm{m^3/s})$	流量增大比例/%	流量 $Q/(\mathrm{m^3/s})$	流量增大量 $\Delta Q/(\mathrm{m^3/s})$	流量增大比例/%	流量 $Q/(\mathrm{m^3/s})$	流量增大量 $\Delta Q/(\mathrm{m^3/s})$	流量增大比例/%	流量 $Q/(\mathrm{m^3/s})$	流量增大量 $\Delta Q/(\mathrm{m^3/s})$	流量增大比例/%
0.06	47.57			51.75	4.18	8.79	53.17	5.60	11.77	56.05	8.48	17.83
0.07	55.50	7.93	16.67	60.38	12.81	26.93	62.03	14.46	30.40	65.39	17.82	37.46
0.08	63.43	15.86	33.34	69.00	21.43	45.05	70.89	23.32	49.02	74.73	27.16	57.09

注：流量增大量和增大比例均均通过与设计水位下 $Fr=0.06$ 时的流量（47.57m³/s）对比计算得到。

表 10.3-2　抬高水位情况下北拒马河渠节制闸输水能力变化统计

Fr	设计水位 $Z_{设计}$ (65.99m)			$Z_{设计}+1/2\Delta Z$ (65.25m)			$Z_{设计}+2/3\Delta Z$ (66.34m)			$Z_{加大}=Z_{设计}+\Delta Z$ (66.51m)		
	流量 $Q/(\mathrm{m^3/s})$	流量增大量 $\Delta Q/(\mathrm{m^3/s})$	流量增大比例/%	流量 $Q/(\mathrm{m^3/s})$	流量增大量 $\Delta Q/(\mathrm{m^3/s})$	流量增大比例/%	流量 $Q/(\mathrm{m^3/s})$	流量增大量 $\Delta Q/(\mathrm{m^3/s})$	流量增大比例/%	流量 $Q/(\mathrm{m^3/s})$	流量增大量 $\Delta Q/(\mathrm{m^3/s})$	流量增大比例/%
0.06	22.97			23.60	0.63	2.75	23.81	0.84	3.66	24.24	1.27	5.53
0.07	26.80	3.83	16.67	27.54	4.57	19.90	27.78	4.81	20.94	28.28	5.31	23.12
0.08	30.63	7.66	33.35	31.47	8.50	37.00	31.75	8.78	38.22	32.32	9.35	40.71

注：流量增大量和增大比例均均通过与设计水位下 $Fr=0.06$ 时的流量（22.97m³/s）对比计算得到。

表 10.3-3　安阳河以北渠段各节制闸上游渠段输水流量计算结果（闸前 $Fr=0.06$）

节制闸名称	设计水位 $Z_{设计}$			$Z_{设计}+1/2\Delta Z$			$Z_{设计}+2/3\Delta Z$			$Z_{加大}=Z_{设计}+\Delta Z$		
	V/(m/s)	Q/(m³/s)	ΔQ/(m³/s)	V/(m/s)	Q/(m³/s)	ΔQ/(m³/s)	V/(m/s)	Q/(m³/s)	ΔQ/(m³/s)	V/(m/s)	Q/(m³/s)	ΔQ/(m³/s)
安阳河倒虹吸节制闸	0.49	101.80		0.50	107.42	5.62	0.50	109.33	7.53	0.50	113.20	11.40
穿漳河倒虹吸节制闸	0.49	98.50		0.49	104.02	5.52	0.49	105.90	7.40	0.50	109.71	11.21
忙牛河南支渡槽节制闸	0.46	98.02		0.47	103.35	5.33	0.47	105.16	7.14	0.47	108.82	10.80
沁河倒虹吸节制闸	0.45	89.20		0.45	93.83	4.63	0.46	95.40	6.20	0.46	98.59	9.39
洺河渡槽节制闸	0.46	102.35		0.47	108.18	5.83	0.47	110.17	7.82	0.47	114.19	11.84
南沙河倒虹吸节制闸	0.44	82.69		0.45	87.34	4.65	0.45	88.93	6.24	0.45	92.14	9.45
七里河倒虹吸节制闸	0.44	83.69		0.45	88.47	4.78	0.45	90.09	6.40	0.45	93.39	9.70
白马河倒虹吸节制闸	0.45	80.34		0.45	84.89	4.55	0.46	86.43	6.09	0.46	89.57	9.23
李阳河倒虹吸节制闸	0.45	85.83		0.46	91.17	5.34	0.46	92.99	7.16	0.46	96.68	10.85
午河渡槽节制闸	0.46	95.23		0.47	101.19	5.96	0.47	103.22	7.99	0.48	107.34	12.11
槐河（一）倒虹吸节制闸	0.45	91.30		0.45	96.90	5.60	0.45	98.81	7.51	0.46	102.69	11.39
汶河倒虹吸节制闸	0.45	98.21		0.46	104.36	6.15	0.46	106.46	8.25	0.47	110.72	12.51
古运河暗渠节制闸	0.46	80.02		0.47	86.20	6.18	0.47	88.32	8.30	0.48	92.65	12.63
滹沱河倒虹吸节制闸	0.43	55.42		0.43	59.96	4.54	0.44	61.52	6.10	0.44	64.71	9.29
磁河倒虹吸节制闸	0.41	68.85		0.42	74.41	5.56	0.42	76.32	7.47	0.43	80.21	11.36
沙河（北）倒虹吸节制闸	0.39	51.99		0.40	56.96	4.97	0.40	58.67	6.68	0.40	62.17	10.18
漠道沟倒虹吸节制闸	0.41	64.03		0.42	70.02	5.99	0.43	72.08	8.05	0.43	76.30	12.27
唐河倒虹吸节制闸	0.40	50.95		0.41	56.48	5.53	0.41	58.39	7.44	0.42	62.33	11.38
放水河渡槽节制闸	0.40	58.82		0.41	65.52	6.70	0.41	67.83	9.01	0.42	72.59	13.77

节制闸名称	设计水位 $Z_{设计}$			$Z_{设计}+1/2\Delta Z$			$Z_{设计}+2/3\Delta Z$			$Z_{加大}=Z_{设计}+\Delta Z$		
	V /(m/s)	Q /(m³/s)	ΔQ /(m³/s)	V /(m/s)	Q /(m³/s)	ΔQ /(m³/s)	V /(m/s)	Q /(m³/s)	ΔQ /(m³/s)	V /(m/s)	Q /(m³/s)	ΔQ /(m³/s)
蒲阳河倒虹吸节制闸	0.39	55.81		0.41	62.94	7.13	0.41	65.42	9.61	0.42	70.53	14.72
岗头河隧洞节制闸	0.40	47.57		0.41	51.75	4.18	0.41	53.17	5.60	0.42	56.05	8.48
西黑山节制闸	0.40	55.09		0.41	61.21	6.12	0.41	63.32	8.23	0.42	67.67	12.58
瀑河倒虹吸节制闸	0.39	21.37		0.39	22.83	1.46	0.39	23.33	1.96	0.40	24.34	2.97
北易水倒虹吸节制闸	0.38	28.99		0.39	30.82	1.83	0.39	31.44	2.45	0.40	32.72	3.73
坟庄河倒虹吸节制闸	0.39	28.48		0.39	29.77	1.29	0.39	30.21	1.73	0.39	31.10	2.62
北拒马河暗渠节制闸	0.37	22.97		0.37	23.60	0.63	0.37	23.81	0.84	0.37	24.24	1.27

注：V 为流速，Q 为流量，ΔQ 为流量增大量，各节制闸流量增大量均与设计水位下 $Fr=0.06$ 时的流量对比。表 10.3-4 至表 10.3-5 同。

表 10.3-4　安阳河以北渠段各节制闸上游渠段输水流量计算结果（闸前 $Fr=0.07$）

节制闸名称	设计水位 $Z_{设计}$			$Z_{设计}+1/2\Delta Z$			$Z_{设计}+2/3\Delta Z$			$Z_{加大}=Z_{设计}+\Delta Z$		
	V /(m/s)	Q /(m³/s)	ΔQ /(m³/s)	V /(m/s)	Q /(m³/s)	ΔQ /(m³/s)	V /(m/s)	Q /(m³/s)	ΔQ /(m³/s)	V /(m/s)	Q /(m³/s)	ΔQ /(m³/s)
安河河倒虹吸节制闸	0.57	118.77	16.97	0.58	125.32	23.52	0.58	127.55	25.75	0.59	132.07	30.27
穿漳河倒虹吸节制闸	0.57	114.92	16.42	0.57	121.36	22.86	0.58	123.55	25.05	0.58	127.99	29.49
牤牛河支渡槽节制闸	0.54	114.35	16.33	0.54	120.57	22.55	0.55	122.68	24.66	0.55	126.96	28.94
沁河倒虹吸节制闸	0.52	104.06	14.86	0.53	109.47	20.27	0.53	111.30	22.10	0.54	115.02	25.82
洛河渡槽节制闸	0.54	119.40	17.05	0.55	126.21	23.86	0.55	128.53	26.18	0.55	133.22	30.87
南沙河倒虹吸节制闸	0.51	96.47	13.78	0.52	101.90	19.21	0.52	103.75	21.06	0.53	107.49	24.80

续表

节制闸名称	设计水位 $Z_{设计}$			$Z_{设计}+1/2\Delta Z$			$Z_{设计}+2/3\Delta Z$			$Z_{加大}=Z_{设计}+\Delta Z$		
	V /(m/s)	Q /(m³/s)	ΔQ /(m³/s)	V /(m/s)	Q /(m³/s)	ΔQ /(m³/s)	V /(m/s)	Q /(m³/s)	ΔQ /(m³/s)	V /(m/s)	Q /(m³/s)	ΔQ /(m³/s)
七里河倒虹吸节制闸	0.52	97.63	13.94	0.52	103.21	19.52	0.53	105.11	21.42	0.53	108.96	25.27
白马河倒虹吸节制闸	0.52	93.73	13.39	0.53	99.03	18.69	0.53	100.84	20.50	0.54	104.49	24.15
李阳河倒虹吸节制闸	0.52	100.14	14.31	0.53	106.37	20.54	0.54	108.49	22.66	0.54	112.80	26.97
午河渡槽节制闸	0.54	111.10	15.87	0.55	118.06	22.83	0.55	120.42	25.19	0.55	125.23	30.00
槐河（一）倒虹吸节制闸	0.52	106.51	15.21	0.53	113.05	21.75	0.53	115.28	23.98	0.54	119.80	28.50
汶河倒虹吸节制闸	0.53	114.57	16.36	0.54	121.75	23.54	0.54	124.20	25.99	0.55	129.17	30.96
古运河暗渠节制闸	0.54	93.35	13.33	0.55	100.57	20.55	0.55	103.04	23.02	0.56	108.09	28.07
滹沱河倒虹吸节制闸	0.50	64.65	9.23	0.51	69.95	14.53	0.51	71.77	16.35	0.52	75.49	20.07
磁河倒虹吸节制闸	0.48	80.32	11.47	0.49	86.82	17.97	0.49	89.04	20.19	0.50	93.58	24.73
沙河（北）倒虹吸节制闸	0.45	60.65	8.66	0.46	66.45	14.46	0.46	68.45	16.46	0.47	72.53	20.54
漠道沟倒虹吸节制闸	0.48	74.71	10.68	0.49	81.69	17.66	0.50	84.09	20.06	0.50	89.01	24.98
唐河倒虹吸节制闸	0.46	59.44	8.49	0.48	65.89	14.94	0.48	68.12	17.17	0.49	72.72	21.77
放水河渡槽节制闸	0.47	68.63	9.81	0.48	76.43	17.61	0.48	79.14	20.32	0.49	84.69	25.87
蒲阳河倒虹吸节制闸	0.46	65.11	9.30	0.47	73.43	17.62	0.48	76.33	20.52	0.49	82.29	26.48
岗头隧洞节制闸	0.47	55.50	7.93	0.48	60.38	12.81	0.48	62.03	14.46	0.49	65.39	17.82
西黑山节制闸	0.46	64.28	9.19	0.48	71.41	16.32	0.48	73.88	18.79	0.49	78.95	23.86
瀑河倒虹吸节制闸	0.45	24.93	3.56	0.46	26.63	5.26	0.46	27.21	5.84	0.47	28.39	7.02
北易水倒虹吸节制闸	0.45	33.82	4.83	0.46	35.96	6.97	0.46	36.69	7.70	0.46	38.17	9.18
坟庄河倒虹吸节制闸	0.45	33.22	4.74	0.45	34.73	6.25	0.46	35.25	6.77	0.46	36.28	7.80
北拒马河暗渠节制闸	0.43	26.80	3.83	0.43	27.54	4.57	0.43	27.78	4.81	0.43	28.28	5.31

表 10.3-5

安阳河以北渠段各节制闸上游渠段输水流量计算结果（闸前 $Fr=0.08$）

节制闸名称	设计水位 $Z_{设计}$			$Z_{设计}+1/2\Delta Z$			$Z_{设计}+2/3\Delta Z$			$Z_{加大}=Z_{设计}+\Delta Z$		
	V/(m/s)	Q/(m³/s)	流量增大比例/%	V/(m/s)	Q/(m³/s)	ΔQ/(m³/s)	V/(m/s)	Q/(m³/s)	ΔQ/(m³/s)	V/(m/s)	Q/(m³/s)	ΔQ/(m³/s)
安阳河倒虹吸	0.65	135.73	33.93	0.66	143.22	41.42	0.66	145.77	43.97	0.67	150.94	49.14
穿漳河倒虹吸	0.65	131.34	32.83	0.66	138.70	40.20	0.66	141.20	42.70	0.67	146.28	47.78
牤牛河南支渡槽	0.61	130.69	32.67	0.62	137.80	39.78	0.63	140.21	42.19	0.63	145.10	47.08
沁河倒虹吸	0.60	118.93	29.73	0.61	125.11	35.91	0.61	127.21	38.01	0.61	131.45	42.25
洺河渡槽	0.61	136.46	34.11	0.62	144.24	41.89	0.63	146.89	44.54	0.63	152.25	49.90
南沙河倒虹吸	0.59	110.25	27.56	0.60	116.46	33.77	0.60	118.57	35.88	0.60	122.85	40.16
七里河倒虹吸	0.59	111.58	27.89	0.60	117.95	34.26	0.60	120.12	36.43	0.61	124.52	40.83
白马河倒虹吸	0.60	107.12	26.78	0.60	113.18	32.84	0.61	115.24	34.90	0.61	119.42	39.08
李阳河倒虹吸	0.60	114.44	28.61	0.61	121.56	35.73	0.61	123.99	38.16	0.62	128.91	43.08
午河渡槽	0.61	126.97	31.74	0.62	134.92	39.69	0.63	137.63	42.40	0.63	143.13	47.90
槐河（一）倒虹吸	0.59	121.73	30.43	0.60	129.20	37.90	0.61	131.75	40.45	0.61	136.92	45.62
泜河倒虹吸	0.61	130.94	32.73	0.61	139.15	40.94	0.62	141.94	43.73	0.62	147.63	49.42
古运河暗渠	0.61	106.69	26.67	0.63	114.93	34.91	0.63	117.76	37.74	0.64	123.53	43.51
滹沱河倒虹吸	0.57	73.89	18.47	0.58	79.94	24.52	0.58	82.02	26.60	0.59	86.28	30.86
磁河倒虹吸	0.55	91.80	22.95	0.56	99.22	30.37	0.56	101.76	32.91	0.57	106.94	38.09
沙河（北）倒虹吸	0.51	69.32	17.33	0.53	75.95	23.96	0.53	78.23	26.24	0.54	82.90	30.91

续表

节制闸名称	设计水位 Z设计			Z设计+1/2ΔZ			Z设计+2/3ΔZ			Z加大=Z设计+ΔZ		
	V /(m/s)	Q /(m³/s)	流量增大比例/%	V /(m/s)	Q /(m³/s)	ΔQ /(m³/s)	V /(m/s)	Q /(m³/s)	ΔQ /(m³/s)	V /(m/s)	Q /(m³/s)	ΔQ /(m³/s)
漠道沟倒虹吸	0.55	85.38	21.35	0.56	93.36	29.33	0.57	96.11	32.08	0.58	101.73	37.70
唐河倒虹吸	0.53	67.93	16.98	0.55	75.30	24.35	0.55	77.86	26.91	0.56	83.10	32.15
放水河渡槽	0.53	78.43	19.61	0.55	87.35	28.53	0.55	90.44	31.62	0.56	96.78	37.96
蒲阳河倒虹吸	0.52	74.41	18.60	0.54	83.92	28.11	0.55	87.23	31.42	0.56	94.04	38.23
岗头隧洞	0.53	63.43	15.86	0.55	69.00	21.43	0.55	70.89	23.32	0.56	74.73	27.16
西黑山	0.53	73.46	18.37	0.55	81.61	26.52	0.55	84.43	29.34	0.56	90.22	35.13
瀑河倒虹吸	0.51	28.49	7.12	0.52	30.44	9.07	0.53	31.10	9.73	0.53	32.45	11.08
北易水倒虹吸	0.51	38.65	9.66	0.52	41.09	12.10	0.52	41.93	12.94	0.53	43.62	14.63
坟庄河倒虹吸	0.51	37.97	9.49	0.52	39.70	11.22	0.52	40.28	11.80	0.53	41.47	12.99
北拒马河暗渠	0.49	30.63	7.66	0.49	31.47	8.50	0.49	31.75	8.78	0.49	32.32	9.35

1)Fr 不变(0.06)

在设计水位分别抬升 $1/2\Delta Z$、$2/3\Delta Z$、ΔZ 等控制工况下,岗头隧洞节制闸闸前最大输水流量为 $51.57\text{m}^3/\text{s}$、$53.17\text{m}^3/\text{s}$、$56.05\text{m}^3/\text{s}$,相比设计水位下冬季输水流量($47.57\text{m}^3/\text{s}$)分别增加 $4.18\text{m}^3/\text{s}$、$5.60\text{m}^3/\text{s}$ 和 $8.48\text{m}^3/\text{s}$,增大比例分别为 8.79%、11.77% 和 17.83%;北拒马河暗渠节制闸闸前输水流量为 $23.60\text{m}^3/\text{s}$、$23.81\text{m}^3/\text{s}$ 和 $24.24\text{m}^3/\text{s}$,分别增加 $0.63\text{m}^3/\text{s}$、$0.84\text{m}^3/\text{s}$ 和 $1.27\text{m}^3/\text{s}$,增大比例分别为 2.75%、3.66% 和 5.53%。

2)Fr 放宽至 0.07

在设计水位 $Z_{设计}$、$Z_{设计}+1/2\Delta Z$、$Z_{设计}+2/3\Delta Z$ 和 $Z_{设计}+\Delta Z$ 控制工况下,渠道按 Fr 不超过 0.07 控制,岗头隧洞节制闸闸前输水流量为 $55.50\text{m}^3/\text{s}$、$60.38\text{m}^3/\text{s}$、$62.03\text{m}^3/\text{s}$ 和 $65.39\text{m}^3/\text{s}$,相比设计水位按 $Fr=0.06$ 控制工况,分别增加 $7.93\text{m}^3/\text{s}$、$12.81\text{m}^3/\text{s}$、$14.46\text{m}^3/\text{s}$ 和 $17.82\text{m}^3/\text{s}$,增大比例分别 16.67%、26.93%、30.40% 和 37.46%。在设计水位 $Z_{设计}$、$Z_{设计}+1/2\Delta Z$、$Z_{设计}+2/3\Delta Z$ 和 $Z_{设计}+\Delta Z$ 控制工况下,北拒马河暗渠节制闸闸前输水流量分别增大至 $26.80\text{m}^3/\text{s}$、$27.54\text{m}^3/\text{s}$、$27.78\text{m}^3/\text{s}$ 和 $28.28\text{m}^3/\text{s}$,相比设计水位按 $Fr=0.06$ 控制工况,分别增加 $3.83\text{m}^3/\text{s}$、$4.57\text{m}^3/\text{s}$、$4.81\text{m}^3/\text{s}$ 和 $5.31\text{m}^3/\text{s}$,增大比例分别为 16.67%、19.90%、20.94% 和 23.12%。

3)Fr 放宽至 0.08

在设计水位 $Z_{设计}$、$Z_{设计}+1/2\Delta Z$、$Z_{设计}+2/3\Delta Z$ 和 $Z_{设计}+\Delta Z$ 控制工况下,渠道按 Fr 不超过 0.08 控制,岗头隧洞节制闸闸前最大输水流量增大至 $63.43\text{m}^3/\text{s}$、$69.00\text{m}^3/\text{s}$、$70.89\text{m}^3/\text{s}$ 和 $74.73\text{m}^3/\text{s}$,与设计水位下按 $Fr=0.06$ 控制工况相比,分别增加 $15.86\text{m}^3/\text{s}$、$21.43\text{m}^3/\text{s}$、$23.32\text{m}^3/\text{s}$ 和 $27.16\text{m}^3/\text{s}$,增大比例分别 33.34%、45.05%、49.02% 和 57.09%。在设计水位 $Z_{设计}$、$Z_{设计}+1/2\Delta Z$、$Z_{设计}+2/3\Delta Z$ 和 $Z_{设计}+\Delta Z$ 控制工况下,渠道按 Fr 不超过 0.08 控制,北拒马河暗渠节制闸闸前最大输水流量增大至 $30.63\text{m}^3/\text{s}$、$31.47\text{m}^3/\text{s}$、$31.75\text{m}^3/\text{s}$ 和 $32.32\text{m}^3/\text{s}$,与设计水位下按 $Fr=0.06$ 控制工况相比,分别增加 $7.66\text{m}^3/\text{s}$、$8.50\text{m}^3/\text{s}$、$8.78\text{m}^3/\text{s}$ 和 $9.35\text{m}^3/\text{s}$,增大比例分别为 33.35%、37.00%、38.22% 和 40.71%。

根据计算,一方面,保持 $Fr=0.06$ 不变,在设计水位基础上逐渐抬高水位,渠道输水能力提高与设计水位与加大水位之间的空间大小有关,空间越大,输水能力提高越大,空间越小,输水能力提高幅度不大,比如岗头隧洞节制闸渠段输水能力有一定的提升,北拒马河暗渠节制闸渠段输水能力的提升则较小。另一方面,抬高渠道水位的同时,增加渠道 Fr,由 $Fr=0.06$ 增加至 $Fr=0.08$,渠道输水能力提升显著,但是水流条件增加可能导致流冰下潜,需要考虑形成冰塞壅高水位的风险,且运行工况已经在设计水位以上运行,安全富余空间有限。

10.4 小结

单独抬高水位对总干渠沿线结冰渠段的输水流量影响不同,尤其是对北拒马河暗渠上游渠段影响较小。同时抬高水位和加大流量条件,对总干渠冬季输水能力提高有效果,但渠道输水流量增大,流速指标提高,出现冰塞的风险就大,并且水位升高,输水调度安全富余空间会减少。目前,建议采取运行水位为设计水位抬高 $1/2\Delta Z$、$2/3\Delta Z$,为安全调度留有一定的安全富余空间。同时加强沿线气象、水力、水温、冰情观测,在遭遇极端气候时,及时切换至安全输水流量。

第 11 章　非冰盖输水提升输水能力技术

非冰盖输水的思路是冬季渠道保持较高水流条件,水体流速越高,缩短南方水体在总干渠的失热时间,从而抑制冰盖生成。采用非冰盖输水需要满足倒虹吸等建筑物前最低输冰水流条件和倒虹吸进口淹没水深要求。本节首先分析了渠道流冰输水的流速控制指标,然后以蒲阳河倒虹吸至北拒马河暗渠段为例,计算了输水流量分别为设计流量的 40%、50%、60%、80% 四个调度工况,分析了渡槽、倒虹吸、隧洞、节制闸等建筑物进口的水位、流速条件,验证低水位非冰盖输水是否满足工程安全运行和输冰的需求,分析了可能出现的冰塞危害。

11.1　水力指标分析

大流量非冰盖输水是结冰地区水利工程冬季运行的方式之一,主要采取提高输水流速的措施,增加水流的挟冰能力,避免流冰停止形成冰盖,因此非冰盖输水有冰期运行保障最低水体流速要求。按《水工建筑物抗冰冻设计规范》(GB/T 50662—2011)要求,流冰输水最大流速应大于 1.1m/s,该流冰输水流速指标多针对冰块特征尺寸、冰盖厚度大、流场复杂多样的条件提出的。根据总干渠运行资料,总干渠结冰期流冰厚度一般小于 1cm 以下,流冰输水的水流指标应低于该流速值。为确定总干渠流冰输水条件,分析了总干渠 2011—2016 年冬季渠道、建筑物冰盖形成及流速分布(表 5.3-1)。除 2013—2015 年冬季放水河渡槽受进口节制闸拦冰影响没有形成冰盖外,在流速小于 0.4m/s 时,流冰容易受阻形成冰盖;流速大于 0.8m/s 一般不易受阻,形成冰盖;流速为 0.4~0.8m/s 时,流冰容易在渠道及建筑物进口堆积,导致冰塞形成。

11.2　非冰盖输水计算与成果分析

计算范围为蒲阳河倒虹吸至北拒马河暗渠。根据控制方式,选择两种调度方案。方案一:岗头隧洞节制闸退出控制,西黑山节制闸及下游各闸按设计水位控制;方案二：除北拒马河暗渠节制闸外，岗头隧洞节制闸及其他闸门全部退出控制，北拒马河暗渠节制闸闸前采用设计水位控制。每种方案包括 5 个输水流量工况：输水流量取 100%设计流量、80%设计流量、60%设计流量、50%设计流量、40%设计流量（表 11.2-1）。

表 11.2-1　　　　　　　　　各工况建筑物输水流量

节制闸名称	输水流量/(m³/s)				
	100%设计流量	80%设计流量	60%设计流量	50%设计流量	40%设计流量
蒲阳河倒虹吸节制闸	135	108	81	67.5	54
雾山(一)隧洞节制闸	135	108	81	67.5	54
雾山(二)隧洞节制闸	135	108	81	67.5	54
界河倒虹吸节制闸	135	108	81	67.5	54
吴庄隧洞节制闸	125	100	75	62.5	50
漕河渡槽节制闸	125	100	75	62.5	50
岗头隧洞节制闸	125	100	75	62.5	50
西黑山节制闸	100	80	60	50.0	40
釜山隧洞节制闸	100	80	60	50.0	40
瀑河倒虹吸节制闸	60	48	36	30.0	24
中易水倒虹吸节制闸	60	48	36	30.0	24
西市隧洞节制闸	60	48	36	30.0	24
北易水倒虹吸节制闸	60	48	36	30.0	24
厂城倒虹吸节制闸	60	48	36	30.0	24
七里河倒虹吸节制闸	60	48	36	30.0	24
马头沟倒虹吸节制闸	60	48	36	30.0	24
坟庄河倒虹吸节制闸	60	48	36	30.0	24
下车亭隧洞节制闸	60	48	36	30.0	24
水北沟渡槽节制闸	60	48	36	30.0	24
南拒马河倒虹吸节制闸	60	48	36	30.0	24
北拒马河倒虹吸节制闸	60	48	36	30.0	24
北拒马河暗渠节制闸	50	40	30	25.0	20

（1）方案一成果分析

方案一各输水流量工况下特征值见表 11.2-2，水面线见图 11.2-1。各输水流量工况下，节制闸闸前水位由北向南升高，经分析：

表 11.2-2

方案一各输水流量工况下特征值

建筑物名称	输水流量=100%设计流量				输水流量=80%设计流量				输水流量=60%设计流量				输水流量=50%设计流量				输水流量=40%设计流量			
	流量/(m³/s)	水深/m	流速/(m/s)	Fr	流量/(m³/s)	水深/m	流速/(m/s)	Fr	流量/(m³/s)	水深/m	流速/(m/s)	Fr	流量/(m³/s)	水深/m	流速/(m/s)	Fr	流量/(m³/s)	水深/m	流速/(m/s)	Fr
蒲阳河倒虹吸	135	4.38	1.03	0.16	108	3.75	1.01	0.17	81	3.11	0.96	0.17	67.5	2.77	0.92	0.18	54	66.59	0.86	0.18
雾山(一)隧洞上游渠段	135	4.36	1.05	0.16	108	3.68	1.06	0.18	81	2.97	1.05	0.20	67.5	2.60	1.04	0.21	54	65.92	1.02	0.22
雾山(一)隧洞渐变段	135	5.36	0.85	0.12	108	4.68	0.78	0.12	81	3.97	0.69	0.11	67.5	3.60	0.64	0.11	54	65.92	0.57	0.10
界河倒虹吸上游渠段	135	4.35	1.06	0.16	108	3.66	1.07	0.18	81	2.95	1.06	0.20	67.5	2.58	1.05	0.21	54	65.64	1.02	0.22
界河倒虹吸渐变段	135	9.33	0.97	0.10	108	8.63	0.83	0.09	81	7.93	0.68	0.08	67.5	7.56	0.60	0.07	54	65.64	0.50	0.06
吴庄隧洞上游渠段	125	4.38	0.94	0.14	100	3.77	0.92	0.15	75	3.12	0.88	0.16	62.5	2.77	0.85	0.16	50	65.17	0.82	0.17
吴庄隧洞渐变段	125	5.08	1.26	0.18	100	4.47	1.15	0.17	75	3.82	1.01	0.16	62.5	3.47	0.92	0.16	50	65.17	0.83	0.15
漕河渡槽上游渠段	125	4.35	0.95	0.14	100	3.79	0.91	0.15	75	3.20	0.85	0.15	62.5	2.88	0.81	0.15	50	64.79	0.76	0.15
漕河渡槽渐变段	125	4.35	1.41	0.22	100	3.79	1.29	0.21	75	3.20	1.15	0.21	62.5	2.88	1.06	0.20	50	64.79	0.96	0.19
岗头隧洞上游渠段	125	4.15	1.14	0.18	100	3.60	1.05	0.18	75	3.02	0.94	0.17	62.5	2.71	0.87	0.17	50	63.87	0.79	0.16
岗头隧洞渐变段	125	5.05	1.59	0.23	100	4.50	1.43	0.21	75	3.92	1.23	0.20	62.5	3.61	1.11	0.19	50	63.87	0.98	0.17
西黑山上游渠段	60	3.89	0.61	0.10	48	3.26	0.62	0.11	36	2.64	0.62	0.12	30.0	2.33	0.61	0.13	24	62.78	0.59	0.13
西黑山渐变段	60	3.89	0.50	0.08	48	3.26	0.48	0.08	36	2.64	0.44	0.09	30.0	2.33	0.42	0.09	24	62.78	0.39	0.09
釜山隧洞上游渠段	60	4.05	0.70	0.11	48	3.39	0.69	0.12	36	2.73	0.67	0.13	30.0	2.40	0.65	0.13	24	62.50	0.62	0.14

续表

建筑物名称	输水流量=100%设计流量				输水流量=80%设计流量				输水流量=60%设计流量				输水流量=50%设计流量				输水流量=40%设计流量			
	流量/(m³/s)	水深/m	流速/(m/s)	Fr	流量/(m³/s)	水深/m	流速/(m/s)	Fr	流量/(m³/s)	水深/m	流速/(m/s)	Fr	流量/(m³/s)	水深/m	流速/(m/s)	Fr	流量/(m³/s)	水深/m	流速/(m/s)	Fr
金山隧洞渐变段	60	4.65	0.88	0.13	48	3.99	0.82	0.13	36	3.33	0.74	0.13	30	3.00	0.69	0.13	24	62.50	0.62	0.12
瀑河倒虹吸上游渠段	60	4.38	0.89	0.14	48	3.71	0.88	0.15	36	3.06	0.84	0.15	30	2.73	0.80	0.15	24	62.26	0.75	0.16
瀑河倒虹吸渐变段	60	7.21	0.74	0.09	48	6.54	0.66	0.08	36	5.88	0.55	0.07	30	5.56	0.48	0.07	24	62.26	0.41	0.06
中易水倒虹吸上游渠段	60	4.24	0.78	0.12	48	3.62	0.80	0.12	36	3.00	0.80	0.15	30	2.69	0.79	0.15	24	61.77	0.76	0.16
中易水倒虹吸渐变段	60	6.94	0.76	0.09	48	6.32	0.67	0.09	36	5.71	0.56	0.07	30	5.39	0.49	0.07	24	61.77	0.42	0.06
西市隧洞上游渠段	60	4.27	0.83	0.13	48	3.70	0.81	0.13	36	3.12	0.76	0.14	30	2.81	0.72	0.14	24	61.49	0.68	0.14
西市隧洞渐变段	60	4.27	1.40	0.22	48	3.70	1.30	0.22	36	3.12	1.15	0.21	30	2.81	1.07	0.20	24	61.49	0.96	0.19
北易水倒虹吸上游渠段	60	4.29	0.77	0.12	48	3.74	0.76	0.13	36	3.18	0.73	0.13	30	2.90	0.70	0.13	24	61.26	0.65	0.13
北易水倒虹吸渐变段	60	7.26	0.68	0.08	48	6.71	0.59	0.08	36	6.16	0.48	0.06	30	5.88	0.42	0.06	24	61.26	0.35	0.05
广城倒虹吸上游渠段	60	4.29	0.77	0.12	48	3.78	0.75	0.12	36	3.26	0.71	0.12	30	2.99	0.67	0.12	24	61.24	0.62	0.12
广城倒虹吸渐变段	60	7.26	0.68	0.08	48	6.75	0.59	0.07	36	6.23	0.48	0.06	30	5.96	0.42	0.05	24	61.24	0.35	0.05

续表

建筑物名称	输水流量=100%设计流量				输水流量=80%设计流量				输水流量=60%设计流量				输水流量=50%设计流量				输水流量=40%设计流量			
	流量/(m³/s)	水深/m	流速/(m/s)	Fr	流量/(m³/s)	水深/m	流速/(m/s)	Fr	流量/(m³/s)	水深/m	流速/(m/s)	Fr	流量/(m³/s)	水深/m	流速/(m/s)	Fr	流量/(m³/s)	水深/m	流速/(m/s)	Fr
七里河倒虹吸上游渠段	60	4.22	0.79	0.12	48	3.73	0.76	0.13	36	3.24	0.71	0.13	30	2.99	0.67	0.12	24	61.05	0.61	0.12
七里河倒虹吸渐变段	60	7.22	0.69	0.08	48	6.74	0.59	0.07	36	6.25	0.48	0.06	30	6.00	0.41	0.05	24	61.05	0.35	0.05
马头沟倒虹吸上游渠段	60	4.24	0.81	0.12	48	3.78	0.77	0.13	36	3.32	0.71	0.12	30	3.10	0.66	0.12	24	60.84	0.59	0.11
马头沟倒虹吸渐变段	60	7.20	0.69	0.08	48	6.74	0.59	0.07	36	6.28	0.47	0.06	30	6.06	0.41	0.05	24	60.84	0.34	0.04
孜庄河倒虹吸上游渠段	60	4.25	0.80	0.12	48	3.82	0.76	0.12	36	3.40	0.68	0.12	30	3.19	0.63	0.11	24	60.78	0.55	0.10
孜庄河倒虹吸渐变段	60	6.97	0.71	0.09	48	6.55	0.61	0.08	36	6.12	0.49	0.06	30	5.91	0.42	0.06	24	60.78	0.35	0.05
下车亭隧洞上游渠段	60	4.26	0.90	0.14	48	3.89	0.80	0.13	36	3.54	0.67	0.11	30	3.38	0.59	0.10	24	60.62	0.50	0.09
下车亭隧洞渐变段	60	4.86	0.96	0.14	48	4.49	0.83	0.13	36	4.14	0.68	0.11	30	3.98	0.59	0.09	24	60.62	0.49	0.08
水北沟渡槽上游渠段	60	4.29	0.79	0.12	48	3.99	0.71	0.11	36	3.73	0.59	0.10	30	3.61	0.52	0.09	62.5	60.50	0.85	0.16
水北沟渡槽渐变段	60	3.92	1.18	0.19	48	3.62	1.02	0.17	36	3.36	0.82	0.14	30	3.24	0.71	0.13	62.5	60.50	1.53	0.28

续表

建筑物名称	输水流量＝100%设计流量				输水流量＝80%设计流量				输水流量＝60%设计流量				输水流量＝50%设计流量				输水流量＝40%设计流量			
	流量 /(m³/s)	水深 /m	流速 /(m/s)	Fr	流量 /(m³/s)	水深 /m	流速 /(m/s)	Fr	流量 /(m³/s)	水深 /m	流速 /(m/s)	Fr	流量 /(m³/s)	水深 /m	流速 /(m/s)	Fr	流量 /(m³/s)	水深 /m	流速 /(m/s)	Fr
南拒马河上游渠段	60	4.27	0.88	0.14	48	4.04	0.76	0.12	36	3.86	0.61	0.10	30	3.79	0.53	0.09	24	60.41	0.43	0.07
南拒马河渐变段	60	6.95	0.76	0.09	48	6.72	0.63	0.08	36	6.54	0.48	0.06	30	6.47	0.41	0.05	24	60.41	0.33	0.04
北拒马河倒虹吸上游渠段	60	4.28	0.77	0.12	48	4.17	0.64	0.10	36	4.07	0.50	0.08	30	4.04	0.42	0.07	24	60.35	0.34	0.05
北拒马河倒虹吸渐变段	60	7.14	0.00	0.00	48	7.03	0.60	0.07	36	6.93	0.46	0.06	30	6.90	0.38	0.05	24	60.35	0.31	0.04
北拒马河上游渠段	50	3.80	0.75	0.12	40	3.80	0.60	0.10	30	3.80	0.45	0.07	25	3.80	0.38	0.06	20	60.30	0.30	0.05
北拒马河渐变段	50	4.33	0.91	0.14	40	3.80	0.60	0.10	30	3.80	0.45	0.07	25	3.80	0.38	0.06	20	60.30	0.30	0.05

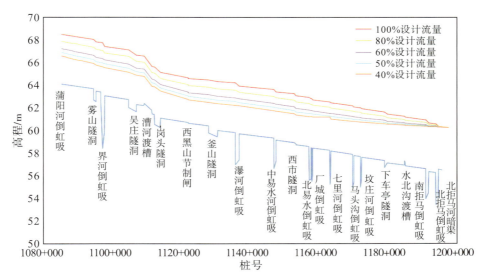

图 11.2-1　方案一各输水流量工况下水面线

①在水位方面,输水流量大于 60%设计流量时,倒虹吸进口水位满足运行要求,输水流量小于 60%设计流量时,瀑河、中易水、北易水、七里河和马头沟倒虹吸进口水位不能满足水位要求。

②在流速方面,各输水流量工况下最大流速为 1.0～1.55m/s;各输水流量工况下最小流速为 0.3～0.5m/s,渠道存在局部低流速区。

③以 100%设计流量工况为例,北易水倒虹吸进口节制闸闸前流速为 0.68m/s;马头沟倒虹吸进口节制闸闸前流速为 0.68m/s;坟庄河倒虹吸进口节制闸闸前流速为 0.71m/s,西黑山节制闸闸前流速为 0.5m/s。

因此,节制闸全部退出调度,输水流量小于 80%设计流量不能保障倒虹吸最低水位运行要求;输水流量大于 80%设计流量,渠道流速大于 0.7m/s,倒虹吸进口渐变段流速小于 0.7m/s,存在冰塞的风险,流量越大,冰塞越严重,提高输水流量,若不能满足流冰输水条件,导致的冰塞风险更大。

(2)方案二成果分析

方案二各输水流量工况下特征值见表 11.2-3,水面线见图 11.2-2。各输流量工况下,节制闸闸前水位由北向南呈梯级升高,流量越大,渠池上游水位越高,西黑山节制闸上游水位连续升高。经分析:

表11.2-3

方案二各输水流量工况下特征值

建筑物名称	输水流量=100%设计流量				输水流量=80%设计流量				输水流量=60%设计流量				输水流量=50%设计流量				输水流量=40%设计流量			
	流量/(m³/s)	水深/m	流速/(m/s)	F_r	流量/(m³/s)	水深/m	流速/(m/s)	F_r	流量/(m³/s)	水深/m	流速/(m/s)	F_r	流量/(m³/s)	水深/m	流速/(m/s)	F_r	流量/(m³/s)	水深/m	流速/(m/s)	F_r
蒲阳河倒虹吸	135	4.42	1.02	0.16	108	3.83	0.99	0.16	81	3.22	0.92	0.16	67.5	2.90	0.87	0.16	54	2.57	0.80	0.16
雾山（一）隧洞上游渠段	135	4.42	1.03	0.16	108	3.79	1.02	0.17	81	3.15	0.98	0.18	67.5	2.83	0.93	0.18	54	2.51	0.87	0.18
雾山（一）隧洞渐变段	135	5.42	1.35	0.18	108	4.79	1.22	0.18	81	4.15	1.06	0.17	67.5	3.83	0.95	0.16	54	3.51	0.83	0.14
界河倒虹吸上游渠段	135	4.41	1.04	0.16	108	3.79	1.02	0.17	81	3.18	0.96	0.17	67.5	2.88	0.91	0.17	54	2.59	0.83	0.17
界河倒虹吸渐变段	135	9.39	0.96	0.10	108	8.77	0.82	0.09	81	8.16	0.66	0.07	67.5	7.86	0.57	0.07	54	7.57	0.48	0.06
吴庄隧洞上游渠段	125	4.46	0.91	0.14	100	3.96	0.86	0.14	75	3.46	0.77	0.13	62.5	3.22	0.70	0.13	50	2.99	0.62	0.11
吴庄隧洞渐变段	125	5.16	1.24	0.17	100	4.66	1.10	0.16	75	4.16	0.92	0.14	62.5	3.92	0.82	0.13	50	3.69	0.69	0.12
漕河渡槽上游渠段	125	4.47	0.91	0.14	100	4.06	0.83	0.13	75	3.67	0.71	0.12	62.5	3.49	0.63	0.11	50	3.34	0.54	0.09
漕河渡槽渐变段	125	4.47	1.37	0.21	100	4.06	1.21	0.19	75	3.67	1.00	0.27	62.5	3.49	0.88	0.15	50	3.34	0.73	0.13
岗头隧洞上游渠段	125	4.44	1.06	0.16	100	4.23	0.89	0.14	75	4.04	0.70	0.11	62.5	3.97	0.59	0.10	50	3.90	0.48	0.08
岗头隧洞渐变段	125	5.34	1.50	0.21	100	5.13	1.25	0.18	75	4.94	0.97	0.14	62.5	4.87	0.82	0.12	50	4.80	0.67	0.10
西黑山上游渠段	60	4.50	0.50	0.08	48	4.50	0.40	0.06	36	4.50	0.30	0.05	30.0	4.50	0.25	0.04	24	4.50	0.20	0.03
西黑山渐变段	60	4.50	0.43	0.07	48	4.50	0.35	0.05	36	4.50	0.26	0.04	30.0	4.50	0.22	0.03	24	4.50	0.17	0.03
金山隧洞上游渠段	60	4.15	0.68	0.11	48	4.07	0.56	0.09	36	4.00	0.43	0.07	30.0	3.97	0.36	0.06	24	3.95	0.29	0.05
金山隧洞渐变段	60	4.75	0.87	0.13	48	4.67	0.70	0.10	36	4.60	0.54	0.08	30.0	4.57	0.45	0.07	24	4.55	0.36	0.05
瀑河倒虹吸上游渠段	60	4.50	0.86	0.13	48	4.50	0.69	0.10	36	4.50	0.52	0.08	30.0	4.50	0.43	0.06	24	4.50	0.34	0.05

续表

建筑物名称	输水流量=100%设计流量				输水流量=80%设计流量				输水流量=60%设计流量				输水流量=50%设计流量				输水流量=40%设计流量			
	流量/(m³/s)	水深/m	流速/(m/s)	F_r	流量/(m³/s)	水深/m	流速/(m/s)	F_r	流量/(m³/s)	水深/m	流速/(m/s)	F_r	流量/(m³/s)	水深/m	流速/(m/s)	F_r	流量/(m³/s)	水深/m	流速/(m/s)	F_r
瀑河倒虹吸渐变段	60	7.33	0.73	0.09	48	7.33	0.59	0.07	36	7.33	0.44	0.05	30	7.33	0.37	0.04	24	7.33	0.29	0.03
中易水倒虹吸上游渠段	60	4.25	0.78	0.12	48	4.01	0.68	0.11	36	3.81	0.55	0.09	30	3.73	0.48	0.08	24	3.66	0.39	0.07
中易水倒虹吸渐变段	60	6.95	0.76	0.09	48	6.71	0.63	0.08	36	6.52	0.49	0.06	30	6.44	0.41	0.05	24	6.37	0.33	0.04
西南隧洞上游渠段	60	4.28	0.83	0.13	48	4.17	0.69	0.11	36	4.07	0.53	0.08	30	4.04	0.45	0.07	24	4.01	0.36	0.06
西南隧洞渐变段	60	4.28	1.40	0.22	48	4.17	1.15	0.18	36	4.07	0.88	0.14	30	4.04	0.74	0.12	24	4.01	0.60	0.10
北易水倒虹吸上游渠段	60	4.30	0.76	0.12	48	4.30	0.61	0.09	36	4.30	0.46	0.07	30	4.30	0.38	0.06	24	4.30	0.31	0.05
北易水倒虹吸渐变段	60	7.28	0.68	0.08	48	7.28	0.55	0.06	36	7.28	0.41	0.05	30	7.28	0.34	0.04	24	7.28	0.27	0.03
广城倒虹吸上游渠段	60	4.32	0.76	0.12	48	4.08	0.66	0.11	36	3.87	0.54	0.09	30	3.78	0.47	0.08	24	3.70	0.39	0.06
广城倒虹吸渐变段	60	7.29	0.68	0.08	48	7.06	0.56	0.07	36	6.85	0.43	0.05	30	6.76	0.37	0.05	24	6.68	0.30	0.04
七里河倒虹吸上游渠段	60	4.25	0.78	0.12	48	4.09	0.66	0.10	36	3.96	0.52	0.08	30	3.91	0.44	0.07	24	3.86	0.36	0.06
七里河倒虹吸渐变段	60	7.26	0.68	0.08	48	7.10	0.56	0.07	36	6.97	0.43	0.05	30	6.91	0.36	0.04	24	6.86	0.29	0.04
马头沟倒虹吸上游渠段	60	4.28	0.79	0.12	48	4.23	0.65	0.10	36	4.18	0.49	0.08	30	4.17	0.41	0.06	24	4.15	0.33	0.05
马头沟倒虹吸渐变段	60	7.24	0.68	0.08	48	7.19	0.55	0.07	36	7.14	0.42	0.07	30	7.13	0.35	0.04	24	7.11	0.28	0.03

续表

建筑物名称	输水流量=100%设计流量				输水流量=80%设计流量				输水流量=60%设计流量				输水流量=50%设计流量				输水流量=40%设计流量			
	流量/(m³/s)	水深/m	流速/(m/s)	F_r	流量/(m³/s)	水深/m	流速/(m/s)	F_r	流量/(m³/s)	水深/m	流速/(m/s)	F_r	流量/(m³/s)	水深/m	流速/(m/s)	F_r	流量/(m³/s)	水深/m	流速/(m/s)	F_r
坎庄河倒虹吸段上游渠段	60	4.30	0.79	0.12	48	4.30	0.63	0.10	36	4.30	0.47	0.07	30	4.30	0.39	0.06	24	4.30	0.31	0.05
坎庄河倒虹吸渐变段	60	7.02	0.71	0.09	48	7.02	0.56	0.07	36	7.02	0.42	0.05	30	7.02	0.35	0.04	24	7.02	0.28	0.03
下车亭隧洞上游渠段	60	4.26	0.90	0.14	48	3.89	0.80	0.13	36	3.54	0.67	0.11	30	3.38	0.59	0.10	24	3.23	0.50	0.09
下车亭隧洞渐变段	60	4.86	0.96	0.14	48	4.49	0.83	0.13	36	4.14	0.68	0.11	30	3.98	0.59	0.09	24	3.83	0.49	0.08
水北沟渡槽上游渠段	60	4.29	0.79	0.12	48	3.99	0.71	0.11	36	3.73	0.59	0.10	30	3.61	0.52	0.09	24	3.51	0.43	0.07
水北沟渡槽渐变段	60	3.92	1.18	0.19	48	3.62	1.02	0.17	36	3.36	0.82	0.14	30	3.24	0.71	0.13	24	3.14	0.59	0.11
南拒马河上游渠段	60	4.27	0.88	0.14	48	4.04	0.76	0.12	36	3.86	0.61	0.10	30	3.79	0.53	0.09	24	3.73	0.43	0.07
南拒马河渐变段	60	6.95	0.76	0.09	48	6.72	0.63	0.08	36	6.54	0.48	0.06	30	6.47	0.41	0.05	24	6.41	0.33	0.04
北拒马河倒虹吸上游渠段	60	4.28	0.77	0.12	48	4.17	0.64	0.10	36	4.07	0.50	0.08	30	4.04	0.42	0.07	24	4.01	0.34	0.05
北拒马河倒虹吸渐变段	60	7.14	0.74	0.09	48	7.03	0.60	0.07	36	6.93	0.46	0.06	30	6.90	0.38	0.05	24	6.87	0.31	0.04
北拒马河上游渠段	50	3.80	0.75	0.12	40	3.80	0.60	0.10	30	3.80	0.45	0.07	25	3.80	0.38	0.06	20	3.80	0.30	0.05
北拒马河渐变段	50	4.33	0.91	0.14	40	4.33	0.73	0.11	30	4.33	0.55	0.08	25	4.33	0.46	0.07	20	4.33	0.36	0.06

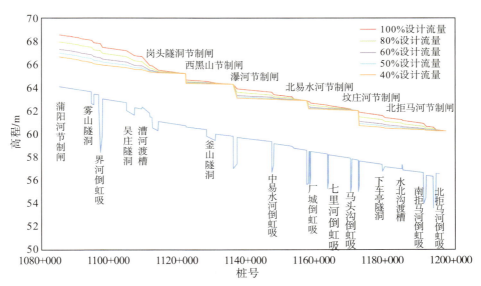

图 11.2-2 方案二各输水流量工况下水面线

①沿线倒虹吸进口水位满足安全运行要求。

②输水流量低于80%设计流量工况下,流速为0.2~0.67m/s,不满足流冰输水条件;输水流量高于80%设计流量工况下,流速为0.4~0.9m/s,渠道存在局部渠段流速低于流冰输水条件。

③以100%设计流量工况为例,瀑河倒虹吸进口节制闸闸前流速为0.73m/s,北易水倒虹吸进口节制闸闸前流速为0.68m/s,坟庄河倒虹吸进口节制闸闸前流速为0.71m/s,西黑山节制闸闸前流速为0.4m/s。

因此,输水流量小于80%设计流量工况下,节制闸全部退出控制方案,不能保障所有倒虹吸最低水位运行要求,部分节制闸退出控制方案渠道流速小于无冰输水流速要求。输水流量大于80%设计流量工况下,顺直渠道流速大于0.8m/s,西黑山节制闸、下游倒虹吸进口渐变段流速小于0.8m/s,低于非冰盖无冰输水流速,存在出现冰塞风险,而且流量越大,存在更大的出现冰塞风险。

11.3 小结

采取大流量非冰盖流冰输水方式,输水流量应大于80%设计流量,对应岗头隧洞节制闸流量100m³/s,但下游倒虹吸进口流速偏低,容易出现流冰下潜,形成冰塞,应保障较强的捞冰、融冰措施,极端冰灾出现时,应联合调度,降低流量。一方面,采用大流量非冰盖流冰输水会遇到较为严重的风险;另一方面,根据下游供水需求,对岗头隧洞节制闸供水要求为70~80m³/s,因此,根据风险严重性、经济投入和需求的分析,采取大流量非冰盖输水不是十分必要。

第 12 章　渠道保温提升输水能力技术

12.1　研究思路与方案

从总干渠水面热交换情况角度分析,导致渠道水温热量损失的主要有渠道水面水分蒸发热损失和水气对流热损失,风速是这两项热交换的关键影响因素,降低风速既可以减少蒸发热损失,又可以减少水气对流热损失。因此,从降低风速减少蒸发和对流热损失的角度考虑,在总干渠重点渠段上空加设透光棚,既可以避免水面风速影响,又可以吸收太阳短波辐射热量,达到总干渠重点渠道水面加盖保温措施的目的。

在 1968—1969 年冬季气象条件和 150m³/s、210m³/s 输水流量方案情况下,分别以安阳河节制闸、滹沱河节制闸和蒲阳河节制闸为起点,至北拒马河暗渠节制闸相应渠段采取加盖保温措施,对安阳河节制闸至北拒马河暗渠节制闸渠段水温过程进行模拟预测。具体计算工况见表 12.1-1。

表 12.1-1　　　　　　　　　　　　总干渠重点渠道保温措施计算工况

工况编号	加盖渠段范围	加盖渠段长度/km	输水流量/(m³/s)	气象条件
1-483-150	安阳河节制闸至北拒马河暗渠节制闸	483	150	
2-219-150	滹沱河节制闸至北拒马河暗渠节制闸	219	150	
3-115-150	蒲阳河节制闸至北拒马河暗渠节制闸	115	150	1968—1969 年冬季
4-483-210	安阳河节制闸至北拒马河暗渠节制闸	483	210	
5-219-210	滹沱河节制闸至北拒马河暗渠节制闸	219	210	
6-115-210	蒲阳河节制闸至北拒马河暗渠节制闸	115	210	

针对总干渠重点渠道水面加盖保温措施,在总干渠一维水温数学模型中通过改变水库表面风速反映,采取加盖措施后,考虑加盖渠段水面风速为 0m/s。

12.2　渠道垂向水温分析

根据总干渠水温、流冰观测成果,渠道流冰在平均水温 1℃ 时开始形成,也就是渠道表面水温降至 0℃时,下层水温肯定高于 0℃,结合水库工程抽下层高水温水体以防止表层水域结冰的方法,如果渠道水体也出现分层,底层水体水温比上层高,沿程布置一些抽水设施,将渠道底层较高温水体送至表层,使表层水体高于 0℃,在一定程度上可以防止其形成流冰。这种防冰措施是否可行主要取决于渠道水体水温是否分层及分层水温沿程变化规律。

(1)垂向水温变化初步分析

为了分析总干渠渠道沿程分层水温变化规律,对 2019—2020 年冬季和 2015—2016 年冬季的水温、冰情、气象观测成果进行了整理分析。

2019—2020 年总干渠冬季冰期输水期间,在滹沱河倒虹吸、漕河渡槽、北易水倒虹吸和北拒马河暗渠进口渠段对水温的垂向分布进行了系统观测。观测期间各测站平均流量为 5.8~54.1m³/s,平均流速为 0.07~0.70m/s,最低水位为 0.82~4.24℃,最低气温为 −14.7~−7.3℃(表 12.2-1)。其中,北拒马河暗渠观测断面为静水渠段,水力学、水温条件具有一定的特殊性。各测站水温沿水深垂向分布见图 12.2-1,在输水渠段底层水体温度比表面水体温度高不足 0.1℃,分层不明显,滹沱河倒虹吸进口渠道底层水温比表层水温高 0.04℃,漕河渡槽底层水温比表层水温高 0.04℃,北易水倒虹吸进口渠道底层水温比表层水温高 0.05℃,北拒马河暗渠进口渠段为静水渠段,渠道底层水温比表层水温高 1℃以上。

表 12.2-1　　　　　　　　　　2019—2020 年各测站观测特征值

观测站	平均流量/(m³/s)	平均流速/(m/s)	最低水温/℃	最低气温/℃
滹沱河倒虹吸	54.1	0.40	4.24	−12.2
漕河渡槽	49.6	0.40~0.70	2.62	−7.3
北易水倒虹吸	5.8	0.07	1.63	−14.7
北拒马河暗渠进口渠段	0.0	0.00	0.82	−12.4

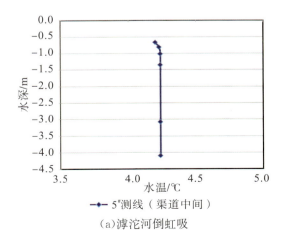

(a)滹沱河倒虹吸

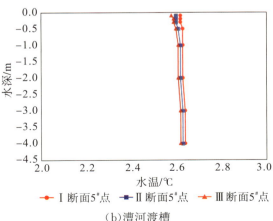

(b)漕河渡槽

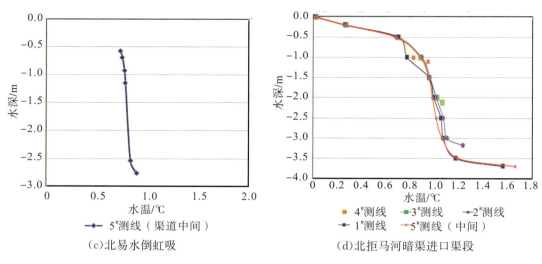

(c)北易水倒虹吸　　　　　　　　　　　　(d)北拒马河暗渠进口渠段

图 12.2-1　各测站水温沿水深垂向分布

　　为分析极寒气候条件下渠道水温变化,整理了 2015—2016 年冬季相关水温、气象和冰情资料。2015—2016 年冬季岗头隧洞节制闸流量约为 46m³/s,流速为 0.38～0.4m/s,2016 年 1 月下旬遭遇极端寒潮,实测最低气温为 −18℃,渠道形成大量流冰。其间对水面以下水温和冰情进行观测(图 12.2-2 和图 12.2-3),根据测量,表面水温低于 0℃,底部水温约为 0℃。漕河渡槽布置冰网,根据不同水深位置出现了水内冰,可以推断水底和水表面水温均降至 0℃ 左右,渠道上层和下层水温相差不大。

图 12.2-2　水内冰观测

(a)钻孔　　　　　　　　　　　　　(b)取冰

图 12.2-3　水下冰屑观测

（2）进一步论证方案

根据以上分析,沿程水流水温垂向分布变化复杂,不同气象条件水温垂向分布不同,为了进一步论证沿程垂线水温分布规律,需要继续开展一定量的工作。计划在典型冷冬年,从南至北追踪单元水体,测量该水体不同时间、不同输移位置的水温垂向分布。

主要采用方法为沿程追踪水体,对该水体在不同时间、不同位置的垂向水温分布进行测量。首先,冬季输水流量稳定后,通过数学模型计算,计算一个单元水体从陶岔渠首开始的沿程轨迹路径,提出该水体不同时间所在的位置,为沿程追踪测量提供基础,制定测量计划。其次,成立测量小组,从陶岔渠首开始测量出现水温,测量仪器为垂线链条水温仪,一次性测取,同时计算气温、水力参数数据。再次,紧密追踪水体,按照测量计划在不同位置测量水体垂向水温。最后,整理测量数据,分析沿程水温垂向分布规律。

12.3　渠道沿程水体加热措施研究

根据总干渠冰情观测成果,渠道水面与大气接触,水面水体损失热量快,形成流冰时间早。沿程水体加热措施通过在渠道沿程布置若干水面表层加热设备,每个加热设备间隔一定距离,水体加热以后,向下游渠道输移过程中可保持一定传输距离不结冰,当水体沿程损失热量致水温降至 0℃ 时,继续进入下一个加热设备加热,然后再向下游输移,反反复复,保证沿程不结冰,其中,在沿程水体加热措施中每个加热设备称为加热节点,两个节点之间称为节点距离。分析该措施的主要任务为计算出每个加热设备的工作功率和节点距离,也就是每个节点下游不结冰距离(图 12.3-1 和图 12.3-2)。

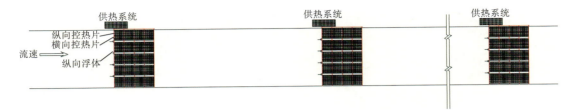

（a）纵向布置

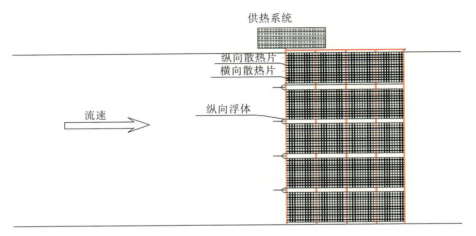

（b）平面细节

图 12.3-1　渠道加热设备沿程布置示意图

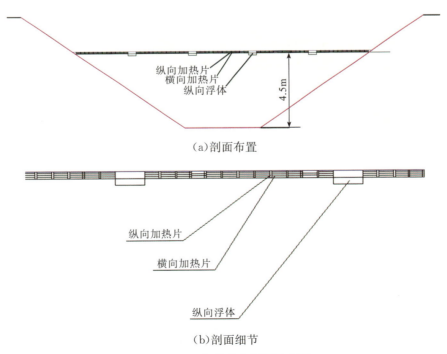

（a）剖面布置

（b）剖面细节

图 12.3-2　加热节点剖面示意图

根据现阶段分析要求,结合近年来总干渠冰情观测基础数据,做条件假设:

①根据蒲阳河下游的渠道布置,水面宽度取 30m,输水流量为 70m³/s,水体流速为 0.6m/s。

②每个加热节点设施只对表面以下 0.2m 内的水体加热,针对总干渠主要结冰过程在夜晚发生,加热计算过程发生在夜晚,无太阳辐射影响,加热水体输移过程中损失热量主要由大气对流扩散引起,同时水温分层,不向水体下层传热。

③防止加热设备单位面积功率过大,每个加热节点布设设备长度 500m,即通过 500m 的加热过程,单元水体水温升高到一定温度值。

④进入加热节点的水体温度为 0℃,环境大气温度取 −10℃,风速取 5m/s。

⑤该设备仅在出现寒冷气温时开启。

根据以上分析,该措施的主要任务为计算出每个加热设备的工作功率和节点距离。

根据以上计算条件,平均每秒加热水体量为 3.6m³,分别计算了水体升高 1℃、2℃、5℃、10℃时需要提供的热量,热量利用效率假设为 100%,水的比热容取 4.2kJ,计算结果见表 12.3-1。水温升高 1℃,每个节点加热设备功率为 1.5 万 kW;水温升高 2℃,每个节点加热设备功率为 3.0 万 kW;水温升高 5℃,每个节点加热设备功率为 7.56 万 kW;水温升高 10℃,每个节点加热设备功率为 15.12 万 kW。在经济方面,根据《河北省南部电网销售电价表》,平均电价取 0.5361 元/(kW·h),假设冬季流冰持续 40 天,单个加热节点冬季水温升高 1℃,运行成本费用为 772 万元,水温升高 2℃,运行成本费用为 1544 万元,水温升高 5℃,运行成本费用为 3890 万元,水温升高 10℃,运行成本费用为 7781 万元。

表 12.3-1 　　　　　　　　　　　方案计算特征

工况	每秒加热水体/m³	水温增加/℃	每小时热量/(kW·h)	不结冰长度/km	经济成本费用/万元
1	3.6	1	54432000	2	772
2	3.6	2	108864000	4	1544
3	3.6	5	272160000	10	3890
4	3.6	10	544320000	20	7781

同时,水体热量损失仅考虑表面水体与大气对流扩散损失的热量,可以利用《凌汛计算规范》(SL 428—2008)中大气对流热量损失公式进行计算:

$$S = 0.481(1 + 0.3W)(t_s - t_q) \tag{12.1}$$

式中,S——日大气对流损失热量,MJ/(m²·d);

W——风速，m/s；

t_s——水温，℃；

t_q——气温，℃。

根据以上计算参数取值，计算表层水体为 1℃、2℃、5℃、10℃时加热节点下游不结冰渠道的距离范围，分别为 2.28km、3.48km、6.7km、10.8km。

通过以上计算分析，沿程水体表层加热措施可以提高渠道表层温度，防止形成流冰，但需要消耗的能量较多，运行经济成本较高。

12.4 冷产业链群和大数据中心对水库水温的影响

为了论证中线调蓄库设置冷产业链群和大数据中心对水库冬季水温的影响，以雄安调蓄库为例，在现有水库规模、水库地形数据、大数据中心规划建设方案的基础上，建立水库对流扩散数学模型，对典型冬季水库变化过程进行了计算模拟，论证了该方案的效果。

（1）冷产业链群和大数据中心的概况

南水北调中线雄安调蓄库现阶段上库设计库容高达 1.92 亿 m^3，一方面，可为数据中心提供冷却用水，据相关研究，水深超过 30m 后，水温将常年保持在 10℃以下，可以利用水库深层低温水的"自然冷源"直接供冷，可以实现房屋的"无能耗空调"，与常规空调系统的投资相当，但运行时只需要消耗一些通风用电，能够大幅降低用能；另一方面，根据目前雄安调蓄库大数据中心规划，数据中心共有 6 栋建筑，1.2 万台机柜，每栋楼发热量按照 1.56 万 kW，数据中心为调蓄库提供热量为 9.366 万 kW，假设全部热量由水库水体吸收，则水库水体吸收热量后，水温升高，有利于在线调蓄库对渠道冬季冰情的调节。这里对冷产业链群和大数据中心对雄安调蓄库水温进行了论证，进而分析了水库水温提升后，总干渠下游冰情发展。

（2）计算成果分析

本方案采用前面章节构建的雄安调蓄库水温对流扩散数学模型，对 1968—1969 年典型冷冬年雄安调蓄库水温变化过程进行了计算模拟（图 12.4-1），分别为无冷产业链群和大数据中心与有冷产业链群和大数据中心两种情景。

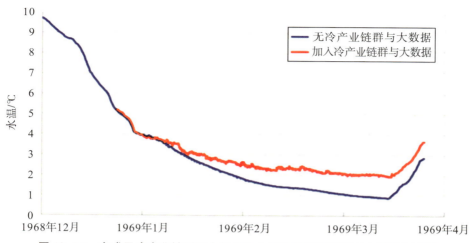

图 12.4-1　有或无冷产业链群和大数据中心情景下雄安调蓄库水温变化过程

经分析,在冷产业链群与大数据中心情景下,雄安调蓄库 1 月水温较无冷产业链群提高 0.31℃,2 月水温较无冷产业链群提高 0.81℃。结合本书前面章节结论,水库冬季温度升高后,可提高调蓄库对西黑山节制闸下游水温调节,影响总干渠冰情发展,在暖冬年和平冬年提高了下游不结冰的保证率,在冷冬年可减少水库流量与渠道流量的混合比例,改善了下游渠道冬季输水条件。

第 13 章　南水北调中线工程防凌减灾措施

13.1　预防措施

冰塞、冰坝、异常冰情、设备适应性、输水设施破坏等风险事件的影响因子,主要包括气象、水力、调度、金属结构、管理等,可归纳为自然因素、工程因素、人为因素、管理因素等。

（1）自然因素

自然因素包括气象条件、上游来水温度、冰盖特性、流冰撞击、冻融、冰盖荷载等。

气象条件和水温是影响冰情发展的主要热力因素,冬季运行应关注短、中、长期天气预报,应有气象(气温、风速风向)和水温资料的观测记录,掌握渠道结冰期、封冻期和融冰期与气象和水温变化有关,尤其是在遭遇极端气候条件时,加强气象观测,能够为总干渠防凌减灾提供技术支撑。

在冰期,管理处应开展冰盖特征、流冰撞击、冻融和冰盖荷载观测,根据不同冰情和不同建筑物特点,采取不同的防护措施。冰盖特征为渠道冰盖厚度和长度整体特征,渠道形成冰盖封冻后,应在每个渠段选择典型断面对渠道厚度进行监测,通过巡视掌握整个渠道冰盖,在开河期或水位有较大波动时,应加强对渠道冰盖的巡视,防止冰盖大范围破裂,形成相对移动。流冰撞击一般出现在开河期或冰盖破裂期间,应在渠道出现大块流冰期间开展流冰观测,尤其是冰盖前缘、倒虹吸进口、隧洞和闸门等位置,防止大块流冰直接撞击建筑物、堵塞建筑物进口等现象发生。冻融一般出现在封冻期,主要是冰对渠道、建筑物和闸门的冻胀破坏,冬季运行应加强对渠道、建筑物和闸门等重点部分的巡视,建筑物前应布设扰冰设施、拦冰索。冰盖荷载主要影响闸门、建筑物和水情监测仪器设备工作,应在闸门、水情监测仪器设备附近布设扰冰索,防止其附近结成冰盖,在建筑物进口应布设拦冰设施,减轻冰盖对建筑物的荷载。

（2）工程因素

工程因素包括渠道布置和建筑物。

管理处所辖渠道衬砌板冬季可能发生冻胀破坏,为控制渠道衬砌板冻胀引起的次生灾害,入冬前应对所辖渠道进行全面检测,掌握渠道衬砌板现状;冰期应定时开展渠道衬砌板不同方式的检测,在不增加工作强度的条件下,尽早发现渠道衬砌板冻胀,尤其是高填方渠段,在强降温过程中应增加巡视次数。对于已经出现冻胀的衬砌板,应重点巡视,防止次生破坏。冬季结束后,根据运行情况,对冻胀破坏的衬砌板进行修复。

在山区开挖渠段,渠道断面束窄,由于流速变化,在结冰期和融冰期可能出现流冰下潜,形成冰塞、冰坝,在结冰期和融冰期应对束窄断面的渠段进行重点巡视,必要时,可在束窄断面前布设拦冰设施。

倒虹吸、隧洞等主要建筑物在渠道布置中,一方面,起到拦截上游流冰的作用;另一方面,其自身也必承受一定的冰荷载,甚至流冰堵塞建筑物进口,形成冰塞冰坝的危险。在结冰期,加强对建筑物前冰情观测,实时掌握建筑物前冰情发展,在建筑物前布设拦冰索和扰冰设施,防止流冰在建筑物前堆积,形成冰塞;在封冻期,定期观测建筑物前的冰盖厚度,冰盖厚度超过设计厚度时,应进行人工破冰,减小冰盖静冰荷载;在开河期,加强对建筑物前冰盖的观测,实时掌握上游流冰特征,防止大尺寸流冰在建筑物下潜堵塞建筑物,同时防止上游渠道浮冰盖整体下移撞击建筑物。

（3）人为因素

人为因素主要为人为误操作。冬季气候寒冷,下雪天气路滑,运行人员操作不集中,尤其是夜间,人为误操作可能性加大,误操作引起渠道水力条件严重波动,导致冰盖破裂、流冰下潜等,可能形成冰塞、冰坝。为减少人为误操作的发生,应改善管理人员冬季工作环境,制定严格的操作制度,严格按流程操作,操作后应及时校核,尽早发现问题。

（4）管理因素

管理因素包括调水流量方案、渠道调度方式。

在调水流量方案方面,制定安全可靠的调度方案,明确冬季冰期输水的时间、范围和输水计划,输水流量应保证渠道流速不大于流冰下潜的临界流速。

在渠道调度方式方面,冬季应严格按照南水北调中线总调度中心（简称"总调中心"）的调度运行方式,一般采取闸前常水位调度方式,控制冬季流量变化,保持渠道水力条件稳定。结冰段应按冰期输水方式运行,冬季宜抬高渠道水位,采取闸前常水位运行,封冻段应采取冰盖下浮冰输水;应提高冬季调度水平,冬季运行尽量保持水位、流量稳定,结冰期促使冰盖尽快形成,封冻期应保持冰盖稳定,不破裂,融冰期促使冰盖就地融化,减小流冰量,避免因调度失误引起水位抬高,冰盖鼓起破裂。

13.2　分区调度措施

中线总干渠跨越北纬 33°~40°，由南向北气候差异较大，全线冰情差异较大，冬季全线将于无冰输水、流冰输水和冰盖下输水等复杂工况下运行。根据风险管理理论，风险应对宜分级分区，不同级别的风险采取不同的预防措施和应对措施。根据总干渠冰凌空间分布和冰期风险事件形成机理，冰期调度风险全线可分为 4 个不同区域。

（1）渠首段和河南段

根据风险评估成果，该渠段冰期调度风险等级为Ⅰ级，结合冰—水动力学模拟，该渠段为无冰段，冰期风险事件风险量值小，为可容许风险。冬季应以气温、水温观测为主，预防极端气候条件出现。

（2）安阳河倒虹吸至石家庄古运河暗渠段

该渠段大部分位于河北省境内，该渠段冰期调度风险等级为Ⅰ级或Ⅱ级，结合冰水动力学模拟，该渠段为无冰段至结冰段的过渡段。该渠段冰期调度风险受气象条件影响较大，暖冬时为无冰段，冬季可按无冰输水运行；冷冬时，渠道为流冰段或冰盖封冻段，应按冰期调度方式运行，对冰期风险应采取预防和应急措施。

（3）石家庄古运河暗渠至惠南庄泵站

该段大部分位于河北段，该渠段冰期调度风险等级为Ⅱ级，结合冰水动力学模拟，该渠段为结冰段，冬季采用冰期调度方式。冬季应对冰期风险因子采取预防措施，制定针对风险事件的应急抢险方案。其中，蒲阳河倒虹吸以北部分渠段风险量值为 7.5 以上，为全线重点防护对象。

（4）北京段和天津段

北京段和天津段一级单元风险等级为Ⅰ级，但北京段惠南庄泵站管理处和天津段的西黑山管理处风险等级为Ⅱ级，因此北京段重点防护对象为惠南庄泵站，尤其是其暗渠进口局部区域和前池进口拦污栅区域；天津段重点防护对象为西黑山管理处，尤其是西黑山分水闸。

13.3　突发冰害应急处置措施

（1）冰塞、冰坝风险事件

冰塞与冰坝的形成机理与危害后果相似，应急处置措施相同。

渠道发生冰塞、冰坝风险事件时，小范围流冰堆积体应以监测为主。对于大范围冰塞、冰坝,采取以下应急处置措施:①开展冰塞、冰坝观测,确定冰塞、冰坝位置、厚度、长度及壅高水位,实施冰塞发展动态监控,为冰塞、冰坝灾害处理提供基础资料;②保持调度平稳,上、下游水位稳定;③积极应对冰塞威胁,在渠道、控制建筑物进口前增加拦冰索,控制冰塞、冰坝体积增加,铲除建筑物、束窄渠段等关键位置流冰堆积体,疏通输水渠道;④合理、科学地调度抢险物资、设施和人员,如拦冰、捞冰、运冰设施及抢险人员等;⑤逐级上报,根据冰塞、冰坝风险严重性逐级上报,组织专家会商,制定冰塞、冰坝风险抢险处置预案;⑥在紧急情况下应启动冰塞、冰坝抢险预案,控制上游壅高水位,防止渠水漫溢。

（2）异常冰情风险事件

对于异常冰情风险事件,采取以下应急处置措施:

①完善冰期输水预报系统,提高异常冰情的预报分析能力;②冰情时间、冰盖厚度异常时应增加冰情观测频次和运行管理人员对冰情的关注度,根据冰情异常的程度采取不同的应对措施;③异常严重时,应及时逐级上报;④组织专家会商,评估冰情的严重程度,提出对应措施;⑤严重影响渠道输水能力时,应统一调整调度方案,通知受水区,调整输水流量;⑥加强冰情原型观测,实时掌握冰情发展动态,重点巡视渡槽、倒虹吸进口、高填方渠段、各类控制闸、金属结构设备等;⑦对控制建筑物、节制闸附近破冰,防止冰冻影响;⑧根据冰情发展动态,由总调中心统一恢复正常供水。

（3）设备适应性风险

1）设备检查制度

入冬前,应对闸门控制系统、测量仪器设备等进行全面检查,排查风险源,消除隐患;冬季运行期间,应定期检查,尽早发现问题,尽快修复,避免影响冬季调度;冰期结束后,应对设备进行一次排查,发现问题、记录问题、维修设备。

2）闸门防护措施

包括闸门防静冰冻胀和流冰撞击,闸门前局部区域布设扰冰、融冰设施,防止闸门前冰盖与闸门冻结;闸门前布设拦冰索,防止大块流冰撞击闸门,融冰期应加强巡视,掌握上游渠道开河情况。

3）闸门防冻措施

冬季闸门与闸墩接触面容易结冰,为保证闸门正常启闭,接触面应布设加热防冰冻设施。在冬季运行期间应定期检查加热系统,保证其正常运行,发现问题及时检修。同时,冰期运行期间,应定时操作闸门,防止闸门与闸墩冻结在一起,影响闸门操作的灵活性。

4）仪器设备防冰措施

冬季仪器设备主要受低温和冰冻影响，一般布设在闸后的设备受影响较小，闸前测量设备影响大。仪器设备前应布设拦冰设施，防止流冰撞击设备或在设备布设断面堆积。仪器设备附近局部区域应布设扰冰设施，防止设备管道与冰盖冻结而形成冻胀破坏。冬季运行期间，水位—流量设备出现较大偏差时，应人工测读水位，借鉴上下游节制闸读数，保持控制闸前水位稳定。

（4）输水设施破坏风险

1）输水建筑物防护

①加强渡槽、倒虹吸进口、节制闸等建筑物巡视；②节制闸出现冰屑堆积后，应及时打捞处理；③建筑物出现严重问题时，应及时上报，组织专家会商，制定抢修方案。

2）渠道边坡衬砌破坏

①制定冬季冰期渠道巡查制度，划分重点巡视渠段；②边坡衬砌板破坏后，逐级上报，分析冻胀破坏的原因；③加强巡视，避免诱发跑水等次生严重危害；④事后，及时修复和更换；⑤研究低温条件下重点边坡冻胀渠段的防护措施。

3）拦冰索断裂

①事前对拦冰索断裂隐患进行排查；②结冰期和融冰期定期检查；③及时更换有问题的拦冰索；④加强观测，预防拦冰索断裂诱发流冰堆积体、冰盖整体下移等严重次生危害。

第 14 章　关键技术现场试验和示范应用

本章以南水北调中线总干渠为对象,通过开展关键技术现场试验或示范应用,验证技术成果的可行性和安全性,包括冰情发展智能预报模型现场试验、流冰下潜条件的现场验证试验、岗头隧洞节制闸控冰技术研究验证、基于短期气象预报的总干渠冰期输水实时调控模式的现场验证。

14.1　冰情发展智能预报模型现场试验

14.1.1　模型检验方案

(1)模型示范验证内容

冰情发展智能预报模型试验内容包括:水温、岸冰形成日期、流冰形成日期、流冰密度、冰盖厚度及渠池冰盖封冻和开河日期等。

(2)示范验证范围和时间

根据项目实际进展情况,在 2020—2021 年冬季、2021—2022 年冬季和 2023—2024 年冬季开展了冰情模拟预报示范验证工作。其中,2020—2021 年冬季和 2021—2022 年冬季验证范围为安阳河倒虹吸至北拒马河暗渠(长约 500km),采用线下预测方式;2023—2024 年冬季示范范围扩展至总干渠全线,采用线上平台评测方式。

(3)准备工作

主要准备工作包括冰情发展智能预报模型调试、现场气象、水力、冰情验证平台搭建和调试。

14.1.2　示范验证成果分析

(1)2020—2021 年冬季示范验证成果

在 2020—2021 年冬季冰情发展智能预报模型测试中,2020 年 12 月 23 日水温和冰情模拟预测较好地捕捉到了 2021 年 1 月上旬突发冰情,模型预测的水温过程与实际水温变化基本接近,极端气候条件下冰情预测时间与实际冰情出现时间相差一天。为 2020—2021 年冬季冰灾防控和安全输水提供了技术支撑。

(2)2021—2022 年冬季示范验证成果

现场气象、水力、冰情验证平台搭建,气象预报数据采用沿线石家庄、保定气象站的气温预报,可复制冰情原型观测、实时气温观测和中线气象 App 上的气温观测;水力数据采用中线滹沱河倒虹吸下游节制闸水力调度数据,包括流量、水流、水温,其中水温数据采取冰情原型观测 4 个固定测站的水温实时采集数据;冰情验证采用冰情原型观测中 4 个固定测站冰情实时观测采集的数据。

1)24h 冰情预测效果

自 2021 年 12 月 31 日起,每日依据当日 8:00 水温实测值及未来气温预测条件进行冰情预测,并于 20:00 前向中线建管局提供次日 8:00 水温及冰情预测结果。第一日(2022 年 1 月 1 日)水温预测结果见图 14.1-1,预测水温与实测水温整体趋势一致,但因输入水温条件具有沿程突变特点,水温波幅向下游传播,下游出现误差增大的现象。

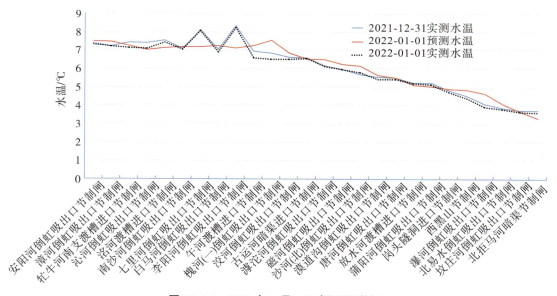

图 14.1-1　2022 年 1 月 1 日水温预测结果

在后续的预测中,采用临近插值处理水温突变条件,得到 2022 年 1 月 6 日水温预测结果见图 14.1-2。由图 14.1-2 可以看出,输入条件较为平稳,但 2022 年 1 月 6 日检验条件波动空间较大,即使在此类验证条件下,模拟渠段各节制闸水温误差也均在 ±0.3℃ 范围内,北拒马河暗渠节制闸处水温误差仅为 0.02℃。

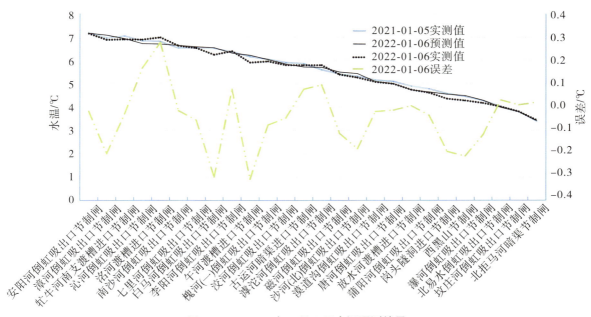

图 14.1-2 2022 年 1 月 6 日水温预测结果

2022 年连续多日(1 月 6—15 日)的水温预测误差见图 14.1-3。由图 14.1-3 可见,2022 年 1 月 6—15 日,模拟范围内水温误差基本可控制在±0.5℃以内,个别闸站受模型概况方式、气温水温输入条件等综合影响,水温误差普遍偏大,但整体综合误差可以接受。

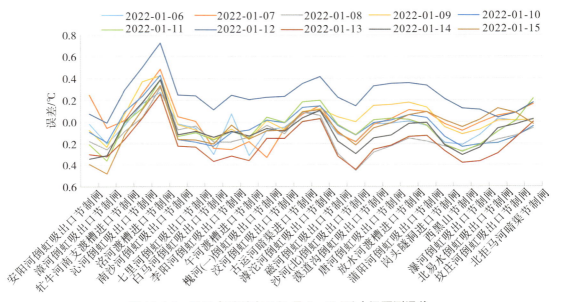

图 14.1-3 2022 年连续多日(1 月 6—15 日)水温预测误差

1 天预测时长下的水温误差见表 14.1-1。渠段水温整体误差小于 0.3℃,平均约

为 -0.03℃。北拒马河暗渠节制闸水温误差小,整体在 0.22℃ 以内,平均约 0.05℃。

表 14.1-1   1 天预测时长下的水温误差

预测时间	渠段水温平均误差/℃	北拒马河暗渠节制闸水温误差/℃
2022-01-06	-0.04	0.02
2022-01-07	0.01	0.17
2022-01-08	-0.13	-0.06
2022-01-09	0.03	0.02
2022-01-10	-0.04	-0.04
2022-01-11	-0.03	0.22
2022-01-12	0.25	0.18
2022-01-13	-0.20	0.00
2022-01-14	-0.09	0.02
2022-01-15	-0.05	-0.02

2)7 天冰情预测效果

模型每次预报 7 天内工程沿线水温变化过程,经统计,7 天预测时长下的水温预测误差见表 14.1-2。模拟范围全渠段和所关注的最重要位置(北拒马河暗渠节制闸)的水温误差在 $-0.11\sim0.56$℃,区间长度仅为 0.67℃,7 天预测水温的误差平均值分别为 0.19℃ 和 0.07℃。可见,模型预测 7 天预测时长的水温精度较高。

表 14.1-2   7 天预测时长下的水温预测

预测时间	渠段水温平均误差/℃	北拒马河暗渠节制闸水温误差/℃
2022-01-12	0.56	0.05
2022-01-13	0.07	-0.10
2022-01-14	-0.10	-0.11
2022-01-15	0.23	0.44

3)19 天冰情预测效果

在现场试验阶段,多次通过 20 天长时段水温预测开展冰情观测及运行调度分析,作出安排工作与建议。2022 年 1 月 10 日提供的一次 19 天水温预测误差见图 14.1-4,可见,19 天水温预报误差在 $-0.42\sim0.20$℃,区间长度仅为 0.62℃,区间长度与 7 天水温预测误差相当。可见,模型对长时段的水温预测依然保持着良好的预报精度。

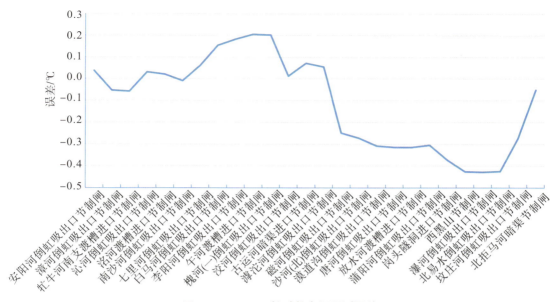

图 14.1-4　19 天长时段水温预测误差

因在现场试验阶段,工程未出现流冰、封冻等现象。因此,成果主要以水温预测误差体现,但水温的预测精度可以直接反映模型初冰日期预测准确性,对工程调度管理具有重要意义。

综上所述,本研究所提出的数学模型对 1 天、7 天和 19 天的长距离水温模拟预测具有良好精度,现存误差受模型、输入条件、检验条件等多因素综合影响,模型可用于支撑工程冬季调度管理决策。

(3)2023—2024 年冬季示范验证成果

模型验证时间为 2023 年 12 月 17 日—2024 年 2 月 29 日,在冰情预报与实时调控软件上每天进行一次未来 15 天的冰情模拟预测(2023 年 12 月 26 日起定时自动预测),根据预测结果编制当日简报《冰情预报与实时调控软件预测报告》,并向运行管理单位提交,累计完成 75 期简报。

1)示范验证输入数据

冰情预测与实时调控软件中冰情预报模型的输入数据主要包括初始水位、流量、水温和预测未来 15 天的气温、水位、流量。其中,初始水位、流量和水温为总干渠沿线从陶岔渠首到北拒马河暗渠节制闸的 61 个闸站数据,预测水位、流量保持与预测当日相同;预测气温数据为中线天气中陶岔渠首、北汝河节制闸、须水河节制闸、汤河节制闸、沁河节制闸、李阳节制闸、滹沱节制闸、岗头隧洞节制闸等 8 个闸站数据(对应南阳、宝丰、郑州、新乡、安阳、邢台、石家庄和保定等 8 个国家气象站)。

2023—2024 年冬季总干渠代表性闸站实测闸前水位、流量变化过程分别见

图 14.1-5 和图 14.1-6。其中,代表性闸站分别为陶岔渠首、兰河节制闸、孟坟河节制闸、午河节制闸和北拒马河暗渠节制闸,各闸站间距为 300km 左右。从图 14.1-5、图 14.1-6 中可知,2023—2024 年冬季总干渠各闸站水位保持平稳,流量总体变幅较小,保持阶段性平稳。

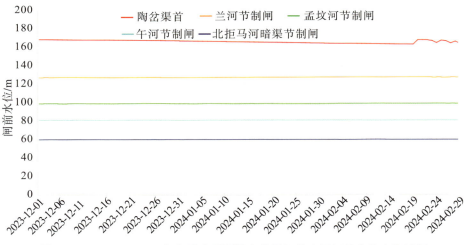

图 14.1-5　2023—2024 年冬季总干渠代表典型闸站实测闸前水位变化过程

图 14.1-6　2023—2024 年冬季总干渠代表典型闸站实测流量变化过程

　　总干渠沿线预测气温分布见图 14.1-7 至图 14.1-9。其中包括 2023—2024 年冬季 2023 年 12 月 17 日、2024 年 1 月 1 日和 2024 年 2 月 1 日等代表日在 1 天、3 天、7 天和 15 天预测时长下预测气温与实测气温的比较。从图 14.1-7、图 14.1-9 中可知,总干渠沿程代表性闸站气温 1 天、3 天、7 天和 15 天预测时长下的平均误差分别为 1.1~1.9℃、1.4~1.6℃、1.0~1.7℃、1.9~4.5℃,单个最大误差分别为 3.5℃、4.2℃、4.7℃、6.1℃,说明预测时间越长,预测气温误差越大。

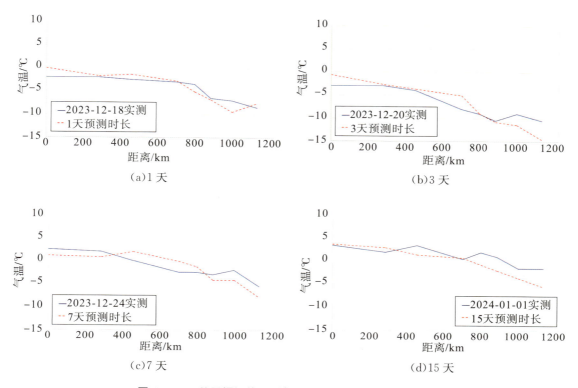

图 14.1-7　总干渠沿线预测气温分布(2023 年 12 月 17 日)

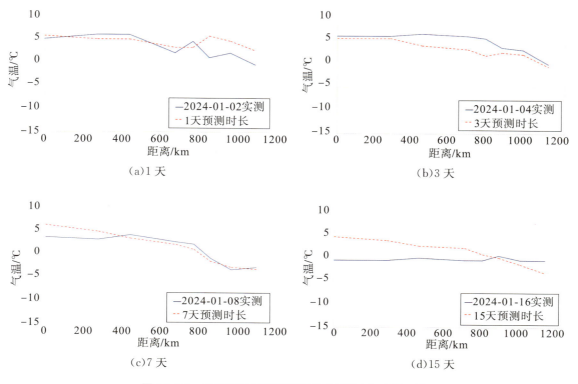

图 14.1-8　总干渠沿线预测气温分布(2024 年 1 月 1 日)

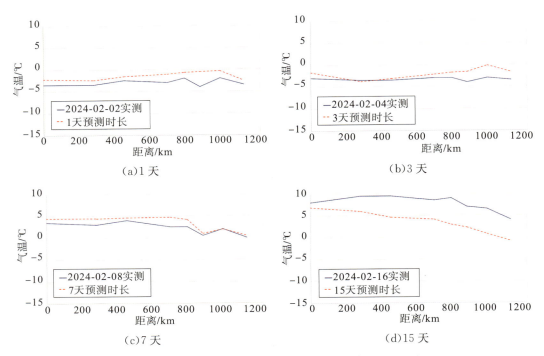

图 14.1-9 总干渠沿线预测气温分布(2024 年 2 月 1 日)

2)示范验证结果分析

①沿线水温预测结果比较。

总干渠沿线预测水温分布见图 14.1-10 至图 14.1-12。其中包括 2023—2024 年冬季 2023 年 12 月 17 日、2024 年 1 月 1 日和 2024 年 2 月 1 日等代表日在 1 天、3 天、7 天和 15 天预测时长下的预测水温与实测水温的比较。从图 14.1-10、图 14.1-12 中可知,各代表日预测水温中,2023 年 12 月 17 日 1 天预测时长下的预测水温沿程分布与实测水温比较接近,2024 年 1 月 1 日和 2024 年 2 月 1 日 1 天、3 天的预测水温沿程分布与实测水温比较接近,但预测时间越长,预测水温误差越大。

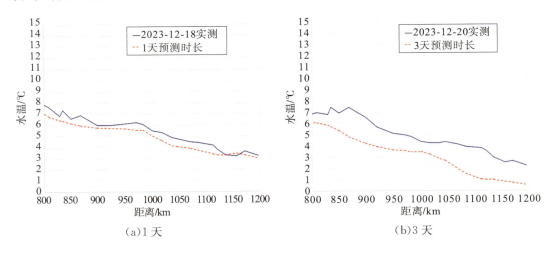

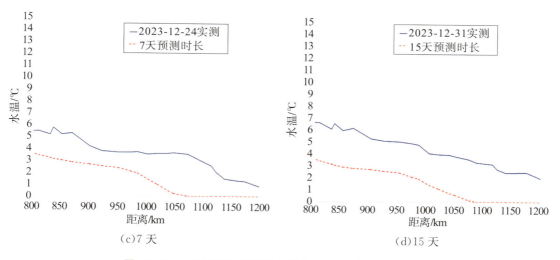

（c）7 天

（d）15 天

图 14.1-10　总干渠沿线预测水温分布（2023 年 12 月 17 日）

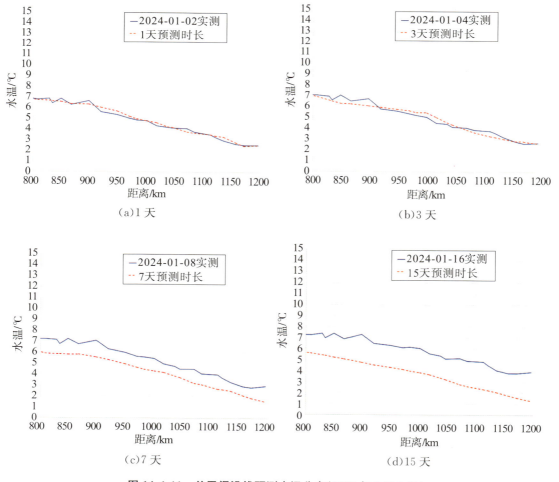

（a）1 天

（b）3 天

（c）7 天

（d）15 天

图 14.1-11　总干渠沿线预测水温分布（2024 年 1 月 1 日）

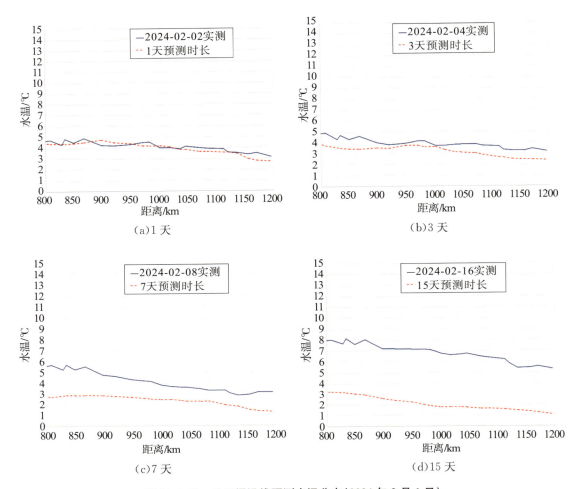

图 14.1-12　总干渠沿线预测水温分布(2024 年 2 月 1 日)

对 3 个代表日水温预测结果进行统计分析(表 14.1-3)可得,1 天预测时长下的水温平均误差为 0.2～0.5℃、3 天预测时长下的水温平均误差为 0.7～1.7℃、7 天预测时长下的水温平均误差为 1.1～2.1℃、15 天预测时长下的水温平均误差为 2.1～4.7℃。说明预测水温越长,预测时间误差越大,影响预测误差的主要因素可能包括实测水温数据精度、预测气温误差、水温预测模型的计算方法和模型参数取值。

表 14.1-3　　　　　　　　　总干渠沿线水温预测误差统计　　　　　　　　　(单位:℃)

预测时间	不同预测时长下水温预测误差			
	1 天	3 天	7 天	15 天
2023-12-17	0.5	1.7	2.1	2.9
2024-01-01	0.2	0.3	1.1	2.1
2024-02-01	0.3	0.7	1.8	4.7

②代表性闸站水温预测结果比较。

总干渠冰期输水渠段代表性闸站 1 天预测时长下的水温预测结果见图 14.1-13，其中代表性闸站为沁河节制闸（起始站）、滹沱河节制闸、岗头隧洞节制闸、北易水节制闸、北拒马河暗渠节制闸（终点）。据统计，2023 年 12 月 17 日—2024 年 2 月 29 日，5 个闸站 1 天预测时长下预测水温与实测水温相比，平均误差分别为 0.2℃、0.1℃、0.3℃、0.1℃、0.2℃，单个最大误差不超过 1.0℃。

（a）沁河节制闸

（b）滹沱河节制闸

（c）岗头隧洞节制闸

（d）北易水节制闸

（e）北拒马河暗渠节制闸

图 14.1-13　代表性闸站水温预测结果（1 天预测时长）

③典型寒潮期水温预测结果比较。

岗头隧洞节制闸不同预测时长下气温变化过程和不同日期气温变化过程分别见图 14.1-14 和图 14.1-15。根据 2023 年 12 月 17—20 日中线预测气温，12 月 18—21 日将有强降温。其中，岗头隧洞节制闸 12 月 21 日平均气温接近−15℃，随着预报日期临近，预测日平均气温逐渐提高至−7℃，实测气温则为−10℃。

图 14.1-14　岗头隧洞节制闸不同预测时长下气温变化过程

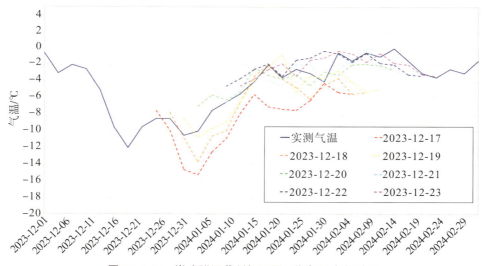

图 14.1-15　岗头隧洞节制闸不同日期气温变化过程

根据 2023 年 12 月 17 日预测气温，12 月 21 日在北拒马河暗渠节制闸至西黑山节制闸渠段将出现冰盖；根据 12 月 18 日、12 月 19 日预测气温，随着预测气温减弱，模拟结果出现冰盖的时间逐日往后推移至 12 月 22 日和 12 月 24 日，出现冰盖的渠段范围相应缩小;根据12月20日预测气温,水温接近1℃,未来几日无流冰和冰盖冰情。实际情况表明,12月21日未出现流冰和冰盖等冰情。

(4)小结

通过2023—2024年冬季为期75天的冰情预报与实时调控软件示范验证,得到总干渠冬季输水冰情预测结论如下:

2023—2024年冬季总干渠各闸站水位保持平稳,流量总体变幅较小,阶段性保持平稳;预报时间越长,中线天气预报气温误差越大;总干渠冰期输水渠段1天和3天预测时长下的预测水温沿程分布与实测水温比较接近,但预测时间越长,预测水温误差越大;在寒潮期,气温预报变动较大,对总干渠水温和冰情预测结果产生一定影响。

14.2　流冰下潜条件的现场验证试验

14.2.1　验证方案

(1)验证内容要求

选择典型结冰渠段,开展流冰运动和下潜示范试验,分析流冰运动下潜的水流条件。

(2)时间与范围

根据中线冰情时空分布特征和冰塞容易发生渠段,结合工程布置、水流分布和示范条件,示范范围选择漕河渡槽至岗头隧洞石渠矩形段和北易水倒虹吸进口500m范围的梯形渠段。试验示范方案计划在2021—2022年冬季流冰期,该冬季没有形成流冰,因此在2022年12月20—27日利用不同特征尺寸的仿冰材料开展流冰下潜试验。

(3)试验准备工作

流冰下潜试验准备工作包括水力条件观测、流冰运动观测。

水力条件采用试验段附近岗头隧洞节制闸数据,包括流量、水流、水深、Fr。辅助必要的多普勒流速剖面仪(ADCP)流量、流速测量,结合漕河渡槽、北易水倒虹吸冰情观测站开展。

流冰运动观测包括流冰密度、流冰厚度、流冰速度、流冰在拦冰索前的运动和下潜。流冰密度、流冰厚度可通过仿冰材料直接测量,流冰速度通过无人机摄像表面流场成像技术测量。

仿冰材料选择有机材料,满足密度和力学性质要求,材料密度通过流冰尺寸根据中线渠道流冰特征尺寸给出(表 14.2-1)。

表 14.2-1　　　　　　　　　　　　　仿冰材料样本特征

样本序号	流冰样本尺寸(长×宽×高)/(cm×cm×cm)
1	5×5×0.5
2	5×5×1
3	10×10×0.5
4	10×10×1
5	15×15×0.5
6	15×15×1
7	30×30×2

14.2.2　流冰下潜试验

(1)水流条件

对岗头隧洞进口和北易水倒虹吸进口试验渠段水流条件进行了测量(图 14.2-1)，试验渠段平均流速为 0.36~0.4m/s，对应 Fr 为 0.054~0.058。其中，岗头隧洞进口石渠段流量为 51.5m³/s，水深为 4.88m，平均流速为 0.4m/s，Fr 为 0.058，表面流速为 0.42m/s；北易水倒虹吸进口段流量为 29.3m³/s，水深为 4.45m，平均流速为 0.35m/s，Fr 为 0.054，表面流速为 0.36m/s。

(a)流量　　　　　　　　　　　　　　　(b)流速

图 14.2-1　流量和流速观测

（2）流冰运动试验

在岗头隧洞进口、北易水倒虹吸进口拦冰索上游选择 100～200m 长渠段为试验渠段，以拦冰索为阻碍物，通过在拦冰索前抛投一定数量不同尺寸的流冰，观测流冰在拦冰索前运动和下潜规律（图 14.2-2）。拦冰索形式为方木式，水下深度为 0.3m。

图 14.2-2　流冰试验

1）北易水倒虹吸进口渠段试验

北易水倒虹吸进口渠段流冰运动试验见图 14.2-3。通过人工在渠道中间抛投流冰，控制流冰入渠位置、流冰密度，流冰入渠后，在运动一定距离后，流冰分布成扩散形状，流冰速度在拦冰索前 50m 断面达到平衡，流冰速度约 0.35m/s，在拦冰索前受阻，各尺寸流冰在拦冰索前的运动特征见表 14.2-2，流冰运动至拦冰索前，被拦冰索拦截，尺寸大于样本 2 尺寸的流冰没有通过下潜的方式穿过拦冰索，试验中也观测到被拦冰索拦截的流冰，沿着拦冰索侧向运动，通过拦冰索连接间隙穿过拦冰索，进入下游。

（a）拦冰索前的流冰堆积　　　　　　　　　　（b）拦冰索前的流冰运动

图 14.2-3　北易水倒虹吸进口渠段流冰运动试验

表 14. 2-2　　　　　　　　　　北易水倒虹吸渠段流冰运动试验

序号	流冰样本尺寸 （长×宽×高）/ （cm×cm×cm）	流冰速度/（m/s）	流冰观测
1	5×5×0.5	0.41	可下潜穿过拦冰索,部分可通过拦冰索连接间隙穿过拦冰索
2	5×5×1	0.41	可下潜穿过拦冰索,部分可通过拦冰索连接间隙穿过拦冰索
3	10×10×0.5	0.41	部分翻转竖立贴在拦冰索上,部分可通过拦冰索连接间隙穿过拦冰索
4	10×10×1	0.41	部分翻转竖立贴在拦冰索上,部分可通过拦冰索连接间隙穿过拦冰索
4	15×15×0.5	0.39	部分翻转竖立贴在拦冰索上,部分可通过拦冰索连接间隙穿过拦冰索
6	15×15×1	0.39	部分翻转竖立贴在拦冰索上,部分可通过拦冰索连接间隙穿过拦冰索
7	30×30×2	0.39	可翻转穿过拦冰索

2）岗头隧洞进口石渠段试验

流冰入岗头隧洞进口石渠段并运动一定距离后,在水面上呈扩散状态分布,流冰速度在拦冰索前 50m 断面达到平衡,流冰速度为 0.39~0.41m/s。流冰在拦冰索前受阻,各尺寸流冰在拦冰索前的运动特征见表 14.2-3,尺寸为 5cm×5cm×0.5cm 和 5cm×5cm×1cm 的流冰运动至拦冰索前,可下潜穿过拦冰索,部分可通过拦冰索连接间隙穿过拦冰。尺寸为 10cm×10cm×0.5cm、10cm×10cm×1cm、15cm×15cm×0.5cm、15cm×15cm×1cm 的流冰部分翻转竖立贴在拦冰索上,部分可通过连接间隙穿过拦冰索。尺寸为 30cm×30cm×2cm 的流冰可经翻转方式穿过拦冰索。

表 14. 2-3　　　　　　　　　　岗头隧洞进口石渠段流冰运动试验

序号	流冰样本尺寸 （长×宽×高）/ （cm×cm×cm）	流冰速度/（m/s）	流冰观测
1	5×5×0.5	0.41	可下潜穿过拦冰索,部分通过连接间隙穿过拦冰索
2	5×5×1	0.41	可下潜穿过拦冰索,部分通过连接间隙穿过拦冰索
3	10×10×0.5	0.41	部分翻转竖立贴在拦冰索上,部分可通过连接间隙穿过拦冰索

序号	流冰样本尺寸（长×宽×高）/（cm×cm×cm）	流冰速度/（m/s）	流冰观测
4	10×10×1	0.41	部分翻转竖立贴在拦冰索上，部分可通过连接间隙穿过拦冰索
4	15×15×0.5	0.39	部分翻转竖立贴在拦冰索上，部分可通过连接间隙穿过拦冰索
6	15×15×1	0.39	部分翻转竖立贴在拦冰索上，部分可通过连接间隙穿过拦冰索
7	30×30×2	0.39	可翻转穿过拦冰索

14.2.3 验证成果分析

通过现场示范，渠道流速 v 为 0.35m/s，Fr 为 0.054，流冰基本被拦冰索拦截；渠道流速 v 为 0.4m/s，Fr 为 0.057，小尺寸流冰在输移运用中较容易下潜穿过拦冰索，大尺寸流冰运动中遇到拦冰索，部分冰块被拦冰索拦截，部分冰块以翻越方式穿过拦冰索。在试验中，仿冰材料数量有限，不能有效模拟流冰密度变化对流冰运动的影响，结合以往多年原型观测成果分析，当流冰密度小、流冰厚度薄时，大部分流冰可以穿过拦冰索，在倒虹吸进口和下游节制闸附近堆积；当流冰密度和厚度增加时，拦冰索拦截流冰，促使初始堆积冰盖形成，拦冰索由此开始受力的支撑作用，堆积冰盖起拦截流冰作用，冰盖厚度主要受水动力和冰盖厚度影响。

14.3 岗头隧洞节制闸控冰技术研究验证

14.3.1 验证方案

（1）验证内容

为探索漕河渡槽至岗头隧洞节制闸冰塞问题的解决技术，开展了岗头隧洞节制闸控冰技术研究，通过调控岗头隧洞节制闸开度，控制蒲阳河倒虹吸节制闸至西黑山节制闸渠道水力条件，将岗头隧洞节制闸上游渠道部分流冰输移至下游西黑山节制闸渠段，使流冰在有利的渠段尽快形成冰盖，达到缓解岗头隧洞进口石渠段冰塞风险的目的。通过测试闸门开度，以及渠段水位、流速沿程分布，判断示范过程是否满足工程安全输水条件，控制条件下流冰在水动力下运动规律通过冰情观测或已有的研究成果分析给出。

（2）验证范围和时间

根据中线工程布置、水力调度和冰害分布,岗头隧洞节制闸控制冰情技术的现场验证试验渠段位于蒲阳河倒虹吸节制闸至西黑山节制闸渠段,全长约 37.0km,上下涉及 3 个节制闸。试验时间为 2021 年 12 月 18—22 日。

（3）准备工作

制定岗头隧洞节制闸控冰技术方案,论证岗头隧洞节制闸控冰技术的可行性,从工程措施、调度、运行管理等方面,完善技术验证的综合保障措施。

在总调中心的协助下,将蒲阳河倒虹吸节制闸至西黑山节制闸渠段现行的冰期输水模式转入控冰要求的状态,比如流量持续到 2021 年 12 月 28 日,岗头隧洞节制闸开度为 1.9～2.5m,为验证试验提供调度运行工况条件。

现场水力、冰情观测点布置,现场布置蒲阳河倒虹吸节制闸、岗头隧洞节制闸、西黑山节制闸、西黑山分水口的水位和流量监测断面,由现有的自动采集系统完成,辅助必要的人工测量校核,新增界河倒虹吸进口水位观测点;现场布置漕河渡槽至岗头隧洞节制闸闸前和西黑山节制闸闸前两个冰情观测点。其中,流量和水位观测由管理处负责,科研单位参与;冰情观测由科研单位负责,管理处和冰情原型观测项目单位参加。同时现地管理处应加强总干渠沿线巡视工作。

14.3.2　试验与示范分析

（1）示范方案

结合 2021—2022 年冬季输水工况,蒲阳河倒虹吸节制闸、岗头隧洞节制闸、西黑山节制闸输水流量分别为 50.90m³/s、49.84m³/s、25.8m³/s,岗头隧洞节制闸控制开度为 1.9～2.0m,观测蒲阳河倒虹吸至西黑山节制闸渠段水流条件分布,验证该渠段水位分布是否满足节制闸出口、倒虹吸进口淹没水深要求,分析岗头隧洞进口流速分布是否满足流冰输移要求。

（2）水位—流量过程验证

示范段水力参数见表 14.3-1,流量测量见图 14.3-1。示范试验时段前,蒲阳河倒虹吸节制闸、岗头隧洞节制闸、西黑山节制闸流量分别为 83m³/s、80m³/s、35m³/s。蒲阳河倒虹吸节制闸闸后水位为 67.48m,水深为 3.34m,闸后平均流速为 0.92m/s,Fr 为 0.16。岗头隧洞节制闸闸前水位为 61.53m,水深为 4.06m,平均流速为 0.75m/s,Fr 为 0.12。西黑山节制闸闸前水位为 60.79m,水深为 4.39m,平均流速为 0.6m/s,Fr 为 0.092。按照前期研究和调度成果,该工况下流冰虽然可以通过水动力输移过岗头隧洞节制闸,也可以通过西黑山节制闸,最终在惠南庄泵闸堆积。

表 14.3-1 示范段水力参数

节制闸名称	流量/(m³/s)	闸前(闸后)水深/m	闸前(闸后)流速/(m/s)	闸前(闸后)Fr
蒲阳河倒虹吸节制闸	50.9	(2.65)	(0.75)	(0.15)
界河倒虹吸节制闸	50.9	4.30		
岗头隧洞节制闸	49.8	4.09	0.46	0.072
西黑山节制闸	25.8	4.62	0.34	0.050

图 14.3-1 流量测量

通过观测,蒲阳河倒虹吸节制闸、岗头隧洞节制闸、西黑山节制闸流量曲线和水位曲线分别见图 14.3-2 和图 14.3-3,蒲阳河倒虹吸节制闸流量为 50.9m³/s,闸后水深为 2.65m,平均流速为 0.75m/s,Fr 为 0.15,闸后流场为淹没出流,满足闸后淹没水深要求。界河倒虹吸进口水深为 4.30m,上游进口水流流态整体平顺,左右孔出现平面旋涡,呈周期间歇形成和消亡,旋涡尺寸小,外环尺寸为 0.3~0.4m,进口没有观测到异响,满足淹没水深和流态要求,后期可施加消涡措施,增加流场的稳定性。蒲阳河倒虹吸出口流态和界河倒虹吸进口流态见图 14.3-4。

在岗头隧洞冰塞易发生渠段,岗头隧洞节制闸流量为 49.8m³/s,闸前水深为 4.09m,平均流速为 0.46m/s,Fr 为 0.072,闸门开度为 1.9~2.0m,水动力条件有利于流冰下潜输移,可以携带部分流冰进入下游渠段,减轻隧洞上游渠段冰塞危害。

在下游渠段,西黑山节制闸上游渠段输水流量约为 48.0m³/s,闸前水深为 4.62m,平均流速为 0.34m/s,Fr 为 0.052,通过水动力参数分析,上游来冰经隧洞进入下游渠段后,可以在西黑山节制闸进口渠段行程平封冰盖。为增加该渠段冰期输水安全系数,可根据渠道布置、水动力条件分布,在西黑山节制闸上游渠段增加拦冰索,控制冰塞位置,提高结冰渠段安全保障能力。

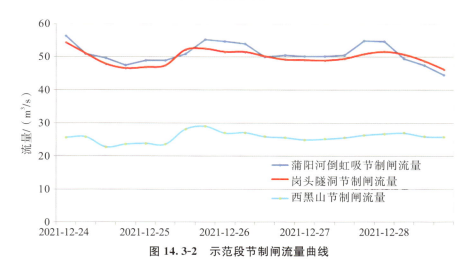

图 14.3-2　示范段节制闸流量曲线

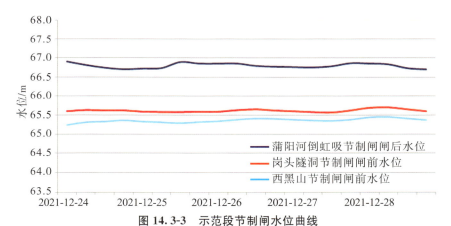

图 14.3-3　示范段节制闸水位曲线

（a）蒲阳河倒虹吸出口流态　　　　　　　（b）界河倒虹吸进口流态

图 14.3-4　蒲阳河倒虹吸出口流态和界河倒虹吸进口流态

14.3.3　试验成果

通过岗头隧洞节制闸控冰技术示范,岗头隧洞节制闸开度增加,石渠段水位降低,流速增加,有利于石渠段流冰输移至下游渠段,减少石渠段流冰堆积量。根据蒲阳河倒虹吸至西黑山节制闸渠段水力学观测分布,渠道水位可满足蒲阳河倒虹吸出口淹没水深和界河倒虹吸进口淹没水深要求。同时,上游流冰进入西黑山节制闸上游渠段后,该渠段水动力指标低,可形成平封冰盖,为提高该渠段安全系数,可以在该渠段增加拦冰索,控制冰盖形成位置。通过对隧洞进口流冰堆积是否减少、沿程水位是否满足建筑物运行要求和下游渠段流冰是否可控等多方面进行分析,可知控制岗头隧洞节制闸运行状态是减少该渠段冰塞危害的可行的调度措施。

14.4　基于短期气象预报的总干渠冰期输水实时调控模式的现场验证

14.4.1　调控模型示范方案

（1）示范内容

结合总干渠冬季输水方式转化过程,选择示范区段,开展基于短期气象预报的总干渠冰期输水实时调控模式的现场验证。通过基于短期气象预报的总干渠冰期输水实时调控模型生成非冰盖输水转入冰期安全输水模式的切换方案,给出渠池正常水位和抬高水位条件下的水位—流量过程。

根据现场操作示范段节制闸联动指令,观测闸门开度过程,记录渠道水尺水位—流量过程,将观测数据与计算模拟预报进行对比。分析冰期调度模式转化的快速实时调控模式实践的可行性。

（2）验证示范方案

分别在 5 天和 3 天内实现安阳河节制闸至北拒马河暗渠节制闸输水流量的转换,由当前流量转换至冰期输水安全流量。计划流量调整时间为 2021 年 12 月 21 日,以该时刻全线实际输水工况为调度切换的初始工况,进行 5 天或 3 天的调度期模拟测量时间为 0 时。经数学模型模拟,得到该工况下的各节制闸流量变化及闸门前后水位波动情况,水位偏差的正负分别代表水位较流量调整前的升降。

1）5 天流量调整方案

各节制闸 5 天流量调整方案、过闸流量 24h 滚动变幅（5 天流量调整方案）、渠池下游闸前水位波动预测（5 天流量调整方案）分别见图 14.4-1 至图 14.4-3。从模拟预测结果来看,闸门过闸流量 24h 滚动变幅约为 20m³/s,闸前水位偏差最大为 30cm,

24h 动态水位偏差小于 12cm;闸后最大水位偏差约为 90cm,24h 动态水位偏差小于 20cm。该流量调整方案具备一定的安全可行性。

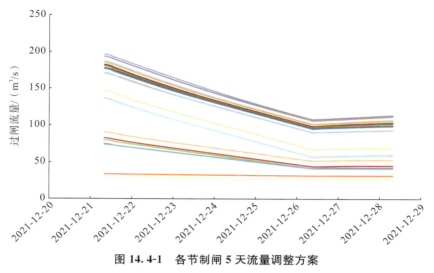

图 14.4-1　各节制闸 5 天流量调整方案

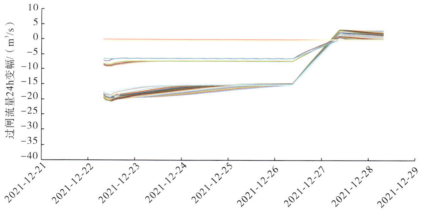

图 14.4-2　各节制闸过闸流量 24h 滚动变幅(5 天流量调整方案)

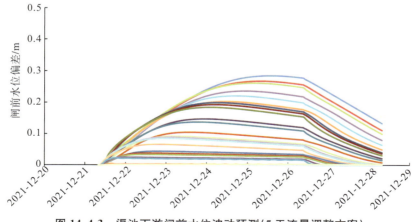

图 14.4-3　渠池下游闸前水位波动预测(5 天流量调整方案)

2)3 天流量调整方案

各节制闸 3 天流量调整方案见图 14.4-4。

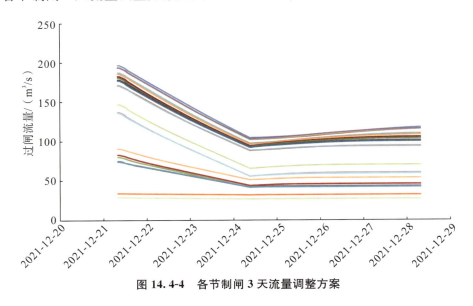

图 14.4-4　各节制闸 3 天流量调整方案

经非恒定流及过闸流量实时预测模拟分析，各节制闸过闸流量 24h 滚动变幅不超过 35cm（图 14.4-5）。

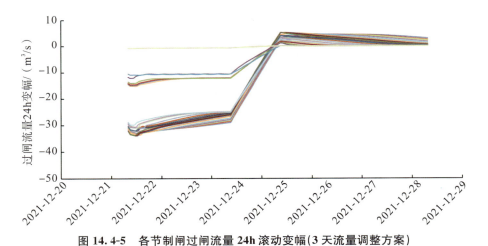

图 14.4-5　各节制闸过闸流量 24h 滚动变幅（3 天流量调整方案）

渠池下游闸前水位波动预测（3 天流量调整方案）见图 14.4-6，水位偏差不超过 40cm，动态统计 24h 变幅最大值约为 0.2cm；闸后 24h 水位偏差也不超过 30cm。综合认为，该方案具有一定的调度安全性（图 14.4-7）。

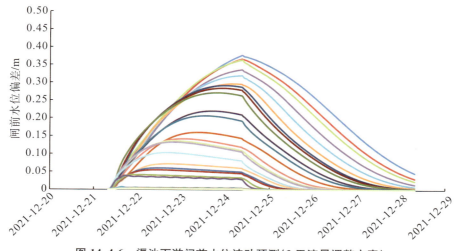

图 14.4-6　渠池下游闸前水位波动预测(3 天流量调整方案)

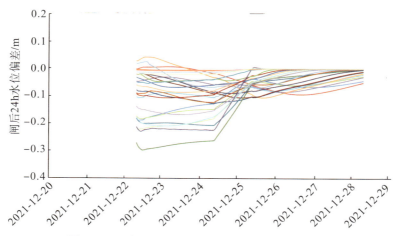

图 14.4-7　闸后 24h 水位偏差(流量 3 天调整方案)

14.4.2　实际调度过程对比分析

调度模拟同时段内的节制闸实际流量变化过程见图 14.4-8。可以看出,从安阳河节制闸至北拒马河暗渠节制闸,流量起调的起始时间逐渐推迟,在实际工况中采用自上游向下游依次降低流量的实施方案,与本研究中采用的闸门同步操作方式具有明显差异。因此,造成节制闸流量调整过程的差异。另外,就调度目标而言,实际工作中流量调整幅度最大的安阳河节制闸在一天内流量降低约 50m³/s。

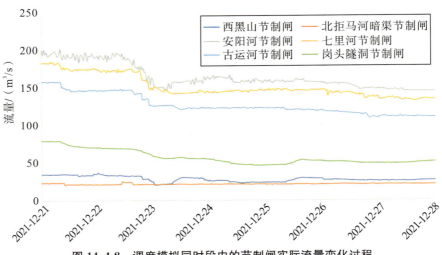

图 14.4-8　调度模拟同时段内的节制闸实际流量变化过程

实际工况中各节制闸过去 24h 流量变幅见图 14.4-9。可见,除安阳河节制闸流量变幅达到 50m³/s 外,其余各节制闸流量变幅均与 3 天流量调整方案的流量变幅相近,如七里河节制闸最大变幅不超过 40m³/s,但预计工况持续保持较大变幅的时间更长,说明两种方案具有一定的相似性和差异性。

图 14.4-9　实际工况中各节制闸过去 24h 流量变幅

水位实测数据是现场一系列复杂因素综合影响的结果,实际闸前水位偏差见图 14.4-10,水位偏差以 12 月 21 日 0:00 为基准进行统计,实际流量在 12 月 22 日才开始调整。预测工况显示的最大水位偏差不超过 30cm,与图 14.4-10 中 12 月 23 日前后约 30cm 的水位偏差具有一定的一致性。

图 14.4-10　实际闸前水位偏差

综合上述分析,实际工况中采用的闸门调度规则与模型设定的闸门同步操作规则不同,但是两组工况具有相近的过闸流量最大 24h 滚动变幅和闸前最大水位波幅,可以说明本研究所建调度模型得到了一定程度的佐证。

14.4.3　典型渠池模型精度验证反演模拟

（1）示范段选取

经分析,确定调度模块示范渠池为坟庄河节制闸至北拒马河暗渠节制闸,渠池范围内有三岔沟分水口和下车亭分水口。2023 年 12 月 21 日 0 时—24 日 24 时,两个节制闸和两个分水口的流量过程分别见图 14.4-11 和图 14.4-12。可以看出,在 12 月 22 日节制闸流量有明显的降低,而分水口流量较为稳定,说明节制闸流量变化是由干渠末端取水造成的,流量变化幅度约为 10m³/s,流量变化前后的节制闸过闸流量也比较稳定,满足模型示范需求。

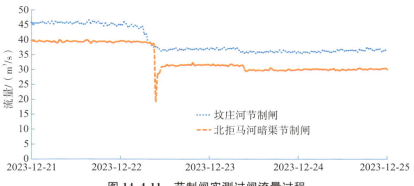

图 14.4-11　节制闸实测过闸流量过程

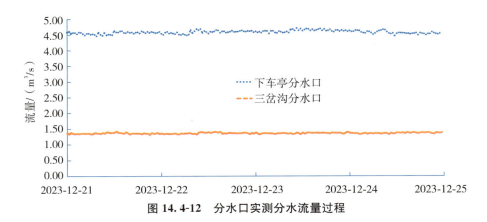

图 14.4-12　分水口实测分水流量过程

由节制闸流量变化引起的北拒马河暗渠节制闸和坟庄河节制闸闸前、闸后实测水位变化过程分别见图 14.4-13 和图 14.4-14。可以看出,在节制闸流量变动过程中,该渠池的上下游水位均出现过约 0.3m 的水位波动,北拒马河暗渠节制闸闸前、闸后水位波动较为复杂。

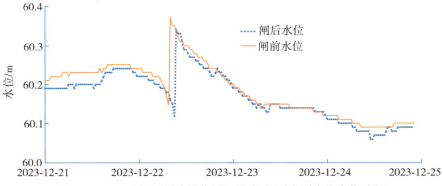

图 14.4-13　北拒马河暗渠节制闸闸前、闸后实测水位变化过程

图 14.4-14　坟庄河节制闸闸前、闸后实测水位变化过程

（2）示范工况设置

①模拟时段为 2023 年 12 月 21 日 0 时—24 日 24 时，示范模拟时采用反馈控制进行下游常水位控制，控制水位目标为 2023 年 12 月 21 日 0 时节制闸闸前水位。

②通过 12 月 21 日 0 时坟庄河节制闸闸后水位和北拒马河暗渠节制闸闸前水位线性差值绘制得到渠池内初始水面线。

③以 12 月 21 日 0 时北拒马河暗渠节制闸过闸流量、下车亭分水口分水流量和三岔沟分水口分水流量作为初始流量，推算渠池各断面初始流量。

④将给定坟庄河节制闸闸前水位过程，作为推算坟庄河节制闸闸门开度的条件。

⑤将给定北拒马河暗渠节制闸、下车亭分水口分水流量和三岔沟分水口分水流量的流量—时间过程线，作为调度的流量变化条件。

⑥模型通过模拟北拒马河暗渠节制闸闸前水位变动过程，经反馈控制器计算得到坟庄河节制闸的流量变化过程及对应的闸门开度变化过程，通过对比坟庄河节制闸过闸流量和闸后水位，证明模型的可靠性，通过对比北拒马河暗渠节制闸闸前水位，证明模型控制器实现目标的效果。

（3）示范分析

坟庄河节制闸过闸流量、闸后水位、闸门开度实测值与模拟值分别见图 14.4-15、图 14.4-16 和图 14.4-17。在流量变化之前，坟庄河节制闸过闸流量与闸后水位的模拟值与实测值非常接近，且均处于比较稳定的状态，说明模型在水力模拟方面具有较高的精度；同时，在干线流量变动后期，过闸流量与闸后水位模拟值也能较快地恢复到实测值附近，模型具有恢复稳定的能力。

在干渠流量变化过程中，模拟值与实测值在趋势上一致，但因为模型较为严格地执行下游闸前常水位的运行方式，与工程实际调度控制方式有一定的差异，所以在流量变化过程中的坟庄河节制闸闸门开度过程、闸后水位过程及流量过程的模拟值与实测值存在一定的差异，但整体上与实测值接近。

图 14.4-15　坟庄河节制闸过闸流量实测值与模拟值

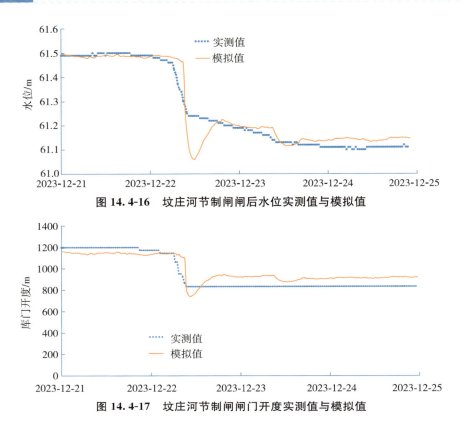

图 14.4-16 坟庄河节制闸闸后水位实测值与模拟值

图 14.4-17 坟庄河节制闸闸门开度实测值与模拟值

模型示范时段内的北拒马河暗渠节制闸闸前水位变化过程见图 14.4-18。可以看出,水位实测值在最后示范时段较初始水位有约 0.1m 的降落,而模型较为严格地执行了闸前常水位,说明模型在控制水位方面具有优势,且模拟值较实测值更快恢复稳定,但水位波动峰值模拟值较实测值高约 0.1m。

图 14.4-18 北拒马河暗渠节制闸闸前水位变化过程

综上所述,本次调度模型示范达到了检验模型精度的效果,也更直观地展示了调度模型的思路与结果,通过对比模拟值和实测值,可以总结调度经验,为模型的落地应用和改进现有调度运行模式等提供重要支撑。

第 15 章　冰期输水研究成果信息化平台

南水北调中线冬季输水能力提升关键技术成果信息化平台包括冰情数据、水温与冰情预测、基于短期气象预报动态调度等模块，可实现中线冰情数据存储和展示，给出结冰渠段水温、冰情预报，可展示大流量输水向冰期输水模式转化的方案。

15.1　冰情模块

冰情数据页面的功能是向使用者全方位、可视化地展示南水北调中线中的冰情的观测数据。登录成功后，默认打开冰情数据页面。

（1）登录

登录页面见图 15.1-1。在中国南水北调集团中线有限公司统一身份认证平台输入账号、密码登录系统。登录后，点击"冰情预报"打开平台。

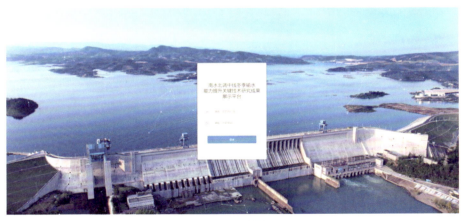

图 15.1-1　登录页面

（2）当前冰情 GIS 地图

当前冰情数据主页面见图 15.1-2。页面的左半边为地图，鼠标悬停在地图的建筑物名称上可以显示该建筑物的桩点信息和相关图片，图片点击后可以放大；在搜索框中输入汉字可以筛选出名称中含有该汉字的建筑物;点击"水温"或"冰情"可以切换水温和冰情模式,水温模式下地图沿程线的颜色代表水温高低,冰情模式下地图沿程线颜色代表沿程的冰情状况(无冰、岸冰、流冰、冰盖);鼠标滚轮可以放大和缩小地图;点击地图上建筑物的标签可以进入该建筑物对应的详情页。

图 15.1-2 当前冰情数据主页面

(3)沿程冰情当前数据

沿程冰情当前数据分析见图 15.1-3。右半边为沿程的冰情数据分析图,分析图中有当前所选日期的数据,同时也有历史年份中同一天的历史数据作为对照;点击上方的时间选项,可以查看指定日期的冰情数据;点击每个分析图上的历史年份选项,可以查看指定年份冬季的历史数据;点击分析图的图例可以隐藏或显示对应的折线;鼠标滚轮可以横向放大分析图。

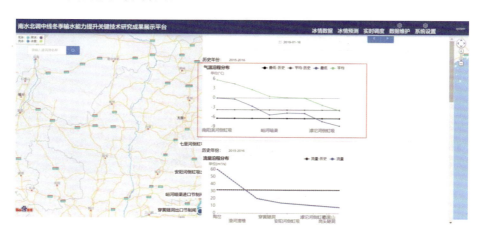

(a)气温和流量

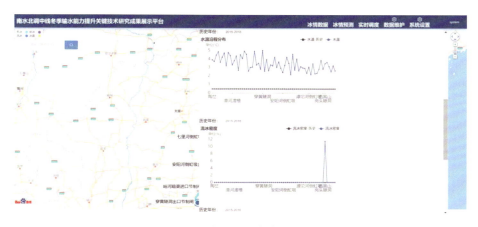

（b）水温和流水密度

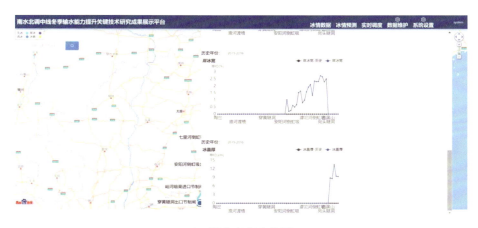

（c）岸冰宽和冰盖厚

图 15.1-3　沿程冰情当前数据分析

（4）建筑物冰情详情页面

建筑物冰情详情页面见图 15.1-4。基本信息页显示建筑物的基本信息，默认时间与外面点进来时最后所选的时间相同，可以手动改变时间以查看其他日期的数据；详情页的其他各个折线图，纵向展示了该建筑物在时间跨度上的各种数据信息，可以选择时间段；最后的冰情照片页面显示的是在该建筑物位置所拍摄的冰情照片及相关信息，点击"查看"可以查看原图，点击"新增"并填写相关信息可以在该建筑物下上传更多图片，点击"删除"可以删除对应图片。

（a）基本信息页

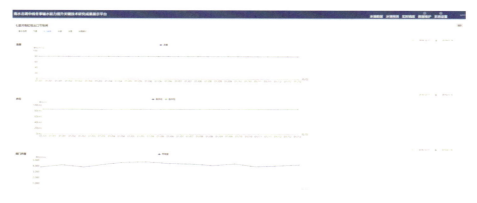

（b）气温

（c)流量、水位和闸门开度

（d)水温

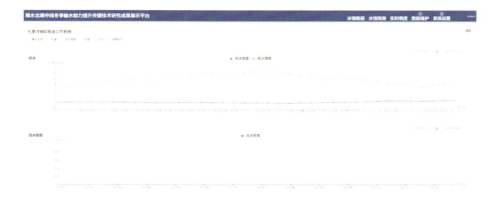

（e）岸冰和流冰密度

（f）冰情照片列表

（g）冰情照片信息

图 15.1-4　建筑物冰情详情页面

15.2 冰情预测模块

冰情预测模块可视化展示冰情的预测数据,包括 GIS 地图、预测数据查看及每个建筑物对应的预测结果信息详情页。

(1)冰情预测 GIS 地图

冰情预测数据主页面见图 15.2-1。页面的左半边为地图,鼠标悬停在地图的建筑物名称上可以显示该建筑物的桩点信息和相关图片,图片点击后可以放大;在搜索框中输入汉字可以筛选出名称中含有该汉字的建筑物;点击"水温"或"冰情"可以切换水温和冰情模式,水温模式下地图沿程线的颜色代表水温高低,冰情模式下地图沿程线颜色代表沿程的冰情状况(无冰、岸冰、流冰、冰盖);鼠标滚轮可以放大和缩小地图;点击地图上建筑物的标签可以进入该建筑物对应的详情页。

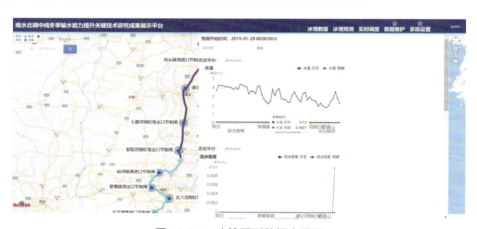

图 15.2-1　冰情预测数据主页面

(2)沿程冰情预测数据

沿程冰情预测数据见图 15.2-2。右半部分是沿程的冰情预测数据分析图,最上方显示预测开始时间;可以统一选择预测时间(小时),即可得到选定预测时间后的冰情预测数据;每个折线图上有预测数据和与其对应的历史年份中同一天的历史数据;历史数据可以在各个分析图里面选择(可选 2015—2016 年冬季或 2020—2021 年冬季);点击图例可以隐藏或显示对应的折线。

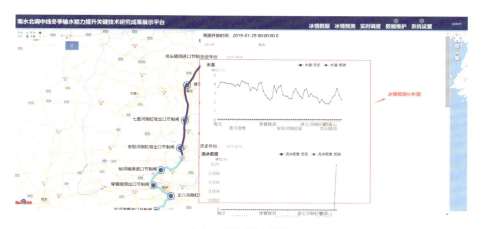

（a）水温和流冰密度

（b）气温和冰盖厚

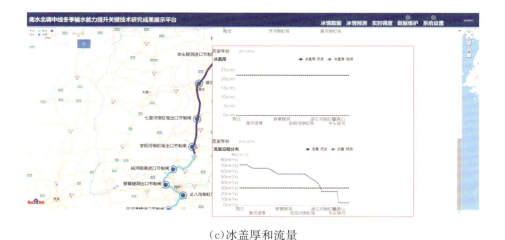

（c）冰盖厚和流量

图 15.2-2　沿程冰情预测数据

（3）冰情预测建筑物详情页面

建筑物冰情预测详情页面（图15.2-3），包含水温、水温观测与预测对比、冰盖厚度。取最近一次的水温预测结果与观测数据进行对比，认为如果在预测的时间范围内已经有水温观测数据，则其会显示且可与预测数据对比；如果暂时没有观测数据，则不会显示。

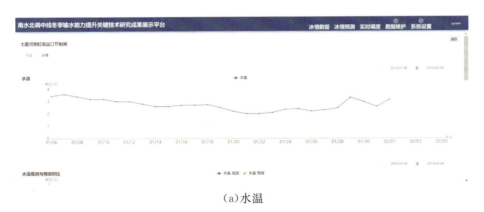

（a）水温

（b）水温观测与预测对比

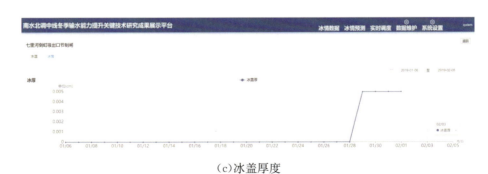

（c）冰盖厚度

图15.2-3　建筑物冰情预测详情页面

15.3　实时调度模块

实时调度模块的主要作用是根据流量调度计划来制定具体的下调策略，并将下调过程中的流量、水位数据进行可视化展示。

(1)生成目标流量

实时调度页面——生成目标流量见图 15.3-1。调度天数代表的是计划调度所花的天数，下调比例代表的是计划通过沿程节制闸统一将流量下调到原来的百分比；选择调度天数和下调比例，点击"生成目标流量"就会开始生成调度数据，并显示运行进度；测试建议选择半天运行时间，1～2min 可以完成。运行过程中点击"停止预测"，就可以中断运行。

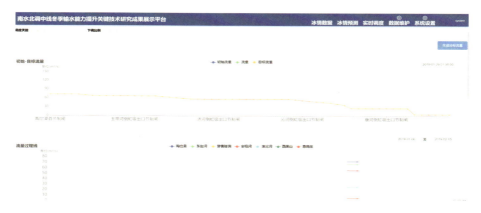

图 15.3-1　实时调度页面——生成目标流量

(2)查看调度结果

实时调度页面——调度目标流量结果见图 15.3-2，实时调度页面——调度结果分析见图 15.3-3。图 15.3-2 显示的是上次调度模式运行时所产生的数据，如果要查看现场刚刚生成的数据则需要刷新页面；初始—目标流量图中有初始流量线、目标流量线和所选时间点的流量线；通过改变所选的时间点（精确到小时）可以查看调度过程中某一时间点的全程流量，并与初始流量、目标流量形成对比；图 15.3-3 表示的是图例中 7 个建筑物分别在流量和水位上随时间的变化过程，点击图例可以隐藏或显示对应的折线，图右上方可选择时间段。

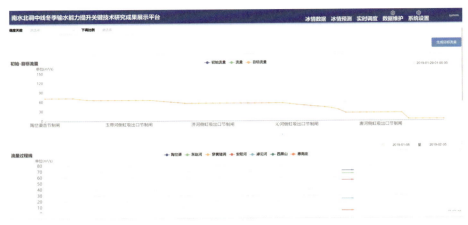

图 15.3-2 实时调度页面——调度目标流量结果

图 15.3-3 实时调度页面——调度结果分析

15.4 系统设置与维护

15.4.1 系统设置

系统设置模块主要是对用户、用户权限、菜单、日志管理等系统信息的配置、修改、查看等操作。

（1）用户管理

用户管理主要创建平台操作用户，主要功能有增、删、改、查、停用/启用（图 15.4-1）。

图 15.4-1　用户管理主页面

（2）用户权限管理

用户权限管理主要为平台操作用户分配角色功能权限，主要功能有增、删、改、查、停用/启用（图 15.4-2）。

图 15.4-2　用户权限分配页面

（3）菜单管理

菜单管理主要是平台菜单功能权限管理，主要功能有增、删、改、查（图 15.4-3）。

图 15.4-3　菜单管理页面

（4）日志管理

日志管理主要是平台操作用户操作轨迹日志记录管理，主要功能有查（图 15.4-4）。

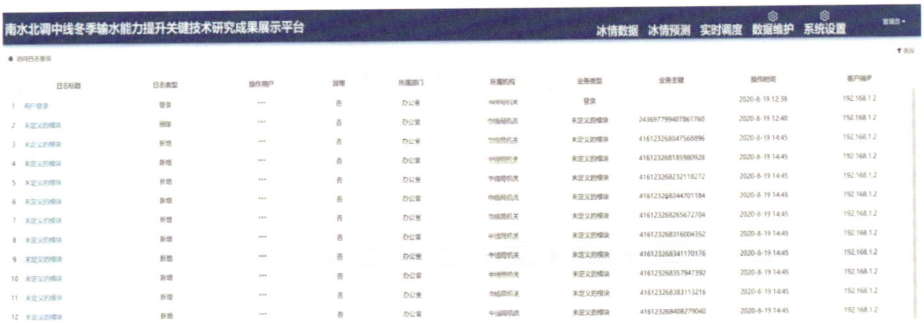

图 15.4-4　日志管理页面

15.4.2　系统数据维护

数据维护模块有建筑物、气象站基础数据、气象数据、节制闸水文数据、分水口流量数据、冰情数据管理等，各数据通过导入、人工录入和第三方接口接入进行展示和管理。

（1）建筑物管理

对建筑物基础数据进行增、删、改、查操作。建筑物是平台分析的地理位置标志信息，是平台业务的基础。建筑物管理主页面、建筑物新增页面分别见图 15.4-5 和图 15.4-6。

图 15.4-5　建筑物管理主页面

图 15.4-6　建筑物新增页面

(2)气象站基础数据管理

对气象站基础数据进行增、删、改、查操作。气象站是进行平台气象站点信息的采集和维护的平台。气象站管理主页面、气象站新增页面分别见图 15.4-7 和图 15.4-8。

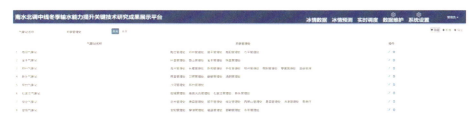

图 15.4-7　气象站基础数据管理主页面

图 15.4-8　气象站新增页面

（3）气象数据管理

对气象数据进行导入、增、删、改、查操作。可以通过中间库采集中线天气系统推送实时和预测气象数据。气象数据管理主页面、气象数据导入页面、气象数据新增页面见图 15.4-9 至图 15.4-11。

图 15.4-9　气象数据管理主页面

导入

选择文件　未选择任何文件　　　　　　　　　　　　　　　　　　　　— ⛶ ✕

上传

图 15.4-10　气象数据导入页面

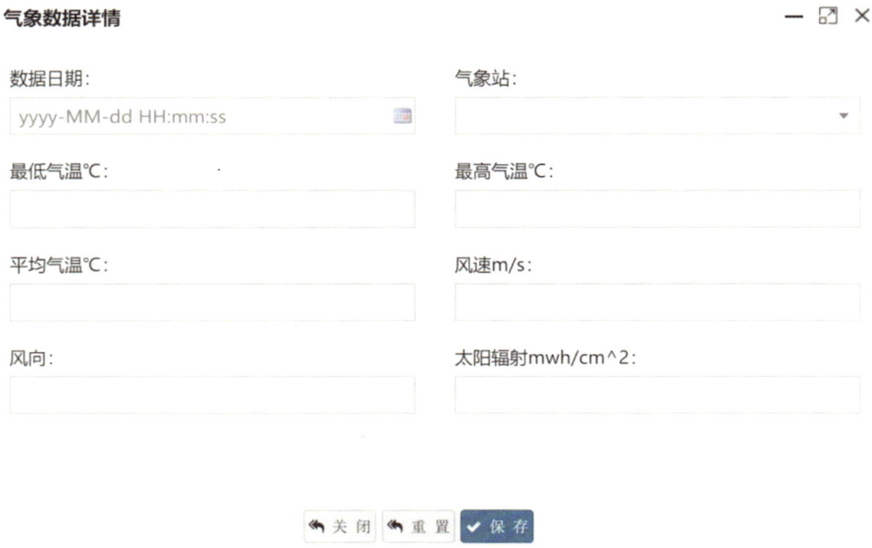

气象数据详情　　　　　　　　　　　　　　　　　　　　　　　　— ⛶ ✕

数据日期：　　　　　　　　　　　　　　　　气象站：

yyyy-MM-dd HH:mm:ss

最低气温℃：　　　　　　　　　　　　　　　最高气温℃：

平均气温℃：　　　　　　　　　　　　　　　风速m/s：

风向：　　　　　　　　　　　　　　　　　　太阳辐射mwh/cm^2：

↩ 关闭　↩ 重置　✔ 保存

图 15.4-11　气象数据新增页面

（4）节制闸水文数据管理

对节制闸水文数据进行导入、增、删、改、查操作。可以通过中间库采集日常调度系统推送节制闸水温、流量等数据。节制闸水文数据主页面、节制闸水文数据导入页面、节制闸水文数据新增页面见图 15.4-12 至图 15.4-14。

图 15.4-12　节制闸水文数据管理主页面

图 15.4-13　节制闸水文数据导入页面

图 15.4-14　节制闸水文数据新增页面

（5）分水口流量数据管理

对分水口流量数据进行导入、增、删、改、查操作。可以通过中间库采集日常调度系统推送分水口流量数据。分水口流量数据主页面、分水口流量数据导入页面、分水口流量数据新增页面见图 15.4-15 至图 15.4-17。

图 15.4-15　分水口流量数据管理主页面

导入

| 选择文件 | 未选择任何文件 |　　　　　　　　　　　　　　　　　　— ⤢ ✕

上传

图 15.4-16　分水口流量数据导入页面

分水口流量详情　　　　　　　　　　　　　　　　　　　　　— ⤢ ✕

桩号：　　　　　　　　　　　　　　　建筑物名称：

流量m^3/s：

🡐 关闭　🡐 重置　✔ 保存

图 15.4-17　分水口流量数据新增页面

(6)冰情数据管理

对冰情数据进行导入、增、删、改、查操作。冰情数据主页面、冰情数据导入页面、冰情数据新增页面见图 15.4-18 至图 15.4-20。

图 15.4-18　冰情数据管理主页面

导入

选择文件　未选择任何文件

上传

图 15.4-19　冰情数据导入页面

图 15.4-20　冰情数据新增页面

第 16 章　成果结论

　　本书以南水北调中线干线工程为研究对象。首先,基于原型观测资料,总结出南水北调中线工程不同典型冬季冰情、气象、水力调度时空规律,利用理论分析、数学模型等方法建立全线冰情发展智能预报模型,分析了典型冬季总干渠水温、冰情发展规律,基于理论分析和物理模型方法验证了流冰下潜机理,提出了冰塞防治措施。接着,从工程措施、运行管理等方面,提出了多项南水北调中线工程提升冬季输水的关键技术。最后,给出了关键技术示范和验证,主要结论如下:

　　收集整理中线冬季输水以来的冰情、气象、水力数据,统计分析了暖冬年、平冬年、冷冬年冰情时空分布规律,统计分析了中线全线气象、寒潮过程和持续低温的分布过程,为项目研究准备了条件。

　　建立完善了中线全线水温模型,计算了典型冬季水温时空分布规律,总结水力调度和气象条件对沿程水温分布的影响。特定计算工况下总干渠全线各闸站 12 月最低水温为 $2℃$,1 月和 2 月最低水温存在 $0℃$ 情况;强冷冬年输水流量 $150m^3/s$ 和 $210m^3/s$ 情况下,汤河暗渠和磁河倒虹吸以北渠段最低水温为 $0℃$;冷冬年、平冬年和暖冬年输水流量 $150m^3/s$ 以上时,沿线最低水温均在 $0℃$ 以上。沿程最低温的降温率为 $0.10\sim0.62(℃/100km)$。

　　建立和优化了中线总干渠冰情发展数学模型和智能预报模型,梳理了中线冰情发展的各类影响因子,基于神经网络方法建立水温、冰情智能预报模型。基于原型历史数据优化了总干渠冰情数学模型,对模型框架、参数进行了优化,安阳以北渠道水面热交换系数取 $13W/(m^2 \cdot ℃)$,冰盖热交换系数取 $26W/(m^2 \cdot ℃)$,通过典型冬季数据验证了模型整体可靠性。对典型气象和调度组合工况下冰情进行模拟计算,主要结论为:冬季气温越低,总干渠封冻范围越大;4% 频率冷冬年最大冰盖厚度达 38cm;30% 频率时,封冻范围缩小一半,冰盖厚度减小为原来的 1/3;2005—2006 年平冬年条件下全线无封冻;同时在相同冬季气象条件下,输水流量越大,渠道封冻距离越短。

　　总结总干渠多年冬季输水冰情、气象、水力参数和以往研究成果,分析了总干渠冰盖输水和非冰盖输水的水力边界条件,冰盖输水渠池上游控制断面平均流速 $V\leqslant$

0.40m/s,渠池上游控制断面 $Fr\leqslant0.065$,下游控制断面平均流速 $V\leqslant0.35\sim0.38$m/s,$Fr\leqslant0.055$。非冰盖输水流速大于 0.8m/s,从工程、调度、管理方面出发,综合提出了总干渠非冰盖输水技术措施。

开展了典型渠池流冰运行下潜模型试验,研究了冰塞形成机理,比选了两种流冰运行模拟材料:流冰块和颗粒冰。开展了流冰块和颗粒冰系列试验,得到流冰块下潜条件为 $Fr=0.06\sim0.08$,颗粒冰下潜试验条件为 $Fr<0.056\sim0.06$ 的结论,提出了流冰堆积体形态与水力条件的关系。从流冰运行规律出发,分析了现有拦冰索、排冰闸防控措施,提出了优化建议。

基于短期气象预报的总干渠冰期输水实时调控模式研究,以冰情模拟模型和渠系自动化控制模型为基础,结合流量状态转换控制和封冻期控制特点,设计前馈+反馈+寻优的综合控制器。模拟分析表明,安阳河节制闸下游渠道过渡期不应少于 5 天。PI 控制器作用下,瀑河节制闸至北易水节制闸渠池水位波动最大,渠系水位恢复耗时稳定;西黑山节制闸至瀑河节制闸渠池上游水位恢复耗时增加;其余渠池均表现为提前,模拟工况下的耗时缩减量在 0.3～2.6h。PI+寻优控制器具有抑制封冻期水位波动过大和尽早稳定水位的效果。

基于中线全线冰情预报模拟,从工程措施、调度、运行管理等方面,进行以下研究并得出结论,包括:

①拟建雄安调蓄库对中线水温与冰情影响的研究。上库各典型年冬季水温对总干渠具备一定的调节水温条件,1968—1969 年强冷冬 1 月和 2 月平均水温分别为 3.84℃和 1.42℃,在三种计算混合调度工况中,混合后的水流在北拒马河渠段仍会出现流冰问题,流冰下潜可能出现冰塞问题。针对寒冷冬季,采取了调度、工程措施,提前将 8 月、9 月渠道高温水用于雄安调蓄库蓄水,对冬季水温影响不大;对雄安调蓄库上库采取保温措施,冬季 12 月至次年 2 月水温可提高 0.32～1.80℃,若陶岔渠首流量为 210m³/s 和 280m³/s,在调蓄库水温混合影响下,北拒马河渠段水温可提高 1℃,不会出现结冰问题。雄安调蓄库在总干渠的配水点由出水口下移至西黑山节制闸下游,有利于总干渠水温调节。

②岗头隧洞节制闸控冰技术措施研究。岗头隧洞进口节制闸敞泄运行后,隧洞进口渠段的流速提高,有利于岗头隧洞节制闸上游的流冰输移,同时在吴庄隧洞进口、漕河渡槽进口、西黑山分水口前增设拦冰索,对渠道流冰进行分段拦截,将岗头隧洞进口拦冰索撤掉,同时加强扰冰和导冰设施,改善了该渠段水流结构,抑制冰塞发展。综合分析了该措施的启用条件,在少数冷冬年,岗头隧洞节制闸输水流量大于 30m³/s 时,渠道出现大流量流冰时段,水温下降至 0.5～1.0℃,作为应急措施启用。该措施安全运行的评估标准为漕河渡槽节制闸至西黑山节制闸渠段总体冰塞险情减

缓、岗头隧洞节制闸闸前水位升高不明显、岗头隧洞节制闸闸前冰塞显著减小及下游渠段流冰堆积可控为评价标准,按该措施调度运行时应加强水力和冰情数据的监测。极端气候年份下,渠道流冰量大,根据下游流冰堆积量和上游渡槽等建筑物的水位,及时切换工况。建议开展冬季输水岗头隧洞节制闸敞泄运行试验,积累应急启用该措施的调度经验。

③抬高水位提高输水流量措施研究。通过多种 Fr 水流条件和控制水位工况计算,当 Fr 为 0.06 时,在设计水位基础上抬高 $1/2\Delta Z$、$2/3\Delta Z$、ΔZ,岗头隧洞渠段输水流量增加 8.79%～17.83%,北拒马河暗渠段的输水流量增加 2.75%～5.53%,对下游渠段输水能力影响较小。同时抬高水位和加大流量条件,总干渠冬季输水流量明显提升。例如,Fr 为 0.08 时,在设计水位基础上抬高 $1/2\Delta Z$、$2/3\Delta Z$、ΔZ,岗头隧洞进口输水流量增加 21.43～27.16m³/s,提升 45.05%～57.09%,北拒马河渠段输水流量增大 8.50～9.35m³/s,提升 37.0%～40.71%。因此,仅抬高水位而不增加水流条件,下游渠道输水流量受影响不大;增加水流条件,则流速指标提高,寒冷冬季冰塞风险加大,冬季调度安全富余降低。综合考虑,建议采取运行水位为设计水位抬高 $1/2\Delta Z$、$2/3\Delta Z$,为安全调度留有一定的安全富余,辅助加强沿线气象、水力、水温、冰情观测,在遭遇极端气候条件时,及时切换至安全输水流量。

④低水位非冰盖输水措施研究。提出了低水位非冰盖输水流冰下潜指标为 0.8m/s。根据蒲阳河倒虹吸下游渠段多种方案工况计算,输水流量小于设计流量的 80% 时,不能满足部分倒虹吸进口最低安全运行水位要求,且渠道流速小于无冰输水流速要求;输水流量大于设计流量的 80% 时,顺直渠道流速大于 0.8m/s,但倒虹吸进口渐变段和西黑山节制闸进口的流速仍然小于 0.8m/s,低于非冰盖无冰输水流速,存在冰塞风险,而且流量越大,冰塞风险更大。因此,采取低水位非冰盖流冰输水方式,输水流量应大于设计流量的 80%(岗头隧洞节制闸流量 100m³/s),在极端气候条件下,倒虹吸进口低流速区域可能出现流冰堆积,形成严重冰塞,应辅助必要的调度、捞冰、融冰等措施,避免形成严重的风险。

全书开展了冰情发展智能预报模型现场试验、流冰下潜条件的现场验证试验、基于短期气象预报的总干渠冰期输水实时调控模式的现场验证,验证了技术方案的可行性。提出了中线结冰段冬季提升输水能力推荐方案:蒲阳河倒虹吸至北拒马河暗渠输水流量按设计流量的 60% 控制(即北京供水流量为 30m³/s,天津干线供水流量为 40m³/s,岗头隧洞节制闸流量为 75m³/s),石家庄古运河暗渠至蒲阳河倒虹吸输水流量按设计流量的 65% 控制(石家庄滹沱河倒虹吸节制闸流量为 105m³/s),安阳河倒虹吸至古运河暗渠输水流量按设计流量的 70% 控制(安阳河倒虹吸节制闸流量为 164m³/s),陶岔渠首输水流量按设计流量的 80% 控制(陶岔渠首入渠流量为 280m³/s),

冬季冰期输水能力方案需要水温、冰情预报模型，现场冰情监测提供精确的调度预报，实时计算预报沿线水温、冰情发展动态，避免大流量输水下大量流冰下潜形成冰塞；同时为应对可能出现的极强寒潮，根据水温、冰情预报数据，利用基于短期气象预报的实时调控模型，可在 5 天中将大流量调度工况调整为可形成平封冰盖的调度工况（通过技术会商减小流量，控制风险）。根据研究，针对漕河渡槽节制闸至岗头隧洞节制闸关键冰情控制渠段，现阶段可开展岗头隧洞节制闸敞开调度措施的论证工作，减轻岗头隧洞节制闸进口冰塞风险，为确保岗头隧洞节制闸至西黑山节制闸渠段冰情可控，应辅助漕河渡槽取暖保温措施，最终提出调度、工程、管理等方面的综合措施。针对冬季向北京供水的重要性，后期可研究利用雄安调蓄库控制西黑山节制闸下游渠段不结冰措施，利用雄安调蓄库与总干渠联合调度，达到下游冬季不结冰运行。为了安全起见，需要明确按冬季输水能力提升运行后，总干渠冰情可能出现的新形势，需要加强拦冰索、排冰闸、扰冰设施等一系列措施研究，确保冬季冰期输水的安全性。

主要参考文献

［1］ 南水北调中线冰凌观测预报及应急措施关键技术研究［R］.长江水利委员会长江科学院，2019.

［2］ 南水北调中线干线工程通水初期 2016—2019 年度冰期输水冰情原型观测成果报告［R］.中国电建集团北京勘测设计研究院有限公司，2019.

［3］ 南水北调中线干线工程输水调度暂行规定（试行）（Q/NSBDZX 101. 01-2018）［R］.2018.

［4］ 南水北调中线一期工程可行性研究总报告专题报告三——总干渠冰期输水专题研究［R］.长江水利委员会长江勘测规划设计研究院，2005.

［5］ 南水北调中线一期工程总干渠运行调度规程初稿（送审稿）［R］.长江水利委员会长江勘测规划设计研究有限责任公司，武汉大学，长江水利委员会长江科学院，2013.

［6］ 南水北调中线总干渠冰期输水调度方案［R］.中国水利水电科学研究院，2016.

［7］ 南水北调中线工程总干渠冰期输水计算分析［R］.武汉大学，长江科学院，2005.

［8］ Lal A M W，Shen Hung Tao. A mathematical model for river ice processes［J］. Journal of Hydraulic Engineering，1991，117（7）：851-967.

［9］ Shen Hung tao，Chiang，Li-Ann. Simulation of growth and decay of river ice cover［J］. Journal of Hydraulic Engineering，1984，110（7）：958-971.

［10］ Pariset E，Hausser R. Formation and evolution of ice covers on rivers［J］. Transactions of the E. I. C. ，1961，5（1）：41-49.

［11］ 范北林，张细兵，蔺秋生.南水北调中线工程冰期输水冰情及措施研究［J］.南水北调与水利科技，2008，6（1）：66-69.

［12］ Nezhikovskiy R A. Coefficient of roughness of bottom surfaces of slush-ice cover［J］. Soviet Hydrology，Selected Papers，1964：127-150.

［13］王军.冰塞形成机理与冰盖下速度场和冰粒两相流模拟分析［D］.合肥：合肥工业大学，2007.

［14］吴剑疆.河道中冰情形成演变机理分析及冰塞和水内冰数值模拟研究［D］.北京：清华大学，2002.

［15］杨开林，刘之平，李桂芬，等.河道冰塞的模拟［J］.水利水电技术，2002，10：40-47.

［16］茅泽育，马吉明，余云童，等.封冻河道的阻力研究［J］.水利学报，2002，33（5）：59-64.

［17］南水北调中线工程典型渠段和建筑物冰期输水物理模型试验研究［R］.天津大学，2015.

［18］Ashton G D. Ice entrainment through sumberged gate［C］//Martin Jasek. Proceedings the 19th IAHR International Symposium on Ice，using new technology to understand water-ice interaction. Vancouver：St. Joseph Communications Press，2008：179-188.

［19］刘孟凯.长距离输水渠系冬季运行自动化控制研究［D］.武汉：武汉大学，2012.